賣場規劃與管理

Store Facility & Planning Management

完整版

謝致慧 著
賣場規劃實務大師

五南圖書出版公司 印行

目　錄

前言　i

本書的目的　iii

推薦序　v

作者序　vii

第一篇　賣場規劃概論・001

第1章　賣場規劃基本概述 …………………………………………………… 003

第一節　賣場規劃與營運之關係／005

第二節　賣場規劃目的與原則／010

第三節　賣場規劃設計流程／028

學習評量及分組討論／032

第2章　開店的準備條件 …………………………………………………… 033

第一節　決定行業類別與經營型態／036

第二節　規劃商品構成與設備器具分類／037

第三節　評估立地條件與商圈調查／040

第四節　分析市場環境及顧客訴求／052

第五節　擬定開店日期或改裝時機／054

第六節　預算資金計畫與試算損益平衡點／054

第七節　執行與控制開店計畫／062

學習評量及分組討論／065

第3章　賣場規劃基本製圖 …………………………………………………… 067

第一節　賣場常用尺寸和面積計算／069

第二節　製圖及丈量用具／073

第三節　製圖與識圖技巧／080

第四節　賣場平面規劃圖繪製步驟／086

學習評量及分組討論／089

第4章　賣場平面型態與配置機能 ··· 091

第一節　賣場平面形式／093

第二節　賣場平面與街道關係／098

第三節　賣場配置與機能／101

學習評量及分組討論／106

第二篇　賣場規劃與設計 • 107

第5章　外場規劃設計 ·· 109

第一節　停車設施規劃要點／111

第二節　停車場的設計型態／113

第三節　停車場面積與停車位之規格形式／122

第四節　後勤外場規劃／125

學習評量及分組討論／129

第6章　店頭規劃設計 ·· 131

第一節　賣場外觀形式／134

第二節　賣場門面形式／137

第三節　廣告招牌設計／138

第四節　外裝門面規劃／151

第五節　出入口規劃／153

第六節　櫥窗設計／163

學習評量及分組討論／169

第7章　店內規劃設計 ·· 171

第一節　內部裝潢規劃之考慮事項／173

第二節　賣場裝潢材料／174

第三節　善用各種內裝壁面／176

第四節　收銀櫃台設計與規劃／186

學習評量及分組討論／195

第 8 章　賣場動線規劃 ·· 197

第一節　賣場動線種類／200

第二節　顧客動線規劃型態／202

第三節　動線通道計畫／214

第四節　標準店面寬度之通道設計／231

第五節　磁石賣場區配置／235

學習評量及分組討論／237

第 9 章　設備器具計畫 ·· 239

第一節　賣場設備器具種類／241

第二節　設備工程施工與管理／252

第三節　設備器具使用與保養／263

學習評量及分組討論／271

第 10 章　後場行政作業區規劃 ·· 273

第一節　行政管理區／275

第二節　倉儲與加工作業區／276

第三節　各式賣場之後場規劃／277

學習評量及分組討論／285

第三篇　賣場販促氣氛規劃 • 287

第 11 章　賣場色彩計畫 ··· 289

第一節　色彩基礎理論／291

第二節　色彩的心理感覺／294

第三節　配色的類型與原則／300

第四節 賣場色彩計畫執行重點／306
學習評量及分組討論／311

第 12 章 賣場照明計畫 ·································· 313

第一節 賣場照明目的／315
第二節 照明設計原理／317
第三節 光源與燈具的種類／322
第四節 照明的方式／331
第五節 賣場照明計畫／337
學習評量及分組討論／358

第 13 章 商品陳列規劃 ·································· 359

第一節 商品陳列的概念／361
第二節 商品陳列的類型／363
第三節 商品陳列的配置分類／366
第四節 商品陳列的方式／368
第五節 商品陳列應掌握之原則／376
學習評量及分組討論／381

第 14 章 POP 廣告運用計畫 ·································· 383

第一節 賣場企業識別系統／385
第二節 標示指引計畫／393
第三節 販賣促進的 POP 廣告／401
第四節 其他賣場氣氛要點／440
學習評量及分組討論／441

第四篇 賣場管理・443

第 15 章 賣場商品管理 ·································· 445

第一節 商品分類管理／447

　第二節　商品進貨管理／462

　第三節　商品銷售管理／470

　第四節　商品存貨與盤點管理／492

　學習評量及分組討論／514

第 16 章　賣場服務管理 ·· 515

　第一節　服務管理的基本理論／517

　第二節　收銀服務管理／526

　第三節　服務競爭策略／533

　學習評量及分組討論／543

第 17 章　賣場安全管理 ·· 545

　第一節　生財設備之安全管理／547

　第二節　公共設施之安全管理／552

　第三節　行政與作業之安全管理／554

　第四節　安全管理之應變作業／564

　學習評量及分組討論／567

參考文獻　569

圖目錄

圖 1-1　賣場構成三要素的相互關係・005

圖 1-2　賣場投入產出的流程・009

圖 1-3　傳統雜貨店與規劃過的便利商店之對照・012

圖 1-4　賣場規劃創新與改革的考慮條件・013

圖 1-5　補貨通道設在冷凍冷藏設備後面・018

圖 1-6　可口可樂公司將罐裝飲料陳列成像聖誕樹的形狀，不僅提升企業形象，更提高商品的競爭力・019

圖 1-7　階梯式商品架與垂直式商品架的比較・024

圖 1-8　賣場規劃之設計階段・028

圖 1-9　賣場規劃設計流程圖・030

圖 2-1　彎度道路的外側與內側位置視覺效果比較・042

圖 2-2　賣場的商圈範圍・043

圖 2-3　分處兩地的不規則形狀商圈・044

圖 2-4　商圈地理位置圖・051

圖 2-5　損益平衡點圖示範例・062

圖 3-1　文公尺範本・072

圖 3-2　三角板配合平行尺畫任意15°的倍角線・076

圖 3-3　三角板畫平行線和垂直線・077

圖 3-4　稜形比例縮尺・077

圖 3-5　長度10m的捲尺・079

圖 3-6　長度20m的皮尺・079

圖 3-7　尺寸標註要簡潔清晰、正確有規則性・082

圖 3-8　尺寸數字的正確標示方位・083

圖 3-9　三視圖的理想佈局・084

圖 3-10　賣場平面規劃圖繪製步驟圖示範例・

088

圖 4-1　寬廣型賣場・094

圖 4-2　正面極寬型賣場・094

圖 4-3　進深型賣場・095

圖 4-4　進深細長型賣場・095

圖 4-5　雙面角型賣場・096

圖 4-6　三面角型賣場・097

圖 4-7　開放型賣場・099

圖 4-8　封閉型賣場・099

圖 4-9　半開放型賣場一・099

圖 4-10　半開放型賣場二・099

圖 4-11　小型賣場的內場退縮方法・100

圖 4-12　中大型賣場的外場退縮方法・100

圖 4-13　賣場配置與功能・102

圖 4-14　零售業的賣場機能・103

圖 4-15　餐飲業的賣場機能・104

圖 5-1　規劃過的停車場・111

圖 5-2　未規劃過的停車場・112

圖 5-3　正面停車場・115

圖 5-4　後面停車場・116

圖 5-5　側邊停車場・116

圖 5-6　鄰地擴張停車場・117

圖 5-7　跨街道停車場・118

圖 5-8　頂樓停車場側視圖・119

圖 5-9　地下停車場側視圖・120

圖 5-10　雙層停車場側視圖・121

圖 5-11　獨棟多層專用停車場側視圖・121

圖 5-12　各種車輛停車位規格・123

圖 5-13　停車位之形式・123

圖 5-14　單列停車配置・124

圖 5-15　雙列停車配置・124

圖 5-16　進貨通道與賣場位置關係・125

圖 5-17　進貨倉庫區（前視圖）・126

圖 5-18　卸貨區（側視圖）・127

圖 5-19　垃圾處理區與賣場關係位置圖（俯視圖）・128

圖 5-20　垃圾處理流程・128

圖 6-1　傳達資訊的外觀設計・133

圖 6-2　引導機能的門面設計・134

圖 6-3　面對較寬街道的賣場，其外觀視線範圍相對較廣・135

圖 6-4　面對較窄街道的賣場，其外觀視線範圍相對變小・135

圖 6-5　緊臨車道的賣場，其外觀比較不具吸引力・135

圖 6-6　面對有人行道的馬路，賣場外觀容易發揮出廣告效果・136

圖 6-7　無騎樓賣場之外觀形式・136

圖 6-8　有騎樓賣場之外觀形式・137

圖 6-9　各種門面形式・138

圖 6-10　額頭招牌前視圖・140

圖 6-11　騎樓招牌側視圖・141

圖 6-12　立式招牌側視圖・141

圖 6-13　外伸招牌側視圖・142

圖 6-14　頂樓招牌立體圖・143

圖 6-15　大型廣告看板前視圖・143

圖 6-16　街角招牌側視圖・144

圖 6-17　旗幟廣告前視圖・144

圖 6-18　各種招牌形式・146

圖 6-19　招牌材質解說圖・149

圖 6-20　設在騎樓及靠近賣場出入口的特販區・152

圖 6-21　賣場門吉利之說・154

圖 6-22　出入口面向單一街道・155

圖 6-23　出入口設在靠主要街道面・155

圖 6-24　依照人潮流量分設兩個出入口，主要出入口在正面・156

圖 6-25　當兩側街道的人潮流量都各為 50%時，主要出入口設置在賣場面積較寬的一邊・156

圖 6-26　大型賣場設置多個面向街道及停車場的出入口・157

圖 6-27　太寬的手推門負載過重，易損壞門後鈕結構・158

圖 6-28　兩截一體的門面設計・158

圖 6-29　各種賣場出入門形式・160

圖 6-30　平行式櫥窗・165

圖 6-31　凹入型櫥窗・166

圖 6-32　透視型櫥窗・166

圖 6-33　櫥窗材質解說（側視圖）・168

圖 6-34　櫥窗正面貼裝飾廣告圖案・168

圖 7-1　靠牆固定式陳列・177

圖 7-2　牆面活動式陳列・177

圖 7-3　靠牆之面對面銷售規劃圖・179

圖 7-4　靠牆之單面陳列販賣規劃・179

圖 7-5　不同圖形的塑膠地磚・184

圖 7-6　冷凍冷藏區地板之管線溝設計・185

圖 7-7　作業區漏式排水溝・185

圖 7-8　各式收銀台・186

圖 7-9　L 形組合收銀台・187

圖 7-10　ㄇ字型組合收銀台・188

圖 7-11　POS 專用收銀台・188

圖 7-12　大型零售賣場都設置多個收銀台在賣場前方的中央位置且靠近出口處・189

圖 7-13　收銀台雙線排列・189

圖 7-14　收銀台後面設置包裝台，以方便顧客結帳後自行整理商品・190

圖 7-15　小型賣場會直接將收銀台與服務台一起設置在賣場前方的出入口處・190

圖 7-16　將收銀服務台設在後方的服飾賣場・191

圖 7-17　將收銀服務台設在後方的麵包店・192

圖 7-18　蛋糕櫃收銀台側視圖・192

圖 7-19　規劃在賣場中間的收銀台，大都設計為四邊形、ㄇ字型及圓形・193

圖 7-20　將收銀服務台設在右側的珠寶金飾店・194

圖 7-21　將收銀服務台設在左側的眼鏡行・194

圖 8-1　零售業賣場之動線規劃・200

圖 8-2　餐飲業賣場之動線規劃・201

圖 8-3　各種小型賣場之顧客動線型態・204

圖 8-4　各種中大型賣場之顧客動線型態・210

圖 8-5　餐飲店各種動線型態・213

圖 8-6　賣場各式通道・215

圖 8-7　賣場主通道・215

圖 8-8　賣場副通道・216

圖 8-9　賣場收銀區通道・217

圖 8-10　賣場通道寬幅以每人平均 40 公分的肩膀寬度為基準，並計算購物籃車的寬度尺寸・218

圖 8-11　受到面窄及櫥櫃影響之賣場，考慮規劃成半自助式販賣流程，加大主通道尺寸・219

圖 8-12　賣場受到櫥櫃貨架之影響，將縮減尺寸規劃在末端主通道，並將末端靠壁陳列架設計為 45 公分深・219

圖 8-13　大型賣場之面對面販賣區應在主通道加寬 60 公分，供營業員面對面服務顧客・220

圖 8-14　小型賣場兩邊的縮小副通道不可小於 750mm，以免造成死角・221

圖 8-15　大型量販店為方便顧客使用大型購物車，可將副通道設計在 2000mm 以上，以提高量販經濟規模・221

圖 8-16　小型賣場設置單一長型櫃台時，應將刺激購買性商品陳列在櫃台正面的內凹貨架，才不會佔據通道，影響結帳・222

圖 8-17　中型賣場之收銀台前方若設有商品端架，其所需空間應另計，不可佔據等待通道及收銀通道・223

圖 8-18　大型賣場之結帳等待通道及收銀通道之寬度尺寸・224

圖 8-19　餐飲店的各型通道寬幅・225

圖 8-20　太窄的通道不僅員工補貨不方便，顧客更是動彈不得・226

圖 8-21　通道寬幅與櫥櫃高度之關係・227

圖 8-22　各型賣場之通道寬幅與商品櫥櫃的關係（單位：mm）・230

圖 8-23　4m 寬文具圖書店之通道設計（自助式販賣）・232

圖 8-24　4m 寬服飾精品店之通道設計（半自助式及面對面販賣）・232

圖 8-25　6m 寬麵包店之通道設計（自助式販賣）・233

圖 8-26　8m 寬簡餐咖啡店之通道設計・234

圖 8-27　8m 寬水果專賣店之通道設計（開放式自助式販賣）・234

圖 8-28　磁石賣場配置圖・236

圖 9-1　適合賣場使用的各型冷氣空調設備・242

圖 9-2　輕型貨物架・244

圖 9-3　量販型貨物架・244

圖 9-4　玻璃商品櫥・246

圖 9-5　冷藏陳列櫃・246

圖 9-6　各種服飾吊架・246

圖 9-7　溝槽壁板吊架・247

圖 9-8　各式展示平台・247

圖 9-9　折疊式特價品車台・247

圖 9-10　各種陳列容器・248

圖 9-11　冷凍冷藏設備・249

圖 9-12　商用餐飲設備・250

圖 9-13　賣場設備器具工程預算及估價之流程圖・259

圖 9-14　賣場規劃平面圖・259

圖 10-1　麵包店之後場規劃・278

圖 10-2　便利商店之後場規劃・279

圖 10-3　生鮮超市之後場規劃・280

圖 10-4　餐廳之後場規劃・281

圖 10-5　速食店之後場規劃・282

圖 10-6　三C電子專賣店之後場規劃・283

圖 10-7　藥妝店之後場規劃・284

圖 11-1　曼塞爾（Munsell）色相環・293

圖 11-2　暖色系與寒色系・295

圖 11-3　不同年齡層對色彩的喜好程度・299

圖 11-4　色彩的聯想與象徵・301

圖 11-5　四種圖示配色的類型・302

圖 12-1　照明度、光通量、發光強度及亮度之關係・318

圖 12-2　日光燈係光源・323

圖 12-3　高照明度氣體釋放燈燈系光源・326

圖 12-4　賣場常用之各式燈具種類・330

圖 12-5　整體照明之燈具配置方式・333

圖 12-6　局部照明之燈具配置方式・334

圖 12-7　賣場照明設計流程・338

圖 12-8　麵包專用照明燈・343

圖 12-9　光源的角度設計對反射眩光的影響・345

圖 12-10　招牌燈管直式排列・346

圖 12-11　招牌燈管橫式排列・347

圖 12-12　開放式櫥窗之照明位置設置在櫥窗的上方及兩側（俯視圖）・347

圖 12-13　封閉式櫥窗照明設計・348

圖 12-14　騎樓照明之燈管排列以橫式設計為宜・349

圖 12-15　雙面直立多層商品架之照明——直式排列・351

圖 12-16　雙面直立多層商品架之照明——橫式排列・351

圖 12-17　雙面直立多層商品架之照明——直式排列，其雙燈管向下左右兩側散光・352

圖 12-18　雙面直立多層商品架之照明——橫式排列，其採用的燈管固定面應為平型，使光線直接下投，不會偏射致使顧客產生眩光・352

圖 12-19　單面直立多層牆櫃之照明——外伸前照式・353

圖 12-20　單面直立多層牆櫃之照明——裝置在櫥櫃與通道中間之上方・354

圖 12-21　單面直立多層牆櫃之照明——裝置在櫥櫃內・354

圖 12-22　平型櫥櫃——雙邊展售平台之照明設計・355

圖 12-23　動線通道照明設計・356

圖 12-24　牆壁面的照明・357

圖 12-25　柱子的照明設計・357

圖 13-1　商品陳列設計的階梯概念圖・361

圖 13-2　商品陳列面的位置功能・362

圖 13-3　高級服飾店的重點展示陳列・364

圖 13-4　超市日用品的一般陳列・365

圖 13-5　休閒服飾的強調陳列・365

圖 13-6　飲料特販的量感陳列・365

圖 13-7　以正面樣品為主訴求、橫掛商品供挑選的陳列方式・371

圖 13-8　壁面陳列方式・371

圖 13-9　柱子陳列方式・372

圖 13-10　端架陳列．372

圖 13-11　一般陳列．372

圖 13-12　平台陳列．373

圖 13-13　櫥櫃陳列．373

圖 13-14　各式掛勾陳列．373

圖 13-16　掛籃陳列．374

圖 13-17　堆量陳列．374

圖 13-18　突出陳列．374

圖 13-19　書報陳列．375

圖 13-20　收銀台陳列．375

圖 13-21　特殊陳列．375

圖 13-22　服飾賣場之商品陳列的空間運用．377

圖 13-23　商品立體陳列位置圖．378

圖 13-24　生鮮食品陳列深度及角度．379

圖 14-1　停車場和工地的引導告知及警示標誌．394

圖 14-2　賣場開店和打烊的告示牌．395

圖 14-3　消防及避難設備位置標示．395

圖 14-4　出口標示燈．396

圖 14-5　逃生口引導指標．396

圖 14-6　安全管理臂章及警示立錐．396

圖 14-7　直接繪製在牆壁上的商品標示．397

圖 14-8　以廣告壓克力板固定牆上的商品標示牌．397

圖 14-9　固定在冷凍冷藏櫃上方的商品標示牌．398

圖 14-10　嵌入陳列架飾板的商品標示牌．398

圖 14-11　懸掛在賣場天花板的商品中分類標示牌．399

圖 14-12　配合 POP 架標示單項商品的特色．400

圖 14-13　公共設施標示．400

圖 14-14　賣場服務標示．400

圖 14-15　行政管理標示．401

圖 14-16　賣場 POP 廣告種類．405

圖 14-17　食品竹墊及仕切板．408

圖 14-18　水果裝飾 POP．408

圖 14-19　開幕懸掛式布旗．408

圖 14-20　現成及空白海報．409

圖 14-21　POP 用具．410

圖 14-22　海報固定夾．410

圖 14-23　看板 POP．411

圖 14-24　試吃盒．412

圖 14-25　凸出端台．412

圖 14-26　料理販促道具．412

圖 14-27　木製容器．413

圖 14-28　樹脂容器．414

圖 14-29　特販商品櫃．414

圖 14-30　各地文教機構及連鎖賣場紛紛開班推廣手繪式 POP 廣告．415

圖 14-31　油性麥克筆．417

圖 14-32　水性麥克筆．418

圖 14-33　麥克筆的筆頭寬細規格（mm）．418

圖 14-34　各型 POP 用筆之筆頭比較．419

圖 14-35　其他各式 POP 應用材質．421

圖 14-36　標題字橫直線筆劃畫法．423

圖 14-37　標題字筆劃正確相接法．423

圖 14-38　麥克筆之標題字範例．424

圖 14-39　使用平筆描畫標題字時，可在筆劃尾端作勾筆變化，表現出輕鬆的感覺．425

圖 14-40　使用軟性圓筆描繪出活潑有創意的字體．425

圖 14-41　說明文之中型字體的橫直線筆劃畫法．426

圖 14-42(a) 中型字的字骨結構．427

圖 14-42(b) 中型字的字骨比例．427

圖 14-43　說明文內容的距離安排配置．427

圖 14-44　用於標示商品價格的粗型數字之畫法．428

圖 14-45 用於表示說明文的順序題號和內文數據的中型數字之畫法．429

圖 14-46 消費者對價格數字的印象．430

圖 14-47 單價尾數被使用頻率的高低．430

圖 14-48 價格數字組合的畫法．431

圖 14-49 以角 12 麥克筆描畫標題用之粗型英文字母．432

圖 14-50 以角 6 麥克筆描繪說明文題號及內文字母的中型英文字母．433

圖 14-51 各式強調記號運用於 POP 廣告中可發揮重點提示和點綴裝飾之效果．434

圖 14-52 各式 POP 插圖技巧．436

圖 14-53 商品試吃及講解示範可營造賣場氣氛，帶動買氣．440

圖 15-1 直式大中小分類架構圖．452

圖 15-2 橫式大中小分類架構圖．453

圖 15-3 賣場訂價步驟．472

圖 15-4 賣場促銷管理流程．479

圖 15-5 倉庫設置位置．493

圖 15-6 裝箱及大包裝儲存配置區．494

圖 15-7 大小包裝及裝箱儲存配置區．494

圖 15-8 複合式倉庫配置區．495

圖 15-9 存貨、銷貨、進貨之關係圖．498

圖 15-10 存貨、銷貨、進貨之關係圖．499

圖 15-11 ABC 分析曲線圖．502

圖 15-12 商品生命週期曲線．503

圖 15-13 盤點作業流程圖．506

圖 17-1 生鮮用的補貨棚車．556

圖 17-2 乾貨用的補貨台車．556

圖 17-3 災害應變小組組織編制．565

表目錄

表 1-1　賣場規劃與管理的價值・009

表 1-2　賣場規劃創新與改裝的內部與外部條件・013

表 1-3　賣場規劃設計流程要項說明表・031

表 2-1　開店的準備條件・035

表 2-2　賣場行業類型・036

表 2-3　簡餐店商品分類表・038

表 2-4　簡餐店設備器材分類表・039

表 2-5　賣場的商圈範圍・044

表 2-6　便利商店地點評分表・052

表 2-7　SWOT 分析表──賣場自我評估的條件明細・053

表 2-8　賣場開店資金需求表・055

表 2-9　損益平衡表・059

表 2-10　開店計畫執行控制表・064

表 3-1　公制單位與台制單位換算表・070

表 3-2　吉祥尺寸：公制單位與台制單位對照表・072

表 3-3　製圖紙規格尺寸・073

表 3-4　賣場規模與繪製比例對照表・078

表 3-5　線條的畫法與應用・081

表 3-6　箭頭標示種類・083

表 3-7　賣場符號表之一・085

表 3-8　賣場符號表之二・086

表 6-1　賣場出入門的適當規格尺寸・159

表 6-2　常用的公制與台制吉利尺寸對照表・159

表 6-3　門的開關方式分類・161

表 7-1　賣場裝修施工材料分類・175

表 7-2　柱子活用方法・180

表 7-3　天花板高度參考表・181

表 7-4　管線空間高度參考表・181

表 7-5　各式天花板的優缺點・182

表 7-6　地板面格局規劃・183

表 7-7　超商收銀櫃台區的設計尺寸・191

表 8-1　中大型賣場動線型態的比較・211

表 8-2　賣場主副通道及結帳等待通道之寬度・224

表 9-1　賣場各種消防安全器材・243

表 9-2　前場的生鮮器具設備・249

表 9-3　後場作業設備・251

表 9-4　賣場工程進度控制表範例・255

表 9-5　設備工程契約書・257

表 9-6　便利商店設備工程分類明細之預算估價表・260

表 9-7　便利商店設備工程總預算表・263

表 9-8　賣場機電設備的性能條件・264

表 9-9　賣場機器設備溫度管理表・266

表 9-10　冷凍設備定期保養檢查表範例・269

表 9-11　設備服務維修單範例・270

表 11-1　「暖色與寒色」的心理感覺・296

表 11-2　「明度與彩度」所產生的心理感覺・298

表 11-3　用色原理・307

表 11-4　色彩美感原理・307

表 11-5　賣場內裝的色彩搭配──百貨日用品類・309

表 11-6　賣場內裝的色彩搭配──餐飲類・309

表 11-7　賣場內裝的色彩搭配──休閒飾品類・310

表 12-1　各型日光燈光源性能表・323

表 12-2　鎢絲燈與鹵素燈性能比較表・324

表 12-3　各型高照明度（HID）氣體釋放燈性能表・327

表 12-4　各型光觸媒燈管光源性能表・328

表 12-5　強調係數與視覺效果・335

表 12-6　前投式照明應用在賣場的視覺效果・336

表 12-7　內裝材質及材料表面處理色的反射率標準・340

表 14-1　企業識別系統三要素・387

表 14-2　企業標誌設計的種類・388

表 14-3　企業標準字體的種類・389

表 15-1　生產觀點的商品分類・449

表 15-2　商品的基本分類・450

表 15-3　一般常用的商品分類原則・450

表 15-4　批發零售業常用的商品分類原則・451

表 15-5　商品編號原則說明・455

表 15-6　商品條碼世界各國代號・456

表 15-7　EAN 條碼系統・457

表 15-8　條碼系統的應用效益・458

表 15-9　賣場導入條碼所面臨的問題與解決方法・461

表 15-10　各種訂貨方式的優缺點說明・464

表 15-11　各種盤點方法之優缺點比較・509

表 15-12　盤點時應注意事項・510

表 16-1　收銀作業流程規範・528

表 17-1　前場安全事故之發生原因與預防方法・548

表 17-2　設備安全管理要點和保養事項・552

表 17-3　消防設施檢查項目・553

表 17-4　停車場、騎樓特販區及出入門之安全管理要點・554

表 17-5　災害應變原則・566

前 言

隨著社會經濟的發展、產業結構的改變，服務產業已是國家經濟發展的主要政策。而在高度競爭的服務產業裡，賣場是扮演服務及商品提供的重要角色。易言之，賣場經營已然成為服務企業成功的關鍵要素。所以，如何做好賣場規劃與管理，便成為企業經理人之重要課題。

在消費意識不斷提升的衝擊下，今日的賣場經營必須走出守株待兔的傳統商店模式，力求以顧客為導向的需求規劃。此需求範圍包括合理、適當、創新及貼心的規劃設計與管理，為了達到此目的，於是有了本書的誕生。本書恪守學者們的理論基礎，結合業界有效可行的經驗法則，以簡鍊易懂的字句呈現完整的題材。課文裡除了強調系統性論述之外，尚加入適當的圖示解說，希望藉由論述與圖例的對照學習，能讓讀者研讀時具有臨「場」感，達到事半功倍的效果。

本書分為四篇，共 17 章。第一篇包括第 1、2、3、4 章，主要向讀者介紹賣場規劃的基本原理。第 1 章介紹賣場規劃的基本原理及規劃設計流程。第 2 章討論讀者新開店所需要準備的條件。第 3 章提供賣場規劃時的基本製圖與識圖技巧，及常用的尺寸換算與面積計算。第 4 章介紹各種賣場平面型態與配置機能。第一篇是賣場規劃的入門基礎，及培養規劃繪圖的基本能力。

第二篇是本書的核心部分，共有 6 章，由外到內涵蓋賣場的各種硬體設施之規劃與設計。第 5 章探討外場的規劃設計。第 6 章介紹賣場門面的各項設施之規劃設計。第 7 章有系統的闡述如何規劃設計主要賣場（店內）。第 8 章以實務的數據分析並應用於各型賣場的動線規劃。第 9 章及第 10 章涉及賣場的設備器具計畫與後場行政作業區之規劃。

第三篇也是本書的主體部分，一共包括 4 章，主要論述賣場整體販促氣氛的規劃。第 11 章首先談到如何做好具有整體性與協調性的賣場色彩計畫。第 12 章論及適當得宜的賣場照明計畫。第 13 章就如何將商品有效地陳列於賣場，以達到最佳展售效果。第 14 章介紹 POP 廣告運用計畫，包含賣場的企業識別運用及 POP 促銷海報實作應用。第三篇與第二篇的最大差別，在於偏重比較柔性的氣氛訴求，讓賣場更活潑、具親近性。

最後，第四篇著重於賣場管理方面，共分為 3 章。第 15 章就賣場繁雜的商品，研討分類及進銷存管理。第 16 章集中在如何做好賣場服務管理，以提高顧客滿意度。第 17 章則著重在賣場的各種軟硬體設施及危機應變之安全管理。綜合前面章節的賣場規劃闡明，加上第四篇管理層面的論述，期望讀者有完整性的賣場營運能力之收穫。本書的整體內容架構如下圖供讀者參照，謝謝！

第一篇　賣場規劃概論（第 1～4 章）

第 1 章　賣場規劃基本概述
第 2 章　開店的準備條件
第 3 章　賣場規劃基本製圖
第 4 章　賣場平面型態與配置機能

第二篇　賣場規劃與設計（第 5～10 章）

第 5 章　外場規劃設計
第 6 章　店頭規劃設計
第 7 章　店內規劃設計
第 8 章　賣場動線規劃
第 9 章　設備器具計畫
第 10 章　後場行政作業區規劃

第三篇　賣場販促氣氛規劃（第 11～14 章）

第 11 章　賣場色彩計畫
第 12 章　賣場照明計畫
第 13 章　商品陳列規劃
第 14 章　POP 廣告運用計畫

第四篇　賣場管理（第 15～17 章）

第 15 章　賣場商品管理
第 16 章　賣場服務管理
第 17 章　賣場安全管理

本書的目的

　　本書掌握了賣場整體營運及新開店（或改裝）的關鍵要素，針對賣場規劃與賣場管理的所有相關條件做了廣泛且深入的探討。本書以具有邏輯性的論說配合實務精要和圖解之形式，有系統地提供具應用性的內容，呈現給讀者。

　　書寫此書的目的為：

1. 以實務及富教育意味的方式，向在校學生及在職人員傳達賣場規劃與管理的精華。期望讀者能瞭解賣場規劃與管理的目的與原則，進而學習到其技巧與方法，並運用於未來或現職的實際賣場經營。

2. 針對行銷流通管理系與企業管理系的零售課程規劃，希望提供對授課老師有所幫助的完整教材。

3. 循序漸進的課程論述，及介紹有步驟過程的技巧方法，期望培養學生未來服務職場或自行創業的賣場經營能力。

4. 強調賣場規劃與管理在當今企業經營的重要性，尤其在提高服務及零售產業的競爭優勢，希望此書對賣場經理人能大有助益。

5. 運用簡鍊平易的文字及清晰易懂的圖解，將理論與實務結合在一起，使讀者容易掌握內容，提高學習興趣並獲得更具體的學習成果。

6. 陳述賣場規劃的必要性，並非只是專業人員的單一責任，希望藉由書本所提供的數據資料，協助管理者皆能依照賣場的需求做好完整的規劃。

7. 論述賣場的重點管理，提供管理者更實際可行的管理方法。

推薦序

　　物流整合是未來台灣競爭力再造的主題之一，然而對於物流的最後端，也是金流的最前線，賣場的規劃與管理，一直存在著歐美理論與台灣實務的缺口，也因此幾乎所有的賣場管理只能摸著石頭過河，各自累積自己的經驗。如何整理出一部切合台灣環境的專業書籍，實有賴作者具備完整的理論架構能力與實務操作經驗。

　　本書作者現於國立嘉義大學管理研究所博士班進修，本所是國內僅有以實務導向配合理論傳授，以為國內培育出各行業的傑出產業顧問師為願景，每年錄取各產業中生代的傑出經理人三人，而本書作者能在激烈的競爭中脫穎而出的理由之一，即在於本書所呈現的理論與實務的充分結合。

　　致慧兄在進入本所研究後，努力且傑出的表現，以及即使病中仍不忘學業的精神，深得本所師生的肯定。因此，當本書再版亦逢致慧兄身體康復之際，身為致慧的老師，實有榮幸能為本書作序，更期望相關的業者與莘莘學子能由本書獲益。

國立嘉義大學管理學院院長

中華民國管理科學學會秘書長

蔡渭水　謹識

中華民國九十六年十二月

於國立嘉義大學管理學院

作者序

　　本書循序漸進地將賣場規劃與管理的理論與原則、流程和重點、方法與技巧、應用及注意事項作詳細深入的介紹與探討。書中恪守學者們的理論與業界的經驗法則，以簡鍊平易的字句呈現系統性的論述，並以圖示來解說實務性的規劃方法與技巧，協助讀者更容易掌握內文精要，期盼日後應用於實際賣場時，能降低規劃與管理的錯誤機率，提高經營效能。因此，這是一本相當實用的書籍。

　　編寫此書時，承蒙台灣日光燈股份有限公司等多家廠商鼎力協助、提供寶貴資料，特表謝忱。出版期間，特別感謝五南圖書出版股份有限公司楊榮川董事長、張毓芬副總編輯、黃淨閔、劉靜瑜等多位同仁，全力協助處理所有事宜，使本書得以順利問世。

　　本書撰寫過程力求嚴謹審慎，但恐學有不足，若有疏漏或錯誤之處，尚請讀者及各方先進，不吝指正賜教，以為爾後再版修正指引，不勝感激！

謝致慧　謹識

2005 年 5 月

教學進度方案（僅供參考）

章　次	教學內容	教學週次及時數分配		
		A 方案 （每週 2 小時）	B 方案 （每週 3 小時）	C 方案 （每週 4 小時）
第 1 章	前言、課程大綱講解 賣場規劃基本概述	第 1 週	第 1 週	第 1、2 週　3 小時
第 2 章	開店的準備條件	第 2 週	第 2 週	5 小時
第 3 章	賣場規劃基本製圖	第 3 週（含繪圖簡易習作）	第 3 週（含繪圖實作）	第 3、4 週　5 小時（含繪圖實作）
第 4 章 第 5 章	賣場平面型態與配置機能 外場規劃設計	第 4 週	第 4 週	3 小時
第 6 章	店頭規劃設計	第 5 週	第 5 週	第 5 週
第 7 章	店內規劃設計	第 6 週	第 6 週	第 6 週
第 8 章	賣場動線規劃	第 7 週	第 7 週	第 7 週
第 9 章 第 10 章	設備器具計畫 後場行政作業區規劃	第 8 週	第 8 週	第 8 週
第 11 章	賣場色彩計畫	第 9 週 （含期中考）	第 9 週 （含期中考）	第 9 週 （含期中考）
第 12 章	賣場照明計畫	第 10 週	第 10 週	第 10 週
第 13 章	商品陳列規劃	第 11 週	第 11 週	第 11 週
第 14 章	POP 廣告運用計畫	第 12 週 第 13 週 （含 pop 實作）	第 12 週 第 13 週 （含 pop 實作）	第 12 週 第 13 週 （含 pop 實作）
第 15 章	賣場商品管理	第 14、15、16 週　3 小時	第 14、15、16 週　4.5 小時	第 14、15、16 週　6 小時
第 16 章	賣場服務管理	3 小時	4.5 小時	6 小時
第 17 章	賣場安全管理	第 17 週	第 17 週	第 17 週
	期末考	第 18 週	第 18 週	第 18 週
	學習總時數	36 小時	54 小時	72 小時

第①篇

賣場規劃概論

第1章 賣場規劃基本概述

第2章 開店的準備條件

第3章 賣場規劃基本製圖

第4章 賣場平面型態與配置機能

第一章

賣場規劃基本概述

各節重點

第一節　賣場規劃與營運之關係

第二節　賣場規劃目的與原則

第三節　賣場規劃設計流程

學習評量及分組討論

學習目標

1. 瞭解賣場構成要素之間的相互關係。

2. 知道賣場規劃與營運的關係。

3. 能夠清楚說明賣場規劃的目的和原則。

4. 確認賣場規劃時的設計作業流程。

第一節 賣場規劃與營運之關係

壹、賣場構成要素

雖然賣場的類型有很多種，但是每一種賣場的構成要素都是由人（顧客與員工）、空間（內外賣場）、商品（有形與無形商品）三者所組成。圖 1-1 闡釋賣場三要素之間的相互關係：

賣場的構成要素
是由人、空間、商品三者所組成。

● 「人」與「空間」

「人」與「空間」的關係會衍生為具體的賣場環境，賣場的外部環境如設店位置、交通條件、商圈結構、消費層次、同業競爭、異業結盟、上游廠商配合、賣場外觀、停車設施、廣告招牌和視覺引導等。內部環境包括內部裝潢、公共設施（如化妝室、電梯、消

🖈 圖 1-1　賣場構成三要素的相互關係

防等）、收銀櫃台、動線通道、陳列設備、生財器具（如冷凍櫃、食品機器等）、基本設備（如照明、空調、音響）、管理設備等。

● 「商品」與「人」

「商品」與「人」之間的資訊傳遞，是靠著員工的陳列技巧和服務作業流程，將商品資訊傳達給顧客，達到有效的展售效果。

● 「空間」與「商品」

商品在空間裡要表現出最好的展售效果，就必須依賴有形的器具設備。商品的質感與價值經由器具設備的陳列，直接展示在顧客眼前，這也就是「空間」與「商品」所衍生的關係。

貳、賣場規劃與營運之概念

一、賣場的營運要素

賣場除了有完整的構成要素之外，還必須加上「營造販賣氣氛」、「商品管理與創新」及「提升服務品質」等營運要素，才能使賣場更具活力。

㈠營造販賣氣氛

要塑造好的販賣氣氛除了開店時所規劃的固定條件之外，還必須包括日後營運的彈性條件，才能使賣場的氣氛更活潑熱絡，達到販賣促進效果。固定條件包括企業識別系統、賣場色彩與照明計畫、標示與販促看板廣告、空調與音樂等規劃。彈性條件是一種可變、調整的因素，隨著商圈變化及顧客需求所推廣的各種促銷活動及賣場佈景的設計。

(二)商品管理與創新

賣場裡的商品是屬於有形的展售服務，給顧客的感覺比較直接與生硬，管理不當將會導致賣場凌亂及存貨滯銷，若是從商品選擇及開發→比價與協商談判→訂貨與驗收入庫→定價包裝→陳列展示→搭配組合到廣告促銷都能層層發揮管理與創新作用，將使商品更具有親近性與競爭力。

(三)提升服務品質

大多數學者對服務的定義為，「服務是服務組織從瞭解顧客的需求，然後規劃傳遞系統來滿足其需要，最後贏得顧客滿意的一個完整過程，這一過程的產出是不可觸及的無形性商品，而且產出的過程包括提供者與顧客的共同參與。」由此可知賣場要強化競爭優勢，除了提供有形的商品之外，勢必要提升無形的服務品質，才能滿足顧客需求，贏得顧客滿意。

賣場裡的服務範圍是一系列的提供過程，從顧客停車服務→進入賣場→誘導參觀→資訊傳達→刺激選購→收銀結帳→商品退換→顧客抱怨處理到慈善公益活動都需要環環相扣，其中若有某些流程發生服務缺陷，將會降低顧客的購買意願，甚至造成顧客流失。

二、創造賣場魅力的主要條件

當今商業環境變動性很大，尤其直接面對消費者的賣場，其競爭更是激烈。主要是消費者對賣場的功能需求，已由單純的購物提升為生活功能的一部分，業者必須考量「購物」與「生活休閒」的結合，才能吸引消費者。所以，購物現在已成為休閒生活中的一個重要環節。

這種「購物休閒」的經濟活動同時提供消費者「生活資訊情報」、「社交活動」與「滿足購物需求」等功能，為了符合這些功能相應而生的是創造有魅力的賣場。如何創造有魅力的賣場，換句

話說就是如何做好「賣場規劃設計」才能主導賣場活動的水平。所以，這些賣場從小餐館到大型的量販店都應設想著如何提供符合顧客需求的展售空間，以吸引顧客進門、參觀選購。

　　一家成功的賣場並非只靠著裝潢漂亮或商品便宜的單一條件，而是從評估商圈、選擇地點、內外賣場規劃、商品訴求結構、有效的營運管理到顧客服務等，都必須審慎考量、積極執行。評估商圈與選擇地點也就是所謂的開店「立地條件」。有好的立地條件之後，就必須克服經營的各種負面因素，創造魅力空間以滿足顧客需求。要克服這些負面因素，有兩個主要條件：「賣場規劃設計」與「賣場管理」，也就是以上所講的內外賣場規劃、商品訴求結構、有效的營運管理到顧客服務。「**賣場規劃設計**」是開店承先啟後的環節條件，也是開始經營的成功關鍵。而「**賣場管理**」，它是維持賣場經營的後續條件，更是營利不可或缺的程序。

賣場規劃設計
是開店承先啟後的環節條件，也是開始經營的成功關鍵。

賣場管理
是維持賣場經營的後續條件，更是營利不可或缺的程序。

三、賣場規劃與管理的價值

　　賣場的經營是投入很多的相關資源，如人力資源、資金預算、設備技術、資訊情報等，這些資源必須經過多項的轉換過程如規劃設計、按裝佈置、運作執行、維護更新、改善升級，才能產出真正的經營價值（如圖 1-2）。

　　賣場從不同的投入設施所產出的價值大致可分成兩部分（如表 1-1）。硬體部分如賣場建築物、陳列架、收銀設備等必須視作相互關聯的各級硬體系統，關注彼此相互聯繫的每個環節，才能產出有效率化的價值。軟體部分如自動化管理系統、商品與服務管理體系、促銷活動策略執行等必須符合現代化市場競爭的需求，方能達到經營差異化的價值。

📖 圖 1-2　賣場投入產出的流程

📖 表 1-1　賣場規劃與管理的價值

	投入設施	產出價值
硬體設施	建築物、停車設施、公共設施、裝潢佈置、氣氛營造、電子設備、冷凍冷藏設備、展示櫃、陳列架、收銀設備、補貨用具、加工器材、商品及物料。	擴大經濟規模、營運更具效率化、賣場符合現代化、作業省力化、增加商品線、提升來客數。
軟體設施	自動化管理系統、作業流程安排、商品與服務管理體系、人員管理體系、促銷活動策略執行、營業控管體系、賣場安全管理系統。	賣場舒適性、經營差異化、服務個性化、降低經營風險、提高利益產值、延續經營命脈。

第二節　賣場規劃目的與原則

壹、賣場規劃的目的

賣場規劃
是一家商店在其販賣空間針對商圈顧客需求所作的配置設計，其規劃得當與否關係著賣場經營成敗。

「**賣場規劃**」就是一家商店在其販賣空間針對商圈顧客需求所作的配置設計，其規劃得當與否關係著賣場經營成敗。無論規劃的動機是為了新開店、重新改裝或局部調整，其目的都是在創造一個最佳氣氛的買賣場所，讓消費者盡情在舒適的賣場裡享受購物的樂趣，進而在愉悅的販促氣氛中選購更多的商品，以達到顧客的消費需求和提高事業的經營效益。

「賣場規劃」是將硬生生的「建築體」設計成人性化的「商業空間」，讓單純的「販賣場所」變成「滿足購物慾望的空間」，而這慾望並非像以前的購物習性「買了就走」，消費者希望在購物的同時也能得到相關生活資訊、流行趨勢情報，在舒適的視覺感官及氣氛下盡情地享受購物樂趣。所以，成功的賣場規劃就必須以滿足消費者慾望為前提，不只是提供商品販賣而已。首先要深入瞭解分析「行業別特性」、「商品種類配置」和「商圈顧客型態」。然後，靈活展現最有效的陳列空間，發揮賣場的經營特色，吸引顧客進入賣場，對商品產生選購興趣。

大部分到過先進國家的人，都會感受到逛國外商店是一種很悠閒的享受，這種感受就是規劃設計所帶來的賣場魅力。例如，澳洲有一種手工生活用品的專賣店，空間雖然小小的，卻規劃得細緻有序，從柔和的照明、色彩的協調、合理的動線到精心的商品擺設，都發揮出很生活化的特色，尤其整個賣場散發出清淡的花香，更是吸引過往行人的主要因素之一。

或許有人認為台灣早期的商店根本不用什麼規劃，依然生意興

隆，為什麼現在的商店特別要講究賣場規劃。原因是早期的消費市場其需求大於供給，業者只要選對投資時機，設置基本的生財設備就可以進貨販賣。例如，生鮮超級市場在民國 75～85 年間如雨後春筍般林立，那時優勢的經濟景氣帶動強勁的消費能力，縱使很多賣場在不很完整的規劃條件下依然客源不斷。然而，這幾年來隨著市場全球化的競爭和經濟景氣的衰退，使業者面臨激烈競爭與微利經營的雙重困境，明顯下降的來客數更讓所有業者極力想創新與改革，塑造賣場魅力與差異化，希望再創川流不息的人潮，找回原顧客及吸引新顧客上門。

貳、賣場規劃創新與改裝的考慮條件

賣場規劃的新建與改裝，首重方便顧客進入、商品明顯陳列、動線合理設計、空間舒適及良好的販賣氣氛。

新建的賣場其關係著一開始的成功與否，應依實際機能需求，由外場、前場到後場皆須有系統性地規劃出很完整的賣場，因為賣場規劃牽涉很多相關工程（如水電消防、土木裝潢、設備器材按裝），務必慎重計畫進行，即使進度稍緩也不能急就章，以免造成日後重新裝修的損失。

改裝的賣場應考慮改裝的動機和目的（比如增設停車場是方便顧客停車，可以提升來客數），同時也要評估其合理性和改裝後的經營效益，以免浪費投資和造成顧客不便。當然，利用原建築物改裝的賣場，在規劃設計上所受到的限制較多。例如，騎樓比路面高出許多、出入口位置不適當、柱子太多、天花板太低或水電設施不完全等等。雖然這些因素會帶給設計上的一些困擾，但是只要用心規劃，依然可以克服這些問題。圖 1-3 為傳統的雜貨店與經過規劃的便利商店之對照，雖然同樣是小坪數賣場，傳統雜貨店顯得昏暗凌亂，顧客不容易找到所需要的商品；經過規劃的便利商店卻提供顧客一個整潔明亮、商品陳列有序的賣場空間，使顧客喜歡停留久一點，其熱絡的販賣氣氛更刺激著顧客購買慾，達到賣場最佳的營運效益。

新建的賣場其關係著一開始的成功與否，應依實際機能需求，由外場、前場到後場皆須有系統性地規劃出很完整的賣場。

改裝的賣場應考慮改裝的動機和目的，同時也要評估其合理性和改裝後的經營效益，以免浪費投資和造成顧客不便。

🏷️ 圖1-3　傳統雜貨店與規劃過的便利商店之對照

參、考慮賣場是否應該創新或改裝的因素

　　考慮賣場是否應該創新或改裝的因素可分為「內部條件」與「外部條件」（如圖1-4所示）。內部條件涵蓋「賣場實際的狀況需求」與「賣場營運的方針策略」；而外部條件則包括「商圈環境

變化」與「產業結構變化」。表 1-2 分別列舉出有關「賣場實際的狀況需求」、「賣場營運的方針策略」、「商圈環境變化」與「產業結構變化」的各項條件因素作為賣場規劃創新與改革的考量參考。

圖 1-4　賣場規劃創新與改革的考慮條件

表 1-2　賣場規劃創新與改裝的內部與外部條件

內部條件		外部條件	
賣場實際的狀況需求	賣場營運的方針策略	商圈環境變化	產業結構變化
• 引進或增設新的賣場器具設施 • 改變或調整商品的陳列方式 • 增添賣場的販促氣氛 • 賣場壽命已屆年限	• 改變商品結構 • 改變商品配置 • 改變目標顧客群 • 改變販促策略	• 立地條件產生變化 • 消費習性或顧客層產生變化 • 商店生態產生變化 • 街道結構產生變化	• 同業競爭 • 異業結盟效應 • 賣場型態的改變

一、賣場實際狀況的需求條件

賣場實際狀況的需求條
件
有引進或增設新的賣場
器具設施、改變或調整
商品的陳列方式、增添
賣場的販促氣氛、賣場
壽命已屆年限。

「**賣場實際狀況的需求條件**」有引進或增設新的賣場器具設施、改變或調整商品的陳列方式、增添賣場的販促氣氛、賣場壽命已屆年限。

「引進或增設新的賣場器具設施」不僅可使賣場符合現代趨勢以迎合顧客，最主要是提高賣場安全與商品附加價值。例如，增設賣場天花板的防火玻璃可以降低煙霧的擴散；又如，增設開放式冷藏展示櫃可以保存食品新鮮度和提高商品展售效果。

「改變或調整商品的陳列方式」可以提高明顯的演出效果使商品更具賣相，若是一陳不變或不合理的陳列方式不但無法刺激顧客的購買慾，也會使商品本身失去原有的價值功能。

「增添賣場的販促氣氛」主要是強化消費印象以帶動販賣氣氛，刺激顧客購買慾以達到營運目標。

當「賣場的壽命已屆年限」時，創新與改裝可讓原賣場煥然一新提升賣場形象，不僅可以穩住老顧客，更可開拓新客源，否則在競爭的條件下極易被淘汰而漸漸流失顧客。

二、賣場營運方針策略的考量因素

賣場營運方針策略的考
量因素
有改變商品結構、改變
商品配置、改變目標顧
客群、改變販促策略。

「**賣場營運方針策略的考量因素**」有改變商品結構、改變商品配置、改變目標顧客群、改變販促策略。

當計畫「改變商品結構」時，硬體設備及顧客動線就必須重新調整規劃，使新商品結構呈現在合理的空間佈局裡，不可將就不適合的設備及設施或不合理的原動線，否則商品與空間會產生很不協調的佈局，影響顧客選購行為及降低購買慾望。例如，家用電器賣場計畫調整為三C賣場，其整個商品結構勢必大幅度的增減，隨著商品結構的改變，三C賣場的硬體設施及陳列設備應設計更現代化與科技感，同時動線的規劃也與家電賣場截然不同。

「改變商品配置」時需依照商品的規格大小，適度變更陳列設

備及通道寬度，例如，在三C賣場裡計畫縮小線材區而增加展售筆記型電腦時，其陳列設備應由吊掛式的陳列架改為桌上型的陳列櫃，其動線位置應靠近收銀區或直接設置為面對面展售區，同時通道也應加寬。

「改變目標顧客群」需隨著新顧客群的消費特性重新規劃局部賣場，針對顧客所需的新商品作陳列佈置及販促所需的相關規劃設計。

當「改變販促策略」時，賣場構成要素的人、商品與空間都應即時調整相互間的衍生關係，機動的規劃出新策略所需的販賣環境。

三、商圈環境變化的影響因素

「**商圈環境變化的影響因素**」有立地條件產生變化、消費習性或顧客層產生變化、商店生態產生變化、街道結構產生變化等。

當「立地條件產生變化」，如地點選擇、人口流量都與原評估效益有所差異時，則應考慮革新賣場，甚至遷移重新設店。

若是商圈內的「消費習性或顧客層產生變化」，造成原客層流失、營運遲緩，應及時改裝賣場設計和重新規劃商品配置，方可穩住營業目標。

當「商店生態產生變化」時，往往造成嚴重的排擠效應而淘汰很多規劃不良及失敗的賣場。例如，民國 80 年起當消費者逐漸接受便利商店型態時，嚴重威脅到傳統雜貨店和平價中心的生存，此商店生態的轉變已迫使傳統賣場導入創新與改革的規劃功能。

當「街道結構產生變化」時，也同時使街道的生態產生變化，影響到原來的商圈環境。例如，新開街道或馬路拓寬可能會影響賣場的出入口方向或人潮流量多寡。

四、產業結構變化的影響因素

「**產業結構變化的影響因素**」有同業競爭、異業結盟效應、產

業的賣場型態改變等。

「同業競爭」可說是影響產業結構變化的最主要因素，從有形的品質及價格到無形的服務和形象，都足以威脅到體質不良的賣場。

另外，可藉著「異業結盟效應」使原賣場更豐富化，異業通路的結合不僅方便顧客選購，更帶來多重不同的顧客群，增加來客數及拓展周邊商品線的附加價值。例如，台糖公司將保養品結合藥房通路，使傳統的藥房轉變成創新的藥妝賣場。

「賣場型態的改變」或許使單一店變成連鎖店經營，也或許使傳統商店變成精緻的專賣店，更可讓普通賣場轉變成大賣場或量販店。所以當消費者對新的賣場型態有所期待時，正是賣場規劃革新的時機。

肆、賣場規劃理念與原則

當今消費意識已趨成熟，個人可支配的消費額也增多，大大提高消費者回流購買的頻率，消費者每次購物的體驗，自然就關係著下次回流的決定。留住顧客重複消費，最直接的因素就是看得見、感受得到、最貼近顧客的賣場規劃。

有特色的賣場，本身就是一種賣點，顧客以心意認同賣場的規劃進而購買裡面的商品，所以規劃賣場時就必須掌握住以顧客為導向的基本理念和原則。換句話說，不能只把賣場當成容納商品的空間，要從消費心理層面來思考賣場的內涵，才能掌握住規劃的真正意義。

事實上，我們常發現有很多賣場在開店後的幾年甚至幾個月內就被迫停業或轉讓，追究其原因並不是外在環境和經營策略問題，大都是開店時過於草率或太主觀，沒有掌握住規劃的真正理念與原則，造成失敗的結果。例如，以麵包店來講，常有麵包師傅學成之後，急就章的開店卻嘗到失敗後果而轉讓。然而，經過接手的業主重新規劃改裝後卻可以創造好的業績，其規劃重點以商品的訴求風格（如歐式麵包風格）而強調前場的內部裝潢、動線規劃、展示陳

列、燈光氣氛等整體效果,使新賣場有別於生硬感覺的傳統麵包店,讓顧客在溫馨的氣氛下購物。在交易過程當中,好的賣場形象深深刻印在每位顧客的心裡,也掌握住顧客再次光臨的考量因素。

一、賣場規劃基本理念

賣場規劃的基本理念有六大要點:㈠賣場是為方便顧客選購所需的商品;㈡賣場通道是為顧客而設計的;㈢賣場規劃須以商品為基準考量;㈣考量商品與陳列的互動關係;㈤調整賣場的構成因素以符合顧客需求;㈥賣場規劃必須考慮到相關的經營效率問題。

㈠賣場是為方便顧客選購所需的商品

賣場的主要目的是販賣商品,所以規劃賣場時首先要考慮方便顧客找到他們所需要的商品,此時的考慮順序就必須由市場末端反思回來,如:什麼是顧客需求的商品→該如何將商品規格分類→如何安排商品配置陳列→有效的規劃動線通道→按裝適當的器具設備→貼切務實的裝潢設計等。

假如,賣場只憑著業主和設計師的偏好來做規劃,常常是先考慮到賣場的硬體設施,而商品只能將就已完成的配置區,導致不務實的效果。或許賣場裝潢很華麗卻顯得複雜而掩蓋了商品的真實感、也許器具設備很高級卻不符合商品的陳列規格、也或許通道過於有創意讓顧客無所適從而失去動線的連貫性,這些因素都將會造成顧客選購時的不方便。所以,規劃時不能以單方面的主觀意識當主軸,應符合市場行銷(Marketing)所強調的「顧客導向」為理念。

㈡賣場通道是為顧客而設計的

賣場通道是供員工和顧客通行及商品搬運之用,然而賣場是為顧客而存在,所以賣場通道應該以顧客為主要設計考量。至於員工通行及商品搬運通道儘可能另外規劃,以避免共用通道時造成混雜、阻塞或髒亂。例如,超級市場的補貨通道可以設計在牆壁四周

賣場規劃時不能以單方面的主觀意識當主軸,應符合市場行銷所強調的「顧客導向」為理念。

賣場通道是供員工和顧客通行及商品搬運之用,然而賣場是為顧客而存在,所以賣場通道應該以顧客為主要設計考量。

的冷凍冷藏展示設備及單面靠壁商品架的後面（如圖 1-5 所示），以降低生鮮貨品在賣場搬運流程中所造成的髒亂。中間賣場的補貨通道應與顧客通道加寬共用，避免搬運時與顧客擦撞或阻礙選購。

㈢賣場規劃須以商品為基準考量

商品是賣場最主要的主角，每一種商品都各有不同的規格與特性，規劃設計時須以商品為基準考量，才能表現出各自的特徵，提高賣相。最基本的是賣場經營類型與氣氛必須吻合主要商品，比如說原本設計為西式速食店，如果用來販賣台灣小吃，其賣場格局與作業流程完全不相同，容易造成服務與經營上的落差。又比如原為書局文具賣場，用來經營電腦通訊用品，則商品的展示陳列將不知從何著手。

之前我們談過賣場規劃要以顧客為導向，其理念就是要思考商品類型與項目，作顧客層和市場區隔分析，來定位經營的方針，才能符合顧客所要、商圈所需的賣場。此基準考量不難在量販店看出端倪，量販店的商品以大量便宜為訴求，所以賣場不講究華麗的裝潢，而刻意營造廉價的感覺與旺盛的買氣。

商品是賣場最主要的主角，每一種商品都各有不同的規格與特性，規劃設計時須以商品為基準考量，才能表現出各自的特徵，提高賣相。

　圖 1-5　補貨通道設在冷凍冷藏設備後面

㈣考量商品與陳列的互動關係

商品容易受到立地條件與商圈環境改變的影響，產生商品配置與陳列的互動變化。立地條件的差異情形，如在市中心的商業區適合開設精品專賣店，其商品與陳列的互動關係是嚴謹精緻的；又如生鮮超市適合設在社區，其商品與陳列的互動關係是快速補貨、方便取拿。

隨著商圈環境的改變，商品與陳列關係不能一陳不變，各項商品應依照其特性，及顧客的需求和消費者的購買習性，適度改變陳列的方式與技巧。例如，當商圈競爭者增加，商品的陳列方式若能更有創意，就能吸引顧客注意、刺激購買慾，同時達到商品宣傳效果，也提升賣場販賣形象。如台灣可口可樂公司的創意陳列在零售業曾掀起一陣熱潮，民國 75 年間，其首創提供「冷藏飲料展示櫃」給各賣場展售其公司產品，又在賣場的特販區將罐裝飲料組合陳列出聖誕樹的形狀，此創意不僅提升企業形象，更提高商品的競爭力（如圖 1-6 所示）。

隨著商圈環境的改變，商品與陳列關係不能一陳不變，各項商品應依照其特性，及顧客的需求和消費者的購買習性，適度改變陳列的方式與技巧。

　🏺 圖 1-6　可口可樂公司將罐裝飲料陳列成像聖誕樹的形狀，
　　　　　　不僅提升企業形象，更提高商品的競爭力。

㈤調整賣場的構成因素以符合顧客需求

本章一開始已提到賣場的構成要素是由人（顧客與員工）、空間（內外賣場）、商品（有形與無形商品）所組成，三者之間是相輔相成的關係，彼此要以顧客為導向作完整的協調搭配，而不是自行其事，無視顧客的需求。

新規劃的賣場，一開始就要將這三種構成要素作全面性的調整：在人的因素方面，提升員工的專業能力和服務品質，以瞭解顧客、服務顧客及滿足顧客為主要目標。在空間方面，從賣場外裝設施到店內通道、商品配置陳列、燈光照明及色彩氣氛等諸多因素要能彼此調合。在商品方面，調整與擴充有形商品以符合顧客需求和提高市場競爭力，並提供無形商品（如金融服務或配送服務）以增加營運附加價值。

至於改裝的賣場，應依照賣場狀況和市場需求作適度調整。首先要清楚瞭解賣場是有一定的壽命，此壽命意義涵蓋硬體設施及經營因素。硬體設施如賣場結構已屆年限、賣場外觀老舊、裝潢設計已污損失去新穎感、生財設備的使用機能退化及器具設施的機能已不符合時代潮流等；經營因素如員工專業能力停頓、服務品質沒有提升、商品線不足、消費習性改變、顧客層異動、商圈結構改變等。這些原因都足以讓賣場構成因素達到重新調和的階段，但是重新調和的本質，依然是以人、空間、商品等三要素作相互搭配，強化商品銷售與顧客凝聚力，而不是只為了虛榮其表，徒增浪費。

㈥賣場規劃必須考慮到相關的經營效率問題

賣場不單只是擺放商品的一個大空間，如何在規劃設計上有助於提升經營效率，才是考慮的重點。在此分成人員工作效率、空間運用效率與商品控制效率等三種加以探討。

1. 人員工作效率

大部分的流通賣場仍是處於人力密集的產業型態，不良的工作

賣場不單只是擺放商品的一個大空間，如何在規劃設計上有助於提升經營效率，才是考慮的重點。

效率不僅造成較高的人事成本，更容易產生交易錯誤、顧客抱怨，影響賣場的整體營運。所以提升人員工作效率，基本的管理面從謹慎的雇用員工、訂定工作標準化、交互訓練教育、擬定績效標準及獎勵制度到考核出缺勤及服務品質，都要有完整的計畫與制度。更具體的工作效率就是如何提升進貨、補貨、上架、陳列與販售等賣場裡的作業。

2.空間運用效率

亦即是在現有的賣場空間，以最有效率的方法技巧擺置陳設商品，達到單位空間的平均銷售額與利潤額的目標。空間的運用分類可分為交易空間、顧客服務空間、貨品儲存空間及行政作業空間等。規劃時應依據空間實際需求作配置決定，周泰華、杜富燕（*1997*）提出兩種決定方法：銷售生產力法（Sales-Productivity Method）和模範存貨法（Model Stock Method）。銷售生產力法是按照單位面積的銷售額或利潤比例來分配賣場空間的面積位置；模範存貨法是依據商品種類的儲存與展示所需的空間來分配賣場位置。

3.商品控管效率

商品的控管，從店家依據銷售預測和實際銷售狀況向上游廠商訂貨，廠商根據訂貨單將商品直接運送到賣場或倉庫。店家收到商品時先加以驗貨入庫，然後拆裝整理、標示說明、標價陳列到展售交易，形成一個供應鏈循環。要讓此循環形成良性的系統，必須掌握以下三點有效的商品控管方法：

(1)完善的採購計畫

清楚瞭解市場需求、顧客消費習性、商品競爭力及賣場的庫存狀況，避免情報誤差和判斷錯誤而造成暢銷品缺貨或積存大量滯銷品。完善的採購計畫應對商品的特徵、差異、品質、成本、售價、毛利潤、付款條件、進退貨事項及促銷活動配合等詳加比較分析。

(2)商品定量定位

針對賣場銷售情況及廠商供貨情形定出單項商品的最小訂購量及安全庫存量。另外，固定商品項的陳列位置有利賣場人員即時通報補貨，也可避免重複訂貨的情形。

(3)掌握商品週轉率

根據賣場本身的銷售紀錄與經驗，及參考廠商和同業的相關資料，設定出商品的週轉率。從週轉率可以清楚知道商品的流通狀況，避免庫存積壓影響經營效益。週轉率越高表示商品銷售越快，進貨數量及補貨速度要提高；反之，週轉率越低表示商品銷售越慢，進貨數量及陳列面積要降低。

二、賣場規劃基本原則

賣場規劃基本原則
賣場規劃時必須講求整體性，掌握住「顧客需求原則」、「賣場合理化原則」、「賣場舒適原則」與「彈性運用原則」。

賣場規劃是否得宜，關係到顧客是否願意光臨，顧客光臨之後是否能在一個舒適氣氛的空間環境，盡情享受購物之樂趣。因此，賣場規劃時必須講求整體性，從外場到內場都要掌握住「顧客需求原則」、「賣場合理化原則」、「賣場舒適原則」與「彈性運用原則」，才能創造出一個真正符合顧客所需的購物空間。

㈠顧客需求原則

顧客需求原則
包括方便顧客進出、讓顧客能夠安全方便的自由選購、讓顧客能夠清楚瞭解商品陳列、讓顧客在賣場能夠停留久一點。

「**顧客需求原則**」包括方便顧客進出、讓顧客能夠安全方便的自由選購、讓顧客能夠清楚瞭解商品陳列、讓顧客在賣場能夠停留久一點。

1. 方便顧客進出

讓顧客很容易的進出是賣場最基本的規劃，也是顧客光臨之前最在意的事。當今消費者出門購物會先考慮停車問題，如果一家賣場的商品豐富又便宜、內裝設計得宜、服務也很好，但是外場規劃

不良、不易停車，進出口設計複雜、不方便出入，顧客光臨此賣場的意願是會大打折扣的。顧客不願意進入賣場，縱使有再好的其他條件，也是無濟於事。只有方便顧客進入，才能發揮其他的賣場優點，讓消費者滿意的踏出賣場。

2. 讓顧客能夠安全方便的自由選購

顧客進入賣場之後，總是希望在一個安全無慮、方便自由的空間享受購物樂趣。如果顧客發現賣場空間有安全顧慮時，或者無法自由自在的選購，比如通道髒濕容易滑倒、商品擺設搖搖欲墜、店員過度跟催，其不僅會降低購買意願且顧客很快就會離開賣場。

3. 讓顧客能夠清楚瞭解商品陳列

商品的擺設除了講究技巧及創意，最基本的是標示明確、排列整齊、有系統的配置在各賣點區。同時可將相關商品陳列在一起，提高顧客的聯想性購買動機。不可因過度追求創意而造成雜亂陳列，模糊了顧客的選購視線。

> 商品的擺設除了講究技巧及創意，最基本的是標示明確、排列整齊、有系統的配置在各賣點區。

4. 讓顧客在賣場能夠停留久一點

通常消費者喜歡享受的是愉悅的購物環境，越愉快的販促氣氛，越能讓顧客停留久一點、消費更多商品。根據消費者行為分析，衝動性購買動機在賣場是一種非常有潛力的消費行為。所以在規劃之初，就要設計能讓消費者進入賣場後能停留更久，刺激他們潛在的購買慾，以提高銷售額。

(二)賣場合理化原則

所謂「**賣場合理化原則**」是賣場規劃設計時，要以「人因工程」因素作考量，以顧客需求為導向。在此將分成賣場設施合理化、設備器材合理化、動線流程合理化、商品擺設合理化、空間配置合理化等五方面加以說明。

> 賣場合理化原則
> 是賣場規劃設計時，要以「人因工程」因素作考量，以顧客需求為導向。

1. 賣場設施合理化

如停車設施的坡度太抖、彎度過大、車位及車道太宰等不合理的設計都會使消費者產生進出的壓力，甚至畏懼不敢前往，不僅失去設施的功能，更直接影響來客數。另外，殘障者進出設施及顧客公共設施（如休息區、化妝室等）都是不可或缺的規劃。前場的天花板高度隨著賣場規模加大而調整，太低的天花板容易讓顧客產生壓迫感，縮短消費時間。

2. 設備器材合理化

如小型便利商店的商品架高度設計為 135～150 公分，使賣場整體視覺更為寬敞。其層板架的深度由下（45公分）往上越短的階梯型設計，避免顧客碰撞到上層層板架，也提升商品展示效果（如圖1-7所示）。另外，常有業者採用歐美進口的生財設備，卻發現規格尺寸不適合國內消費者，使原有設備功能大打折扣。例如，用於生鮮超市的「開放式冷藏展示櫃」，歐美進口的規格常使消費者拿不到較高層架的商品而放棄購買意願。

3. 動線流程合理化

動線是以單向設計為原則，讓顧客很自然沿著商品配置流程，輕鬆的走動選購。若是發生顧客常碰撞擠在一起或對走動方向不知所從，表示動線有規劃不良之處。比如當顧客進入賣場時，沒有規劃主要通道、引導顧客直接走到主力商品區，此時顧客必定會分散

🏛 圖1-7　階梯式商品架與垂直式商品架的比較

到各通道，沒有遵循方向，造成消費流程混亂。常見很多賣場的收銀區發生擁擠現像，是因結帳區太靠近入口處或者沒有規劃適當的迴轉空間所致。

4.商品擺設合理化

依據商品的分類，將關聯性商品有計畫性的以不重複、不回頭的設計方式，陳列於顧客眼前。此合理的擺設方式，當然也需要考慮商品特性、價值性、週轉性、規格大小與輕重、陳列安全等因素。例如在超級市場裡，冷凍食品及包裝米通常擺在動線尾端或靠近結帳區，避免冷凍食品軟化和節省提領的重量負擔。

5.空間配置合理化

賣場是商品、設備、顧客、員工產生交易行為的主要空間，每個區域及賣點位置應合理規劃，才能發揮最有效的利用功能，否則不僅浪費空間、甚至直接影響營運績效。空間配置合理化並非是完全將賣場填滿商品，而是考慮到顧客購買需求及習慣、善加運用器材設備、利用平面與立體的陳列空間。例如，賣場的出入口應預留足夠空間、賣點區域應按照主力商品及顧客購買習性順序配置、運用器材設備將商品立體陳列或儲存、利用賣場牆壁和柱子發揮商品展售效果，以達到空間不浪費、不擁擠，適合顧客走動、方便選購的條件。

(三)賣場舒適原則

「賣場舒適原則」從「創造優勢條件」和「排除不適因素」兩方面進行，可達到讓顧客在賣場停留久一點的目的。而這兩個方向也正是賣場舒適的規劃原則，其強調於有形的安全規劃及無形的感覺設計，使顧客能在一個安全、明亮、整潔、寬敞、舒適的空間環境享受悠閒自在的購物樂趣。

依據商品的分類，將關聯性商品有計畫性的以不重複、不回頭的設計方式，陳列於顧客眼前。

賣場舒適原則
從「創造優勢條件」和「排除不適因素」兩方面進行，可達到讓顧客在賣場停留久一點的目的。

1.創造優勢條件

就是規劃出明亮乾淨的整體環境和塑造最佳的販賣氣氛。如安全的消防設施、合理的動線通道、清楚易選的商品陳列、親切專業的服務品質、舒適的空調室溫（23℃±3℃）、明朗易記的企業識別、得宜的色彩裝飾、舒適的裝潢設計、良好的燈光照明、適當的音響效果、高效率的生財設備、適時的販促活動以塑造最佳的販促氣氛。

2.排除不適因素

商品項不豐富、服務態度不佳、照明及色彩陰暗、商品陳列凌亂、通道太窄髒亂、動線太複雜、音樂粗俗及音響太吵、冷氣太冷或通風不良，均缺少販促氣氛。

㈣彈性運用原則

「彈性運用原則」是依照不同的行業別、立地條件的差異或不一樣的經營型態，在硬體設施和軟體規劃上靈活運用的設計，以符合各自的商圈需求。

1. 不同行業別的賣場在硬體設施和軟體規劃上差異最大，例如，傢俱大賣場需要寬敞的平面空間，而便利商店只需30坪左右的店面即可，其生財設備、動線規劃與照明設計也炯然不同。

2. 隨著立地條件的差異，雖然是相同行業卻也有不同的規劃設計。例如，緊鄰火車站的便利商店與社區型便利商店，其商品規劃與配置不盡相同，當然連其設備及內裝設計也有所不一樣。

3. 不一樣的經營型態，其賣場規劃應按照不同的經營特色加以彈性運用，不應墨守成規或完全模仿其他的賣場。單店經營型態所考慮的範圍僅就其商圈內的因素加以調整規劃，針對顧客需求和同業競爭具有機動性和及時性的運用特色；連鎖

彈性運用原則
是依照不同的行業別、立地條件的差異或不一樣的經營型態，在硬體設施和軟體規劃上靈活運用的設計，以符合各自的商圈需求。

經營型態除了考慮各自商圈因素之外，還需配合連鎖經濟規模的整體策略加以規劃運用。通常依照專門化的原理，總公司負責企劃設計機能，賣場負責實施機能，發揮標準化與單純化的原理。若有個店的實際需求，可回報總公司評估實施的可行性；加盟經營型態則由加盟總部統籌規劃，自願加盟者運用總部的資源，發揮加盟體系的經營力量，掌握保障內的商圈利益。若有個店的實際需求，僅能在加盟合約外的項目作變動。

伍、賣場規劃主要項目

賣場規劃必須考慮外場與內場的整體性設計，其主要項目包括外場、前場與後場，茲分別敘述如下：

● 外場（Outside Stage）

包含有停車場、外場特販區（含騎樓）、賣場外觀、櫥窗展示、出入口、進貨通道、垃圾處理區。

● 前場（Front Stage）

前場因是直接營業的地方，所以是賣場規劃的主要重點區，其規劃範圍有顧客休息區、服務櫃台、收銀櫃台、專櫃區、視覺導引、商品分類配置、顧客動線規劃、色彩及照明計畫、販促氣氛營造規劃、器材設備工程規劃。

● 後場（Back Stage）

後場規劃範圍涵蓋驗貨區、管理辦公室、員工休息區、儲存倉庫、加工作業區及機電設施房。

第三節 賣場規劃設計流程

壹、規劃設計階段

　　賣場規劃之設計作業分成如圖 1-8 所示之四個階段，開始為資料收集的準備階段，接著為設計階段，其包括企劃構想、規劃設計、施工設計等三個步驟。

● 準備階段

　　首先深入瞭解賣場新設立或改裝的各項因素，並熟悉認識商圈環境的主客觀條件，著手匯集開店的各種資訊與計畫，如賣場規模、經營型態、商品構成、開辦預算、開幕日期、業者構想、市場相關資訊與流行趨勢等。接著丈量現場實際尺寸，除了測量賣場的正確面積之外，各項設施及建築結構如牆、窗、門、梯、樓高、樑柱、消防栓、配電箱等，都應以公制單位 mm 測得並記錄其詳細尺

🏛 圖 1-8　賣場規劃之設計階段

寸，丈量越詳細，設計就越精準，施工也就越確實完整。

● 企劃構想

分析研判第一階段所準備的資料及數據，同時參考和比對相關案例的設計，重新提出符合賣場風格的設計企劃，並將此構想概念以圖表（如各種手繪草圖、相關照片或模型）具體顯示，進行溝通檢討，以擬定明確的設計方向。

● 規劃設計

本階段是依照基本的企劃構想，將所有賣場有形的物體，以正確比例和尺寸的圖文符號說明整合明示的作業，此作業內容包括建築物及周圍設施的規劃、結構材質及公共安全設施規劃、賣場空間設計及生財設備配置、商品配置陳列及顧客動線設計、賣場形象塑造及販促氣氛營造設計等，這些設計內容在此階段以詳細平面圖闡明整個賣場的基本型態和機能，尤其各部空間的搭配與合理性及材質適用與經濟性，都應審慎評估檢討後明確標示於圖面上。

● 施工設計

施工設計是設計作業流程的最後階段，主要以基本的規劃設計為基礎，進一步將所規劃的賣場相關內容，更細部的以不同角度的圖示技巧（如三視圖、透視圖及立體圖）和文字說明表現更清楚的作業內容，使施工者有更明細精確的執行依據。施工設計著重於工程製作方法、設備器材廠牌規格尺寸、不定尺規格或重點特殊說明、機能功效說明、材料明細顏色明示等，甚至提示樣品目錄以表達設計的原意，如提示裝潢所用的樣品，可明確表達所需要材質的規格尺寸及顏色。此外，有關生財設備的施工設計作業，應特別說明機器的機能、安全性能及特殊施工方式。例如，冷凍冷藏設備的使用溫度、電流電壓容量、機器配置規劃及配管配線設計、使用說明等，都是非常重要的施工設計事項。

貳、設計作業流程

　　一個賣場規劃設計案，從匯集資料到確立設計觀點與理念之後，開始構思設計作業時的流程應有一定的順序，才能使規劃設計更合理化與完整性。整個設計流程如圖 1-9 所示，首先應將商品明確的按規格特性分類配置，然後安排顧客動線及計算通道，有了大體的商品配置和動線規劃就可以進行整個賣場的平面配置規劃，由內到外包含外場、前場及後場。確定整體平面規劃之後，開始著手軟硬體設施的工程計畫，包括內外裝潢、照明設施、生財設備器具、色彩材料、標示指引等計畫，最後作整體總檢討，接著確定設計案交付執行作業。每一個設計要項的詳細說明如表 1-3 所列，每個細節都應考慮到必須性、準確性、合理化，在施工之前審慎檢討修改，才能確保執行作業的成功。

　　圖1-9　賣場規劃設計流程圖

📖 表 1-3　賣場規劃設計流程要項說明表

設計要項	要項說明
商品分類配置	依照產品線（單件、組合、系列、色樣等）、消費習性、產品保存溫度帶、尺寸重量等分類，安排商品擺放陳列的位置。
動線通道規劃	依照消費者行為及習性，從賣場外引導顧客到賣場內的每一商品區。考慮購買連續性和服務的動線，及進出補貨商品的通路，更應減少賣場死角和通路阻塞問題，詳細計算主通道、副通道、特別區的適當尺寸。
平面配置規劃	從賣場外的引導設施區如停車場、騎樓特販區、展示櫥窗、壁柱、出入口，然後由店內的寄物服務台、購物籃車、收銀包裝櫃台、貨物架商品區、冷凍冷藏展示櫃（含其他設備器具）配置、通道寬幅尺寸、促銷展售、照明配置，一直到後場配置（行政辦公、食品作業處理、驗貨倉庫、電器設備機房）作一整體性的平面規劃配置。
賣場內外裝潢計畫	包含整地填平或改裝原建築物、賣場外觀、廣告招牌、地板、出入口、牆壁柱面、天花板等材質顏色造型和施工設計，各項細部裝潢計畫都應考慮整體的協調性以符合商品陳列和消費需求之機能。
照明計畫	首先設定賣場所有照明的需求及用電量計算，包括環境照明、重點照明、專用照明、裝飾照明，然後考慮燈具造型、照度分布與空間格局的協調性，使能表現賣場氣氛與商品最佳展示效果。
設備器具計畫	分成固定式及非固定式兩大類，再依生財器具、展示設備、電器設備、管理設備與加工作業設備審慎評估其功能、品質、規格與價格。
色彩材料計畫	以企業識別的主色為基礎，延伸重點色彩及裝飾色彩以搭配內外裝潢的材質選定，同時規劃外觀、招牌及宣傳的色彩文案，務必考慮整體性的協調。
標示指引計畫	包含引導標示（街道看板、停車場指引、店面招牌、出入口指引）、商品別標示、服務區標示、說明牌告、消防安全標示等之計畫，各項標示計畫都含有標誌識別、字體用色、材質規格等設計，其以簡單明瞭、安全易懂、整體協調性為原則。
整體總檢討	針對以上各項流程計畫的細節詳加檢討，以利施工前發現問題及時改進，將執行的缺失降到最低。
確定設計案	經過檢討改進，確認符合設計之構想與理念後，很明確定案設計的內容並著手規劃作業流程。

學習評量及分組討論

1. 請說明賣場構成三要素的相互關係？
2. 賣場需要具備哪些營運要素，才能使賣場更具活力？
3. 請說明創造賣場魅力的主要條件？
4. 賣場規劃的目的是什麼？
5. 請詳述賣場規劃創新與改裝的內部條件？
6. 請詳述賣場規劃創新與改裝的外部條件？
7. 賣場規劃有哪些基本理念？
8. 賣場規劃有哪些基本原則？
9. 何謂空間配置合理化？
10. 賣場規劃的主要項目有哪些？
11. 以小組為單位，討論新建與改裝賣場應該考慮哪些條件？
12. 以小組為單位，討論並繪製賣場規劃之設計作業階段？
13. 以小組為單位，討論並繪製賣場規劃設計的流程？

第二章

開店的準備條件

各節重點

第一節　決定行業類別與經營型態

第二節　規劃商品構成與設備器具分類

第三節　評估立地條件與商圈調查

第四節　分析市場環境及顧客訴求

第五節　擬定開店日期或改裝時機

第六節　預算資金計畫與試算損益平衡點

第七節　執行與控制開店計畫

學習評量及分組討論

學習目標

1. 明確決定你所要開店的行業別和經營型態。
2. 針對賣場的商品和設備器具進行詳細分類。
3. 對賣場的設點進行完整的立地條件評估和商圈調查。
4. 知道如何針對市場及顧客作詳盡分析。
5. 選定適當的開店或改裝時機。
6. 擬定開店的資金計畫和試算損益平衡點。
7. 能夠制訂開店計畫的執行控制表。

　　新賣場的設立就是新事業的開始，做好事前的開店計畫，賣場經營的成功機率才會相對提高；反之，毫無計畫且漫無頭緒的貿然開店，極易虧本失敗。開店計畫除了具備一般事業體的經營條件之外，最重要的是分析評估賣場開店的所有準備條件，這些條件首先包括定位行業類別及經營型態、規劃商品結構及設備器具，接著評估立地條件及商圈調查、分析顧客層及目標市場的訴求，然後制訂開幕或改裝等重要時程表、編定資金計畫表及預計短中長期損益平衡表，最後按照整個開店執行計畫表掌控進度、檢討缺失再執行。表 2-1 將以上的計畫以 5W2H 模式，幫助執行者檢視開店的所有準備條件。

新賣場的設立就是新事業的開始，做好事前的開店計畫，賣場經營的成功機率才會相對提高。

表 2-1　開店的準備條件

5W2H 模式	開店計畫大綱	檢視條件
Which	● 行業類別 ● 經營型態	● 要開哪一種行業的賣場？ ● 賣場是要屬於哪一種經營型態？ ● 賣場的經濟規模及面積大小？
What	● 商品結構 ● 設備器具	● 要販賣什麼商品？（商品明細分類） ● 需要什麼設備器具？（設備器具明細分類）
Where	● 立地條件 ● 商圈調查	● 要在哪裡開店最適合？ ● 商圈調查與範圍設定？
Who	● 顧客訴求 ● 目標市場	● 針對目標市場設定商圈內的顧客群？ ● 尋求供貨的優良配合廠商？
When	● 開幕日期 ● 販促活動時程	● 制訂開店的日期進度表？ ● 制訂配合開店的販促活動時程表？
How much	● 資金計畫 ● 損益預計	● 需要投入多少資金？ ● 評估短中長期的損益？
How to do	● 執行計畫表 ● 進度掌控 ● 檢討缺失	● 編定整個開店的執行計畫表？ ● 隨時掌控計畫執行進度？ ● 定期檢討計畫及執行缺失？

開店首先要考慮的是行業類別，依據市場的消費動態及自己所熟悉、專長和興趣的領域，決定要開設哪一種類型的行業。

第一節　決定行業類別與經營型態

開店首先要考慮的是行業類別，依據市場的消費動態及自己所熟悉、專長和興趣的領域，決定要開設哪一種類型的行業，譬如生活百貨業、食品業、餐飲業、電子商品業、服飾業、休閒育樂或體育用品等業種（如表 2-2 所示）。業種決定後，再針對商品屬性明確設定賣場經營類型及經濟規模。例如，從生活百貨業裡選擇開設社區型的「生鮮超級市場」，接著評估市場潛力及商圈條件，以決定單店經營、自創連鎖體系經營或者加盟連鎖經營等。此種社區型生鮮超市的賣場面積應根據商圈的人口結構及消費水平來設定（商圈總購買力）。例如，按照目前台灣的市場消費能力，平均 6000 人約可維持一家 100 坪的超市。

表 2-2　賣場行業類型

生活百貨及 精品服飾類	電子商品及 休閒遊樂類	專賣、出租類	餐飲類
● 便利商店 ● 生鮮超級市場 ● 中大型量販店 ● 傢俱賣場 ● 五金百貨賣場 ● 汽車百貨專賣店 ● 玩具禮品店 ● 文具圖書廣場 ● 運動休閒用品社 ● 藥妝用品店 ● 精品店 ● 服飾店 ● 金飾珠寶店 ● 嬰幼兒用品店	● 三 C 電訊賣場 ● 通訊電信行 ● 快速沖印店 ● CD 唱片行 ● 影音光碟出租店 ● 網路遊戲廣場 ● 眼鏡鐘錶行 ● 小鋼珠遊樂場 ● 健身中心 ● 遊樂中心	● 寵物用品店 ● 鞋子賣場 ● 自助洗衣店 ● 廚房設備專賣店 ● 鮮花店 ● 水族館 ● 加油站 ● 婚紗出租店 ● 小說漫畫出租店 ● 複合式綜合賣場 ● 專業特殊賣場（如 　大尺碼服飾）	● 簡餐咖啡店 ● 西點麵包店 ● 生機飲食專賣 　店 ● 水果專賣店 ● 泡沫紅茶店 ● 速食快餐店 ● 豆漿店 ● 自助美食館 ● 主題餐館 ● 麻辣火鍋店

第二節　規劃商品構成與設備器具分類

商品是賣場的主角，而設備器具則是提供商品陳列展售的演出舞台。詳細精確的商品構成及器具設備規劃，才能與營業額、毛利率及賣場面積構成衡量開店效率的指標。尤其商品構成（賣場內銷售的商品內容明細）是開店商品計畫的主體，其與一般家庭和特定訴求的顧客群之消費支出結構有極為密切的關係，所以商品構成應與商圈內的顧客群之消費支出結構越接近越好。

「**商品構成分類**」可規劃為大分類、中分類、小分類。以簡餐店為例，首先可規劃成簡餐、飲料、點心等三大類，再從「大分類」劃分「中分類」，如從「大分類」的簡餐分成商業套餐、經濟套餐及其他套餐，最後從「中分類」細分成「小分類」的餐點（如表 2-3 所示）。另外，根據商品陳列保存及賣場軟硬體設施需求，規劃「**設備器材的分類**」。如上例簡餐店的設備器材可規劃成生財設備、管理設備、電器設備等三大類，從「大分類」劃分「中分類」，如「大分類」的管理設備分成收銀系統設備、通訊設備、文具用品等，最後從「中分類」再細分成「小分類」的器材（如表 2-4 所示）。

詳細精確的商品構成及器具設備規劃，才能與營業額、毛利率及賣場面積構成衡量開店效率的指標。

商品構成分類
可規劃為大分類、中分類、小分類。

根據商品陳列保存及賣場軟硬體設施需求，規劃「設備器材的分類」。

表 2-3　簡餐店商品分類表

表 2-4　簡餐店設備器材分類表

第三節 評估立地條件與商圈調查

台灣有一句諺語「佔著好地頭，卡好學三年拳頭」，「好地頭」就是 Where，在這裡所代表的直接意思是「選擇一個最適合開店的地點」。賣場地點的好壞影響經營成效甚大，一旦設店完成後要再做遷移變更，對業主而言其損失非常大。因此，擬定開店計畫時，務必要「評估立地條件」及「調查商圈環境」，徹底掌握有利的基本條件後，始可決定設店地點。開店地點的決定應依據所掌握的有利條件如商圈人口數、顧客特性、所得水準、消費支出及交通條件等，具體由面、線到點逐漸縮小範圍。首先考慮縣市都會區的適合性，再決定都會區塊或鄉鎮地區，然後明確縮小到商圈內適當的街道，最後從街道選定最理想的店面位置。

壹、立地條件評估

所謂「立地條件」是一家賣場尋求地點設立時必須具備的條件，其包括人的流量與動線、車流量與動線、適當的地坪面積、地點的方便性與明顯度。

一、人的流量與動線

在不同時段（早、中、晚），以相同時間（20分鐘）統計人潮流量並觀察人的動線。統計對象以賣場所設定的顧客層為主，將有消費可能性的對象列入計算，此統計數字乘以客單價可作為營業額條件設定的參考。另外，人潮的主要動線及容易聚集人群的地段，都是有利的立地條件。

開店地點的決定應依據所掌握的有利條件，如商圈人口數、顧客特性、所得水準、消費支出及交通條件等，具體由面、線到點逐漸縮小範圍。

立地條件
包括人的流量與動線、車流量與動線、適當的地坪面積、地點的方便性與明顯度。

二、車流量與動線

在不同時段（早、中、晚），以相同時間（20分鐘）統計車流量並觀察車的動線方向。以 70 輛為基準，太多的車流量容易造成塞車、或太少的外來車等都是降低來客數的因素。選擇車流量較大和下班的動線邊設店，有利於提高來客數。另外，適中寬度的道路可吸引不同方向的來車購物，但是太窄的道路容易造成車輛阻塞及進出困難，太寬的主要道路形成車流速太快也不適合設店。

三、適當的地坪面積

地坪面積包括賣場內部用的範圍，及停車場面積和公共設施之用。足夠的面積易於賣場的規劃設置，及便於車輛進出條件。另外，應排除地坪面與路面的高低差問題，力求在同一水平面上，可以提高來客者的接近性。

四、地點的方便性與明顯度

確保停車空間及適當的進出位置，方便來自不同方向的消費者停車購物。避免設店於靠近天橋、大水溝，或設有安全島及圍牆的道路旁。另外，三角窗的視覺明顯度較高，適合於零售賣場。中大型賣場可選擇位於較寬的道路旁，以增加長距離的廣告範圍效果。若是設在有彎度的道路，其外側位置的視覺效果會比內側位置好（如圖 2-1 所示）。

外側地點的視覺效果比內側地點好

內側地點

📖 圖 2-1　彎度道路的外側與內側位置視覺效果比較

資料來源：參考自吳師豪主編，2000 年，《便利商店經營管理實務》，經濟部。

貳、商圈調查

「**商圈**」是指一家賣場所能夠交易的地區範圍，在此範圍內又可分為主要商圈（PTA Primary Trading Area）、次要商圈（STA Secondary Trading Area）和邊緣商圈（FTA Fringe Trading Area）等三個層次（如圖 2-2 所示）。

「**主要商圈**」約佔一家賣場 70% 的顧客密度，也是一家賣場最重要的基本商圈，賣場在這區域裡具備有優勢的競爭條件來吸引顧客，顧客對賣場的認知度也很高，其市場定位與競爭者大致有明顯的區隔。

「**次要商圈**」是由主要商圈向外延伸，約佔一家賣場 20% 的顧客群，在這區域裡的顧客通常與其他競爭者有所重疊，加上消費者也將原賣場視為次要選購對象，因此賣場必須配合有利於消費者的販促活動，才能掌握此區域的顧客，否則消費者極易傾向消費條件相當、距離較近的賣場選購。

邊緣商圈

次要商圈

主要商圈

賣　場

70%的顧客群

20%的顧客群

剩餘10%的顧客群

🏷 圖 2-2　賣場的商圈範圍

　　「**邊緣商圈**」是由次要商圈再向外擴張，所吸引的顧客大都是忠誠度很高或臨時起意購買的零星顧客，約佔賣場剩餘的10%顧客群。也就是說，從次要商圈的外緣範圍起，有很多幾乎不會來光臨消費，原賣場在此商圈比較難創造競爭優勢，沒有必要將此區列為固定的販促策略區，因為不符合經濟效益。

　　商圈的營業涵蓋面越大，表示商圈越大，反之則表示商圈越小。商圈大小隨著人口稠密度、城市距離或顧客認知距離、交通條件、行業特性、營業規模、賣場面積、服務品質、商品特色及促銷活動而有所差異，其界定方式可由開店計畫時先行預估（參考表2-5），再依照營運狀況需求及在營業中進行顧客來源調查，據以修訂更適當的商圈。

　　通常對每一種行業型態而言，儘量將商圈縮小到主要範圍，有助於發展行銷戰略和降低管銷成本。然而為因應市場競爭及其他消費結構變動，賣場得定期評估商圈大小及形狀的變化，以利調整營運策略。雖然為了統計和教學方便，很多例子會將商圈描繪成圓圈狀，但是實際的所有商圈，幾乎都像變形蟲般的奇形怪狀，甚至也有商圈是分處兩地的情形（如圖2-3所示），而不是以同圓心做半徑圓的分布狀。

邊緣商圈
是由次要商圈再向外擴張，所吸引的顧客大都是忠誠度很高或臨時起意購買的零星顧客，約佔賣場剩餘的10%顧客群。

🔖 表 2-5　賣場的商圈範圍

賣場規模	主要商圈範圍	次要商圈範圍	邊緣商圈範圍
小型商店	100 公尺	200 公尺	300 公尺
中型賣場	1 公里	3 公里	5 公里
大型賣場	3 公里	6 公里	10 公里

🔖 圖 2-3　分處兩地的不規則形狀商圈

一、商圈界定方法

除了經驗預估及顧客來源調查之外，業主尚可運用瑞利的零售吸引力法則（Reilly's Retail Gravitation Law）、哈佛的購物者吸引力法則（Huff's Law of Shopper Attraction）和實地調查測量法來界定，以求更精確的商圈範圍。

㈠瑞利的零售吸引力法則

瑞利法則
以人口和距離為主要考慮因素，在兩個連接城市之間建立「商圈均衡點」，然後畫出兩地的商圈。

此法則以人口和距離為主要考慮因素，在兩個連接城市之間建立「**商圈均衡點**」（Breaking Point），然後畫出兩地的商圈。兩城市能夠吸引顧客的比例與該兩城市的人口成正比，而與該兩城市距離的平方成反比。假設 *a* 城市的人口是 400,000，*b* 城市的人口為

100,000，a、b城市的距離為 9 公里。經由瑞利法則公式得知 a 城市的商圈距離是 6 公里，而 b 城市的商圈距離為 3 公里。由此可知，城市人口數越多，其商圈範圍越大，也就是所能夠吸引的顧客人數越多，而當超出商圈均衡點時，距離越遠越無法吸引顧客。

　　在瑞利法則的條件假設下，如果兩城市的人口分布密度、賣場的經營效率、服務品質、賣場設施、商品認同度與道路的近便性有較大的差異性，此法則會失去其真實意義。例如，某一都市的東邊人口密度高於西邊，其商店各項發展條件也比較良好，則消費者很自然會集中於東邊的商圈；又如顧客有可能因所要購買的商品比較重要或者價值性高，而選擇到較專業但距離較遠的賣場購買。雖然，瑞利法則有其基本假設和條件限制，但於開店預估及資料欠缺情況下，初期欲得知大體粗略的商圈範圍，瑞利法則仍是簡單適用的方法。

瑞利法則公式

$$D_a = \frac{D_{ab}}{1 + \sqrt{\dfrac{P_b}{P_a}}}$$

D_a：a 城市的商圈距離（商圈均衡點到 a 城市的距離）

D_{ab}：a、b 兩城市之間的距離

P_a：a 城市的人口數

P_b：b 城市的人口數

範例說明

已知條件：

$D_{ab}=9$ 公里

$$P_a = 400,000$$

$$P_b = 100,000$$

$$D_a = \frac{9}{1 + \sqrt{\dfrac{100,000}{400,000}}} = 6 \text{ 公里}$$

$$D_b = \frac{9}{1 + \sqrt{\dfrac{400,000}{100,000}}} = 3 \text{ 公里}$$

(二)哈夫的購物者吸引力法則

　　當今社會，由於汽車使用度的提高，距離已不具有強烈的影響力，反而時間才是成為必須要考慮的條件。加上台灣地區人口密度高，車站商圈、商業區集中，道路及交通等各種現實情況與瑞利法則有所出入。因此，美國經濟學者哈夫博士將過去以城市為單位的零售商圈理論，改以商店街、百貨公司、超級市場等零售賣場為單位的法則理論。哈夫博士將「賣場面積規模」納入吸引顧客的條件之一，與「人口」、「距離」形成三個重要係數組合，將商圈競爭店的吸引力、消費者購物概率、賣場面積、消費者所花費時間、交通時間對購物行為的影響，發展成為機率模型理論。

哈夫法則
將商圈競爭店的吸引力、消費者購物概率、賣場面積、消費者所花費時間、交通時間對購物行為的影響，發展成為機率模型理論。

　　哈夫法則公式中的λ代表著消費者到賣場的路程中所遇到的交通障礙要素，產生對消費者不同購物行為的影響。例如，消費者重視商品差異性，其對於交通因素影響花費較多的時間並不那麼重視，則λ值就會偏低；假如兩地點的商品特性差異不是很大，消費者就不會花較多時間去距離較遠的賣場選購，則λ值就會偏高。由此可知，λ值的高低與販賣商品的特性有直接關係，當消費者越在意購物所需的交通時間時（包括交通狀況及道路情況等障礙因素），則 λ 值越高，購物趨向概率就越低。通常商業活動的相關研究人員，在某地區城市評估計算開設大型賣場時，大都使用哈夫法則理論，然而中小型賣場若嫌此模型理論過於複雜，可參考以下所要介紹的實地調查測量法。

哈夫法則模型公式

$$P_{ij} = \frac{\dfrac{S_j}{(T_{ij})^\lambda}}{\displaystyle\sum_{j=1}^{n} \dfrac{S_j}{(T_{ij})^\lambda}}$$

P_{ij}：i 地點消費者到 j 地點的購物趨向概率

S_j：j 地點的零售賣場面積

T_{ij}：i 地點消費者到 j 地點購物所花費的時間

λ：消費者交通路程阻礙因素對購物比率的影響

n：消費者可能惠顧的競爭店總數

(三)實地調查測量法

　　商圈「**實地調查測量法**」大都在賣場開幕以後，為了進一步瞭解更確實的商圈範圍所使用的方法，有店頭調查法（又稱賣場調查法）及駕車調查法兩種。

　　「**店頭調查法**」是最基本的方法，在自己營業的賣場透過與顧客的互動關係，以書面或口頭向顧客進行訪問，也可藉由促銷活動間接取得所要的資訊（如摸彩活動的顧客資料表）。

　　「**駕車調查法**」是先行設定賣場的標準商圈，再以實際開車方式從賣場的每個方位來測量分界線的一種方法。首先要清楚將賣場的商圈範圍定在「駕車需多少時間」的範圍內，一般在人口密集的市區會比鄉鎮郊區所需的時間短。通常此種實地調查，都是先以店頭調查的資料為基準，再依照駕車所花費的時間來決定商圈範圍。由於當今的立地條件不斷在變化，無論哪一種方法都應該每年實施一次，以掌握商圈的變動情況。

實地調查測量法
大都在賣場開幕以後，為了進一步瞭解更確實的商圈範圍所使用的方法，有店頭調查法及駕車調查法兩種。

二、商圈調查要項

㈠商圈人口及所得水準

「**商圈人口統計**」是開店商圈調查最基本的項目之一，主要是判斷商圈總購買力的大小，作為賣場規模大小的依據。商圈人口調查因素包括人口數、成長率、住戶數及人口密度等，通常人口越多經營潛力越大。所得水準是指單住戶每月收入總額，通常所得越高的商圈區域，消費型態會比較傾向於高級且個性化的商品，相對的賣場形象及商品結構應該越講究；反之，所得越低的商圈區域，消費型態則較偏向便宜和大眾化商品。

㈡顧客特性及生活型態

「**顧客特性及生活型態**」關係著顧客購物習性的變化，也直接影響賣場的經營。顧客特性包括家庭類型、居住型態、年齡結構、職業別、消費支出和所得水準等項目。生活型態則涵蓋地域性活動、學校生活、社區日常、節慶活動、運動休閒活動、教育及育樂等。從生活型態的調查可瞭解商圈消費者的飲食習慣、家庭生活設備、衣著型態、運動習慣、閱讀情況、休閒娛樂狀況及參與活動等，此資訊可當成商品規劃的重要參考指標。例如，當某一社區激增小家庭住戶和職業婦女群，則對調理食品會有殷切的需求。

㈢消費支出與消費傾向

「**消費支出調查**」係指每個家庭每月消費支出比率，包括食品、衣服、醫療、交通、住宿、休閒育樂及教育等項目，其中針對所屬賣場的商品類別加以細目區分，更能掌握消費支出比率與商品構成比的關係。原則上，消費支出比率越高，商品構成比應越大；相反的，消費支出比率越低，商品構成比就越小。消費者對於收入的支配是建立在他們對經濟預期的程度上，所以此項的調查應著重

於現況家庭財務與前一年及未來一年相比較，更應調查未來一到五年的整體商業條件、就業市場和經濟環境的發展與變動。當然消費者現況的消費額度、未來三個月到一年的支出預估，都是短期營運策略的重要指數參考。

另一方面，「**調查消費傾向**」是包括消費者購物時所考慮的原因（如價格、品質）、消費者購物習慣（如定期定量購物或隨機隨性購物）、消費者對商品的使用頻率和選擇條件、未來一年內購物的意願等。如能正確掌握以上所調查的資料，就能迎合顧客的消費動態，提升賣場競爭優勢。

㈣競爭店及互補性行業調查

調查和評估直接競爭者及潛在競爭者的經營背景、營業額、投資資金、房租、賣場動線規劃、商品結構、競爭性商品的價格、主要顧客層、顧客忠誠度、顧客反應情形及販促策略等。例如，在商圈內調查哪幾家競爭店的商品構成最具競爭優勢，並列出其中三～四項主力商品價格的分布圖，在圖裡清楚描述競爭店的定價策略，根據這些資料可供所屬賣場擬定商品定價時的參考。

互補性行業及公共設施在商圈內有強化集客能力的作用，如百貨公司或資訊廣場常可以為相關賣場提升來客數；又如新增公共建設（如捷運站）也可以為賣場帶來不同的消費群。

㈤交通條件及自用車普及率調查

交通條件包括賣場周圍道路狀況：如馬路寬度、塞車及流量狀況、交通號誌設置情形、道路計畫、各型大眾運輸路線網及車次等調查，通常交通條件越方便，來客數就會越增加。另外，自用車普及率越高，除了購買量會增加之外，商圈範圍也會擴大。所以，自用車普及率調查越顯重要，尤其針對所訴求的顧客群更應詳加瞭解其使用的交通工具種類。

調查消費傾向
包括消費者購物時所考慮的原因、消費者購物習慣、消費者對商品的使用頻率和選擇條件、未來一年內購物的意願等。

三、建立商圈地點位置圖及評估表

商圈調查過程中，為了避免執行者過於主觀或隨性等因素而影響結果的準確度，應該建立書面化，將評估要項圖表化和數據化，將人為因素降到最低。

(一)商圈地點位置圖

繪製「**商圈地點位置圖**」可幫助瞭解商圈內的交通動線、馬路街道的相關位置、住宅分布情形、競爭店與潛在競爭店的位置、互補性商店、政府機關及公共場所位置，藉由這些立地關係判斷出車輛的匯集方向、人潮匯集區、理想的廣告宣傳位置，以評估賣場商圈的優缺點，作為商圈調整及策略運用的參考依據。圖 2-4 以小型賣場的便利商店為案例，其商圈以 250 公尺為最大範圍，茲說明建立商圈地點位置圖的程序如下：

- 首先決定以 1/2000 和 m（公尺）作為繪圖的比例和單位。
- 在A4圖紙上以自己的賣場為中心，繪製主要商圈（100m）、次要商圈（150m）及邊緣商圈（250m），如圖示虛線圓圈部分。
- 以賣場為主軸及以邊緣商圈為最大範圍，繪製主要馬路和街道，並標示車輛的來往動線、交通號誌燈位置、政府機關和公共場所。
- 以次要商圈為範圍，標示相同業態的商店和潛在競爭商店。
- 以主要商圈為範圍，標示主要競爭店、潛在競爭商店及互補性商店位置，並標示主要住宅或辦公大樓分布點。

(二)地點評分表

每一種賣場可依該行業特色及經營訴求，按重點順序列舉評分項目及各項所佔分數比率（總計 100 分），同時設定各項的評分標準。如同上一節以小型賣場的便利商店為案例說明，根據經濟部商

圖名：××便利商店商圈地理位置圖		比例：1/2000		單位：m		日期：		繪製者：	
符號說明	■	○	◇	△	□	→		●	
	所屬賣場	商圈範圍	住宅、大樓	競爭商店	公共場所	車輛的來往動線		交通號誌	

競爭商店	政府機關及公共場所	商圈範圍與住戶
△ 速食簡餐店	1 國民中學	商圈100m＿＿＿＿戶
△ 西點麵包店	2 市區郵政總局	商圈150m＿＿＿＿戶
△ 統一超商	3 軍事官校	商圈250m＿＿＿＿戶
△ 界揚超商	4 公園	

♚ 圖 2-4　商圈地理位置圖

業司（民國 89 年）針對此型態的商店地點評分之調查報告指出，便利商店的立地評分標準需達到 90 分以上方可設店，否則應該放棄另尋他處，其各項評分標準如表 2-6 所示。

表 2-6　便利商店地點評分表

評分項目及分數	各項得分	評分標準
賣場坪數： 佔 35 分	＿＿分	為了維持完整的商品結構，提高商品線競爭力，足夠的賣場空間以 30 坪為計分標準，每少一坪扣一分。
店面寬度： 佔 35 分	＿＿分	較寬的店面可展現賣場的氣勢與形象，容易塑造賣場魅力以吸引顧客，理想的店面寬以 24 台尺為標準（約為一般透天厝的雙店面 8 公尺寬），每少一台尺扣一分。
設店地點： 佔 20 分	＿＿分	分成流動人口與住戶人口各佔 10 分作統計，流動人口以每小時有 200 人為標準，每少 20 人扣一分；住戶人口以半徑 250 公尺有 1,000 戶為標準，每少 100 戶扣一分。
廣宣效果： 佔 5 分	＿＿分	賣場外型屬於角店雙面展示得佔 4～5 分，非三角店型的外觀則依廣告效果得佔 1～3 分。
經營理念： 佔 5 分	＿＿分	經營者自我評鑑對行業的專業度、經營管理技巧、市場動態分析及掌控能力，這些評鑑項目都是影響營運好壞的因素，共計 5 分。
得分總計	＿＿分	

第四節　分析市場環境及顧客訴求

　　顧客是賣場持續經營的動力，在競爭的商圈裡，不可隨興以散槍亂打方式進攻市場，應詳細分析商場環境並選定主要訴求的顧客群，然後擬定強而有力的攻擊策略。表 2-7 提供賣場自我評估的條件明細，使業者能夠運用 SWOT 理論於開店前分析企業潛在內部的優勢與劣勢、外部的機會與威脅。瞭解內外環境之後，掌握有利條

件對主要顧客作重點訴求，像是小型賣場可能只對單一顧客訴求作經營規劃，而大型量販店就應針對多層不同顧客群作商品規劃訴求，其訴求範圍包括顧客年齡層、顧客職業別、顧客性別、顧客偏好等。

表 2-7　SWOT分析表——賣場自我評估的條件明細

Strengths 潛在內部的優勢 （Potential internal strengths）	Weaknesses 潛在內部的劣勢 （Potential internal weaknesses）
有特色的經營能力？ 足夠的財務資源？ 有效的競爭條件？ 受公認的市場領導者？ 符合經濟規模？ 區隔強大的競爭困境？ 屬於自有的開發能力或技術？ 成本優勢？ 競爭的優勢？ 商品創新能力？ 經驗的領先？ 其他？	沒有明確的戰略方針？ 下降的競爭情勢？ 過時的生財設備？ 缺少管理的深度和人才？ 失去任何主要經營技術或能力？ 策略執行時缺乏追蹤記錄？ 很多困擾的內部營運問題？ 難以面對競爭壓力？ 落後的商品及市場開發？ 商品線太過狹窄？ 薄弱的市場形象？ 不利的競爭條件？ 中下程度的行銷技巧？ 無能力面對財務需求改革策略？ 平均成本比主要競爭者高？ 其他？
Opportunities 潛在外部的機會 （Potential external opportunities）	Threats 潛在外部的威脅 （Potential external threats）
服務次要顧客群？ 切入新市場或市場區隔？ 擴張商品線符合廣大顧客的需求？ 使相關商品種類多樣化？ 增加互補性的商品？ 銷售通路垂直整合？ 足夠能力攻略重要的顧客群？ 自信比得上競爭者的公司？ 市場快速成長？ 人口密度提高？ 經濟景氣復甦？ 其他？	增加新的競爭者？ 替代商品銷售量成長？ 市場成長趨於緩慢？ 政府政策的不利條件？ 競爭壓力持續提高？ 容易受到景氣衰退和商業週期循環所打擊？ 顧客或供應商的買賣籌碼提高？ 消費者需求和口味的改變？ 負面的人口統計學變更？ 其他？

第五節　擬定開店日期或改裝時機

　　開店的時機應考慮景氣的循環性及市場趨勢，經濟景氣轉好的時候及符合市場潮流的行業都是投資開店的最好時間點，當然也要衡量自己的經營條件、能力（如專業度、資金等），以及賣場型態的生命力和主力產品壽命，不應一窩蜂跟著別人貿然投資。當經濟景氣衰退時或者趨於萎縮、過度飽和的行業，都比較不適合新投資，除非開發創新的賣場型態，避開景氣的威脅和市場的競爭，重新注入新的市場需求，帶動買氣。

　　另一方面，改裝時機可選擇在景氣好的時候擴大營業，滿足顧客需求，也可在經濟衰退時作適度的裝修以刺激買氣和提升競爭力；當評估行業生命力或產品週期趨於疲軟時，甚至可大幅度改裝賣場設計、變更主力商品配置，重新定位賣場型態、訴求不同的顧客群。

第六節　預算資金計畫與試算損益平衡點

　　台灣有句俚語「人是英雄，錢是膽」，此語若用在經營上，不可諱言的顯示出資金是開店計畫裡最重要的資源因素，開店切勿有邊打邊跑或是船到橋頭自然直的心態，畢竟商場如戰場、資金如子彈，沒有完善的財務規劃，企業是很難有良性的營運循環。所以，開店前精確的財務規劃非常重要，首先要估算各種資金的需求（如表 2-8 所示），然後籌備資金來源，同時試算損益平衡表並且每月分析之。

表 2-8　賣場開店資金需求表

資金項目	需求金額（元）	投資比率（%）
建築物的使用成本		
裝修及開辦費用		
生財器具設備成本		
進貨及存貨成本		
營運銷管費用		
其他隱藏成本及週轉資金		
合計		

壹、資金需求預算考量

　　開設新賣場的資金需求大致包括建築物的使用成本、裝修及開辦費用、生財器具設備成本、進貨及存貨成本、營運銷管費用、其他隱藏成本及週轉資金。

一、建築物的使用成本考量

　　「**賣場建築物的主要成本**」包括購置成屋或購買土地重新起蓋建築體，當然擁有所有權的不動產，其成本尚包括拆舊整修、房屋稅、地價稅、保險費及折舊（當房地產漲價時就會轉變成增值利益）等。若是考量資金積壓問題或是無法購得適當的地點位置，可以租用獨立或部分商場的店面，不僅可選擇到適合的商圈地點，又不必積壓龐大資金在不動產上。但是，租賃店面除了考量租金多寡之外，還需考慮可否申請營業登記、租約期限、租金調幅、建物維修責任等條件。

賣場建築物的主要成本包括購置成屋或購買土地重新起蓋建築體，也包括拆舊整修、房屋稅、地價稅、保險費及折舊等。

二、裝修及開辦費用考量

不同的賣場其裝修費用也不一樣,高級精緻的賣場其裝修成本越高如高級餐廳和百貨公司,量販平價的賣場其裝修成本比較低如家庭五金賣場或鞋子量販店。裝潢費用投資越多並非代表營利就會越好,應是針對商品定位及經營策略而設計,才能節省成本又符合市場訴求。另外,賣場開辦費用包括公司執照及營利登記規費、開幕酒會活動、廣告文宣、臨時員工薪資、公關費用、初次進貨現金成本等,這些費用需要事先準備一定的現金比率,否則會影響開辦活動的進行。

三、生財器具設備成本考量

生財器具設備
大都屬於開店時的固定投資,因為有很多是屬於機電重裝設備,佔很高的開店成本比率。

「**生財器具設備**」大都屬於開店時的固定投資,因為有很多是屬於機電重裝設備,佔很高的開店成本比率。例如,家樂福量販店的生財器具設備費遠比裝潢費高,其包括收銀系統軟硬體、冷凍冷藏設備、倉儲型陳列架、生鮮加工包裝機器、發電機及中央空調設備、烘焙食品機器、排給水及電器配線工程等等。然而有某些轉讓的賣場,有附屬仍堪用的生財設備,可加以檢修或更新部分零配件而續用,著實可節省大筆的直接成本。

四、進貨及存貨成本考量

首先企劃市場銷售預測表,正確統計出每月、每季和年度的進貨量,及配合促銷計畫和商品週轉率預估安全庫存量,然後依據行業經驗、市場情報、商品行情和專家的評估來分析比較上游供應商所提供的報價資訊,如此可得知進貨和存貨的資金成本,甚而事先準備充分資金以應付廠商的現金折扣要求,也提高售價競爭力。

五、營運銷管費用及其他隱藏成本考量

營運銷管費用除了人事薪資之外，還包括宣傳廣告費、促銷活動費、文具耗材、包裝配送費、水電保險、租金、維護修繕、設備折舊等常態與非常態費用，這些成本在開店前都應有詳細的估計。另外，有一些平常不易發現的隱藏成本（如管理缺失所引起的損失）也應預估一定的比率以備不時之需，同時考慮準備足夠比率的週轉資金，以防範費用超出預算時或銷貨收入不如預期時所造成的週轉不靈困境。

貳、資金來源考量與損益平衡分析

一、資金來源

現在活絡的金融市場提供業者多方面的資金管道，對中大型賣場業者而言，發行股票及公司債券可經由證券市場交易和市面上的社會大眾取得所需要的資金，也可以抵押不動產或生財設備逐向銀行或政府輔導機構貸款。若對小型賣場而言，大部分的業者資金來源除了獨資、合夥人的自有資金及向親友借貸之外，尚可利用青年創業貸款、經濟部小型及微型企業貸款條例向相關單位提出申請，另外還可向租賃公司租用管理設備和生財器具，以減輕期初投資壓力。

二、損益平衡分析（Break-Even Point Analysis）

㈠損益平衡表

「**損益平衡表**」是記錄一家公司在某期間的營業狀況，若以每

損益平衡表
記錄一家公司在某期間的營業狀況，若以每月為一期，即是一種每個月的動態性財務報告表。

月為一期，即是一種每個月的動態性財務報告表。對賣場來講，無論規模大小都應精算每月、每季、每年的損益平衡表，才能掌握賣場的營運狀況，否則容易使營運處於模糊狀態。從損益平衡表上可以清楚瞭解整個賣場的銷售額度、進退存貨情況、固定與變動的銷管費用、利息與租金支出，最後得知盈餘或虧損的正確數據（如表2-9範例所示）。

損益平衡表不僅是營業的結果報告表，更可檢討各項數據差異及營運趨勢的問題，以增進未來營運績效的指標依據。它可以分析出損益平衡點及比較同期不同年的營運狀況，更可以反應出市場的變動因素。例如，同期不同年的損益平衡表兩相比較，相同的銷售額和銷管費用，卻有不同的盈餘，此情況可能反應出市場的過度競爭造成毛利下降，或許需要加強開發高附加價值的商品。另外，也可先設定營利目標，預估得知銷售目標及費用比率的控制。

賣場的損益計算公式

銷貨淨額＝銷貨收入總額－（銷貨退回＋銷貨折讓＋銷貨折扣）

銷貨成本＝期初存貨＋【本期進貨－（進貨退回＋進貨折讓＋進貨折扣）＋進貨運費】－期末存貨

銷貨毛利＝銷貨淨額－銷貨成本

營業淨利＝銷貨毛利－銷管費用

本期稅前盈餘＝營業淨利＋營業外收入－營業外支出

表 2-9　損益平衡表

高 雄 賣 場

損益平衡表

2005 年 01 月 01 日至 01 月 31 日

銷貨收入總額				3,000,000
減：銷貨退回			30,000	
銷貨折讓			15,000	
銷貨折扣			3,000	48,000
銷貨淨額				2,952,000
銷貨成本				
期初存貨			200,000	
加：本期進貨		2,000,000		
減：進貨退回	30,000			
進貨折讓	15,000			
進貨折扣	5,000	50,000		
進貨淨額		1,950,000		
加：進貨運費		5,000	1,955,000	
貨品總額			2,155,000	
期末存貨			150,000	
銷貨成本				2,005,000
銷貨毛利				947,000
銷管費用				
人事薪資			300,000	
差旅費			10,000	
廣告宣傳費			20,000	
水電費			50,000	
郵電費			5,000	
銷貨運輸費			5,000	
保險費			5,000	
養護修繕費			15,000	
辦公用品			5,000	
銷貨包裝費			5,000	
賣場租金			45,000	
生財設備折舊			5,000	470,000
營業淨利				477,000
營業外收入			23,000	
營業外支出			10,000	13,000
本期稅前盈餘				490,000

(二)損益平衡分析方法

「**損益平衡分析**」是幫助企業管理部門利用成本與銷售量之間的關係,藉以尋求企業在銷售數量達到某一水平,及可使企業不致產生虧損。換言之,在此營業水準的收入與成本是相等的。對賣場來講,營業單位務必要瞭解在某段期間內(每月、每季及年度),營業額應該達到那個水準,才可以維持整個賣場的收支平衡。而這損益平衡的水準,可依下列等式求出:

銷貨收入 = 固定成本 + 變動成本

單位售價 ×銷售數量 = 銷貨收入

單位變動成本 ×銷售數量 = 變動成本

∴ 單位售價 ×銷售數量 = 固定成本 + 單位變動成本 ×銷售數量

1. 等式計算

範例說明

假設高雄賣場 2005 年度每單位產品變動成本為 $ 40,總固定成本為 $200,000,每單位產品售價為 $50,則損益水平應為:
計算公式為:

$$銷貨收入 = 固定成本 + 變動成本$$

※假設「銷售數量」為 X,求出銷售量損益平衡點。

$50 ×$ 銷售數量 $= \$200,000 + \$40 ×$ 銷售數量

$50X = 200,000 + 40X$

$50X - 40X = 200,000$

$X = 20,000$ 單位 = 銷售量損益平衡點

※假設「銷售收入」為 Y，求出銷售額損益平衡點。

變動成本比例＝$40÷$50 ＝ 0.8

銷貨收入＝$200,000 ＋ 0.8×銷貨收入

$Y = \$200,000 + 0.8Y$

$Y - 0.8Y = \$200,000$

$Y = \$1,000,000 =$ 銷售額損益平衡點

2. 損益平衡圖

如圖 2-5 所示，利用圖形分析找出損益平衡在 P 點處（銷售量 20,000 單位時，銷售金額$1,000,000）。

範例說明

假設高雄賣場 2005 年度每單位產品變動成本為$40，總固定成本為$200,000，每單位產品售價為$50。

若銷售量為零時，其總成本就是$200,000 的固定成本；若銷售 10,000 單位時，則總收入為$500,000，總成本增加為$600,000（$40×10,000 ＋$200,000），則將虧損$100,000。

若銷售 20,000 單位時，總收入增加為$1,000,000，總成本也提高為$1,000,000（$40×20,000 ＋$200,000），此銷售水準就是損益水平點。

若銷售 30,000 單位時，總收入增加為$1,500,000，總成本變成$1,400,000（$40×30,000 ＋$200,000），則將獲利$100,000。

圖 2-5　損益平衡點圖示範例

$$銷售額損益平衡點 = \frac{F}{1 - \dfrac{V}{S}}$$

$$銷售量損益平衡點 = \frac{F}{S - V}$$

F：固定成本總額

S：銷售單價

V：單位變動成本

第七節　執行與控制開店計畫

　　開店準備條件的最後就是將所有的準備條件有計畫性的一一執行完成。表 2-10 為開店計畫執行控制表，其有掌控計畫、執行、檢討、再行動的整體功能，首先列舉所有計畫執行的事項，按照實行

日期、工作相關性、預計完成期順序排列並指派執行負責人，且明確標示工作進度，計畫進行當中定期檢討問題與進度，將缺失調整改進到最佳的執行狀況。

表 2-10 開店計畫執行控制表

□□ 賣場　開店計畫執行控制表

年　月

順序	計畫執行事項	責任者	執行狀況與問題檢討	日期 星期	1	2	3	4	5	6	7	8	9	10	11	12	13	14	15	16	17	18	19	20	21	22	23	24	25	26	27	28	29	30	31

學習評量及分組討論

1. 何謂 5W2H 的開店準備條件？

2. 請選定你想開設賣場的行業類別，並說明其經營型態？

3. 請選定任一賣場，依照大中小分類原則，繪製其商品構成與設備器具分類表？

4. 立地條件應該評估哪幾個要項？

5. 何謂商圈，其包括哪三個層次？

6. 請說明一家賣場最重要的基本商圈？

7. 請說明哈夫博士的研究與過去以城市為單位的零售商圈理論之差別？

8. 商圈評估時應該調查哪些要項？

9. 請模擬繪製所選定賣場的商圈地理位置圖？

10. 資金需求預算應該考量哪些成本？

11. 營運銷管費用包括哪些常態與非常態的費用？

12. 針對小型賣場而言，有哪些資金來源方式？

13. 何謂損益平衡表，為何賣場需要精算損益平衡表？

14. 以小組為單位，討論所選賣場的適當地點標準，並繪製地點評分表？

15. 以小組為單位，以 SWOT 理論分析繪製所選賣場的自我評估條件？

16. 以小組為單位，討論並繪製所選賣場的開店計畫執行控制表？

第三章

賣場規劃基本製圖

各節重點

第一節　賣場常用尺寸和面積計算
第二節　製圖及丈量用具
第三節　製圖與識圖技巧
第四節　賣場平面規劃圖繪製步驟
學習評量及分組討論

學習目標

1. 學會使用公制與台制的尺寸單位及面積計算。
2. 認識賣場常使用的文公尺吉祥尺寸。
3. 學習如何丈量賣場的實際尺寸。
4. 學會國家標準工程製圖與識圖的基本能力。
5. 學會賣場規劃製圖常用的符號。
6. 瞭解繪製賣場平面規劃圖的步驟。

　　賣場規劃工程如果只憑著想像和記憶就貿然施工，其完工後的硬體設備、賣場佈局及販賣氣氛可能會失去實際的準確性，且在施工中因缺少完整的設計圖說導致常變更工程或修改裝潢，徒增進度的延誤和費用的增加。由此可見設計圖是非常重要的。一家賣場設計圖由外場、前場到後場其包括整體佈局的平面圖、局部賣點區和設備的部分圖、色彩照明及其他重點詳細圖。

　　「**設計圖**」是無聲的溝通語言，要繪製理想的設計圖，除了要有良好的構想和理念之外，製圖概念和技巧是將構想與理念變成圖說的主要方法。本章針對賣場規劃時所必須用到的基本製圖概念與技巧做詳細的運用介紹，其包括賣場常用尺寸和面積計算、製圖及測量用具、製圖與識圖技巧、賣場平面規劃圖繪製步驟。

第一節　賣場常用尺寸和面積計算

壹、單位尺寸概念

　　賣場規劃設計時常用到的尺寸有「公制單位」、「台制單位」和「英制單位」等三種。

　　「**公制單位**」為美系國家及大部分非英系國家所通用的單位，在我國的國家製圖檢定及大部分工商業所用的設計圖也都以公制單位為標準。

　　「**台制單位**」為我國台灣民間最通用的單位，尤其長度和面積的單位（如台尺、坪數及才數），在木工工程業及水泥工程業已經是從業人員共同的單位語言。所以，市面上有很多設計者為了方便與施工者溝通配合，他們會同時使用台制和公制單位。例如，大尺寸面積或尺寸數據要求不需要很精準時，可採用台制單位做施工衡量標準；但是，小尺寸面積或者尺寸數據要求需要很精準時，其施

設計圖
是無聲的溝通語言，要繪製理想的設計圖，除了要有良好的構想和理念之外，製圖概念和技巧是將構想與理念變成圖說的主要方法。

公制單位
為美系國家及大部分非英系國家所通用的單位。

台制單位
為我國台灣民間最通用的單位，尤其長度和面積的單位，在木工工程業及水泥工程業已經是從業人員共同的單位語言。

工衡量就必須用到公制的精細單位。在商場估價時，很多業者也都直接以台制尺寸作為估價的單位標準，如油漆和木工裝潢業。

「**英制單位**」為英系國家所使用的尺寸單位，如英國、澳洲等。在我國使用英制單位作為圖面設計已逐漸減少，僅限於某些場合或行業如傢俱製造業。

貳、單位尺寸換算

國內常用的公制和台制單位換算，包括有公制和台制的長度、面積和體積的尺寸單位及相互間的換算，表 3-1 所舉的都是賣場規劃時最常用也最實用的數據資料。「**公制長度單位**」用於賣場測量及設計圖尺寸標示，是製圖設計者與識圖施工者共同的無聲語言；「**台制長度單位**」用於加強與施工者的溝通，如裝潢工程、傢俱與櫥櫃製作；「**坪數面積**」最常用於地面計算與估價，如地板磚、輕鋼架、天花板、水泥工、油漆等工程的估算；「**才數面積**」經常用在計算窗簾、地毯、玻璃、鋁材、壁紙、木工等工程估價時使用；「**體積**」是在計算建物空間及立體材質時之使用，如角材、水泥地板和牆壁。

英制單位
為英系國家所使用的尺寸單位，如英國、澳洲等。

公制長度單位
用於賣場測量及設計圖尺寸標示，是製圖設計者與識圖施工者共同的無聲語言。

台制長度單位
用於加強與施工者的溝通，如裝潢工程、傢俱與櫥櫃製作。

坪數面積
最常用於地面計算與估價，如地板磚、輕鋼架、天花板、水泥工、油漆等工程的估算。

表 3-1　公制單位與台制單位換算表

	單位制	單位換算	賣場規劃適用範圍
長	公制	1 公尺（m）＝ 100 公分（cm）＝ 1000 公釐（mm）	賣場測量、設計圖尺寸標示。
	台制	1 台尺＝ 0.1 台丈＝ 10 台寸＝ 100 台分	與施工者溝通及工程設備估價如裝潢、傢俱、櫥櫃等。
度	公制與台制	1 公尺（m）＝ 3.3 台尺＝ 33 台寸	
	台制與公制	1 台尺＝ 30.3 公分（cm）＝ 303 公釐（mm）	
面	坪數與公制	1 坪＝長 1.8 公尺×寬 1.8 公尺＝通用值 3.3 平方公尺（m²）	地坪計算與估價如地磚、天花板、水泥工、油漆等。
積	坪數與台制	1 坪＝長 6 台尺×寬 6 台尺＝通用值 36 平方台尺	

面積	才數與台尺	1 才 = 1 台尺 × 1 台尺 = 1 平方台尺	計算估價如窗簾、地毯、玻璃、鋁材、壁紙、木工等。
	坪數與才數	1 坪 = 長 6 台尺 × 寬 6 台尺 = 36 才	
	公尺與才數	1 平方公尺（m²）= 1 公尺 × 1 公尺 = 3.3 台尺 × 3.3 台尺 = 通用值 11 才	
體積	公制	1 立方公尺（m³）= 1 公尺 × 1 公尺 × 1 公尺	空間及立體材質計算如角材、水泥地板和牆壁等。
	才積	1 才積 = 1 台寸 × 1 台寸 × 1 台丈	

參、賣場之簡易目測丈量法

「**簡易目測丈量法**」提供讀者在作現場測量時，可以在短時間得到大約的尺寸面積，以幫助對賣場初步的度量衡瞭解及大致可粗估某些工程的費用如地板及天花板工程，或利用此大概的尺寸面積作其他評估度量之用。

1. 第一種方法是「**大步法**」，利用個人的一大步代表 1 公尺（m）來丈量賣場面積。例如，大步丈量賣場地板為：長 10 大步 × 寬 5 大步，則其面積 ≒ 10 公尺（m）× 5 公尺（m）= 50 平方公尺（m²）≒ 15 坪（50m² ÷ 3.3m²）。

2. 第二種方法是「**地板計算法**」，利用空間現有地板磚的尺寸作丈量。例如，地板磚的規格尺寸為 1 台尺 × 1 台尺，目測計算賣場的地板磚為：長 30 塊地板磚 × 寬 20 塊地板磚，則其面積 = 長 30 台尺 × 寬 20 台尺 = 600 平方台尺 ≒ 16.7 坪（600 平方台尺 ÷ 36 平方台尺）。

肆、常用的吉祥尺寸

規劃賣場時，常會遇到吉祥尺寸的問題，以下針對民間使用的「文公尺」加以介紹，並提供設計賣場時較常使用的吉祥尺寸對照表（如表 3-2 所示）。國內民間使用的「文公尺」有趨吉避凶的意

儘管「文公尺」的使用並無任何理論根據,然而商家在寧可信其有的心態下都會使用吉祥尺寸以求生意興隆、招財進寶。

義,其經常被使用於賣場的出入口、收銀櫃台、櫥櫃長寬(如主管辦公桌)。儘管「**文公尺**」的使用並無任何理論根據,然而商家在寧可信其有的心態下都會使用吉祥尺寸以求生意興隆、招財進寶。所以,當商家相信此說時,在規劃賣場的同時就應該把重要的位置佈局或櫥櫃物品特別標明所要的吉祥尺寸以利施工者進行施工按裝。「文公尺」全長為 1 台尺 4 台寸 2 台分 = 43 公分,其共分成 8 等分,包含有四吉(財、義、官、本)和四凶(病、離、劫、害)。現在「文公尺」已經廣泛被運用在工程用的捲尺量具上,消費者在一般五金行就買得到,以方便丈量賣場之用(如圖 3-1 所示)。

表 3-2　吉祥尺寸:公制單位與台制單位對照表

公制(mm)	880	1260	1545	1893	2121	2409	2748	3021
台制(尺)	2'9	4'16	5'1	6'25	7'	7'95	9'07	9'97
代表意義	寶庫	進寶	富貴	益利	進寶	富貴	益利	寶庫

圖 3-1　文公尺範本

| 第二節 | 製圖及丈量用具 |

壹、製圖材料及用具

一、製圖紙張

選擇製圖紙應注意其紙面不宜亮光，畫線後不易造成溝痕，橡皮擦拭後不起毛及上墨線時不滲透或暈散。常用的製圖紙張有白色模造紙或道林紙、描圖紙及方格紙，其規格大小依國家標準 CNS3B1001 之規定採 A 系圖紙（或稱開），有 A0～A5 等六種標準尺寸（如表 3-3 所示）。

- 「白色模造紙或道林紙」是最常用的標準製圖紙，紙張的厚度以 120～150 磅左右為最適合。
- 「描圖紙」是一種半透明較堅韌的紙質，這種紙通常用於繪製墨線圖，是作為設計圖的原稿，可晒圖複製用。
- 「方格紙」是一種在紙面上印成 5 公釐淡色方格線的紙張，常用於草圖或設計圖的繪製，是供製圖者徒手繪圖時或初學者之用。

表 3-3　製圖紙規格尺寸

製圖紙規格	紙張尺寸（mm）
A0	841×1189
A1	594×841
A2	420×594
A3	297×420
A4	210×297
A5	148×210

二、製圖鉛筆及橡皮擦

　　製圖用鉛筆以裝填筆心的自動鉛筆為最適合，筆心粗細規格有0.3mm、0.5mm、0.7mm。筆心硬度由軟至硬分為 2B、B、HB、F、H、2H 等多種，視製圖線需求及製圖紙質而選用，通常以 2H、H 或 F 當起稿用，以 F、HB、B、2B 作為完稿用，運筆時應同時旋轉筆桿以保持筆心尖銳度，用力均勻可保持線條粗細淡濃一致。

　　橡皮擦分為擦鉛筆線及差墨線兩種。擦鉛筆線的橡皮以質軟擦拭時不傷紙面和不留污痕者為理想，差墨線的橡皮以化學變化材質的專用橡皮為最適合。使用橡皮擦拭時，應配合擦線板（或稱消字板）使用，才能減少擦拭範圍、降低紙面損傷和塗污。使用擦線板時先將擦線板蓋在圖面，僅露出要擦拭的部分圖線，壓住擦線板再進行擦拭，如此才不會擦及旁邊線，可達到完好的擦拭效果。

三、針筆

　　「**針筆**」的筆桿內裝有專用墨水，一般都是黑色，專供完成稿描繪墨線之用，使用之方便已替代過去的鴨嘴筆。每一支針筆的筆尖只能畫出一種粗細的線條，所以畫出的線條粗細就是針筆的規格。針筆規格有從 0.1mm 至 2.0mm 等多種，一般常用的有 0.1、0.2、0.3、0.4、0.5、0.6、0.8、1.0 及 1.2mm 等規格；另外，為配合設計圖面縮小或放大所使用的有 0.13、0.18、0.25、0.35、0.5、0.7、1.0、1.4 及 2.0mm 等多種規格。繪製時都以三支為一組合，可畫粗、中、細三種線條，運筆時應與圖面垂直並往畫線方向微傾（可增加畫線流暢性），運筆時力道要適當，畫線速度要平均避免停頓，以防止斷水破線或墨水過濕。

　　針筆使用注意事項：

- 應在專用描圖紙或描圖膠片上繪製，不適合在其他紙質使用。
- 墨水經常保持過半以避免因空氣壓力而導致漏水。

針筆
筆桿內裝有專用墨水，一般都是黑色，專供完成稿描繪墨線之用，使用之方便已替代過去的鴨嘴筆。

- 短暫不用時也都應立即旋緊筆套頭以避免墨水乾涸於筆頭。
- 長期不用時發現有乾涸現象應立即將墨水管卸下並用清水浸洗。
- 應經常使用才可保持墨水管通暢及保濕筆頭，所以常繪製是針筆最好的保養方法。
- 使用「化學橡皮」擦拭墨線後，應先用「普通橡皮」擦拭過，再次上墨線時才可避免墨線暈開變粗。

四、圓規及分規

「**製圖用圓規**」依構造和功能上的差異可分為一般圓規、微調圓規、點圓規、樑規、分規等多種。使用圓規時應先調整兩腳尖，使針尖稍長於鉛筆或針筆，所使用的鉛筆心應比畫直線的鉛筆心還軟，而且要削成楔形會比較好畫圓弧線。

- 「一般圓規」通常用在畫半徑 20mm 至 120mm 的圓，如加裝長桿後可畫半徑 120mm 至 200mm 的圓。
- 「微調圓規」的兩腳是由螺釘拴來控制調整張口的大小，比較適合於需微量調整半徑之場合，最常用於畫半徑 3mm 至 20mm 的圓。
- 「點圓規」為專用在半徑 3mm 以內的圓。
- 「樑規」是專用於畫大圓如半徑約 200mm 以上時，使用時以左手握住針端，同時右手慢慢推轉筆端，左右手可交替畫出整個圓。
- 「分規」的構造除了兩腳都是針尖腳外，其餘都與圓規相似。主要用以等分線段量取長度及距離轉量，如假設要將某 AB 線分成五等分時，先將分規大約張開為 AB 線的 1/5，然後從 B 端開始等量五等份至 A 端，最後等份若無法與 A 點重合，則調整分規的張口重新等量直到第五等份的末端與 A 點重合。

五、三角板

　　三角板組包含有 45°：45°：90° 及 30°：60°：90° 各一支，兩支的長度刻畫標示在 45°：45° 及 30°：90° 的邊長上，通常以 30cm 為標準規格。三角板的選用以板面透明、刻度精確、刻畫清楚不脫落、刻度邊設計有斜面以利使用針筆畫墨線時不會沾污紙面。三角板的運用方法如下：

1. 配合丁字尺或平行尺使用可以畫出任意 15° 的倍角線（如圖 3-2 所示）。
2. 運用兩支三角板可以畫已知直線的平行線及垂直線（如圖 3-3 所示）。

六、圖形板

　　圖形板是一種鏤空標準符號或形狀圖案的塑膠製板，使用時只要在鏤空的形狀內緣畫邊線即可得所要的符號或圖案，既快速又方便。目前製圖圖形板的種類很多，常用的有圓形板、橢圓形板、英文數字板、室內配置符號板及各類專業工程用的符號板。使用圖形板時需要選用正確比例的圖形，然後將板上的準線對準所需位置，再以筆垂直紙面沿著圖形邊畫線即可完成。

🏛 圖 3-2　三角板配合平行尺畫任意 15° 的倍角線

圖 3-3　　三角板畫平行線和垂直線

七、比例縮尺

　　比例縮尺依形狀有平面尺及三角稜尺兩種，一般三角稜形比例尺因有六種不同的比例用途（1/100m；1/200m；1/300m；1/400m；1/500m；1/600m，若去掉 10 單位時也可當成 1/10m；1/20m；1/30m；1/40m；1/50m；1/60m使用），所以比較受到製圖與識圖者的喜愛（如圖 3-4 所示）。

　　「**比例縮尺**」用在繪圖時是把實物的尺寸縮小在圖面上，當實物體很大時，其尺寸應該按比例被縮小畫出，表現在圖面上。所以，每一張工作設計圖都應該標註該圖所用的比例及單位，方便讓看圖的人藉由比例縮尺就能夠知道圖面上的尺寸與實際物體尺寸的關係，施工者更能夠按比例尺寸將圖形製作成實物體。

比例縮尺
用在繪圖時是把實物的尺寸縮小在圖面上，當實物體很大時，其尺寸應該按比例被縮小畫出，表現在圖面上。

　　　　圖 3-4　　稜形比例縮尺

　　繪製賣場規劃圖時，比例的選用關係到圖示的大小。「圖示太大」容易鬆散對圖面的整合理解力；「圖示太小」對繪圖者本身有圖面空間太小不易完全表達圖說內容的困擾，對識圖者來講因圖說內容過度集中，徒增識圖吃力感。根據多數賣場規劃設計者的經驗，小型賣場大都用 1/50m 的比例繪製，以使其賣場很適中的表現在圖面；中型賣場會使用 1/100m 或 1/200m 的比例來繪製；另外，大型賣場都使用 1/200m 以上的比例來繪製，使其賣場適度縮小在圖面上（如表 3-4 所示）。

表 3-4　賣場規模與繪製比例對照表

賣場規模	繪製比例
小型賣場（50 坪以下）	1/50m
中型賣場（200 坪左右）	1/100m 或 1/200m
大型賣場（500 坪以上）	1/200m 以上

八、製圖桌

　　專用製圖桌上裝置有繪圖儀，此繪圖儀具有平行尺、三角板、比例尺及量角器等多種功能，可以達到快速、精確的繪圖效果。在製圖桌上繪圖時應先用磁性鋼片或膠帶固定圖紙的周邊，並將圖紙的基準線對齊平行尺的水平線再進行繪製工作，切勿使用圖釘固定以避免阻礙繪圖儀使用及破壞製圖桌面。

貳、丈量用具

　　規劃賣場時首先要知道賣場空間大小及正確尺寸，所以規劃之前先要以「捲尺」和「皮帶尺」丈量現場（如圖 3-5、圖 3-6 所示）。一般的鋼片「捲尺」適合於丈量小型賣場，其總長度為 10 公尺且含有公制及台制兩種單位。若是丈量中大型賣場可以選用「皮帶尺」較為方便，其總長度為 20 公尺。

📖 圖 3-5 　長度 10m 的捲尺

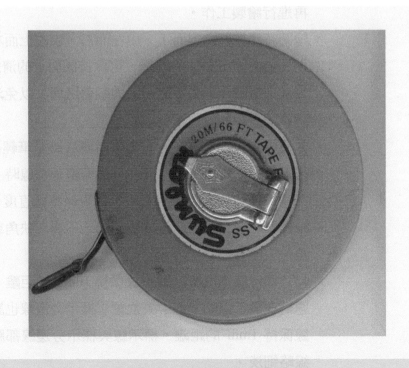

📖 圖 3-6 　長度 20m 的皮尺

設計圖是由很多的線條、文字、數字與符號所組成，圖中的每一筆、每一畫都有其特定的使用功能，所以每一線條都應要求準確、美觀、易讀。

第三節　製圖與識圖技巧

壹、製圖技巧

　　設計圖是由很多的線條、文字、數字與符號所組成，圖中的每一筆、每一畫都有其特定的使用功能，所以每一線條都應要求準確、美觀、易讀。要繪製一張完好的設計圖，除了要有適當的製圖用具和專業的技能外，正確的製圖技巧是非常重要的。以下列舉幾點實際經驗的製圖技巧供參考：

- 先將製圖紙張平整的鋪在製圖桌上，並用磁性鋼片或膠帶固定圖紙的周邊，同時選定圖紙的基準線對齊平行尺的水平線再進行繪製工作。
- 繪圖時應按照由上而下、由左而右、由左上而右下的順序原則，如此才不易沾污圖紙，可保持圖面上的清潔。
- 每次下筆時，筆尖不可用大力刺著紙面，以免污損圖紙及影響拉筆畫線的動作。
- 為使線條粗細濃淡一致，運筆時應該將鉛筆輕微轉動。
- 畫平行線的順序應由左而右；然而畫垂直線時，左手應壓住三角板或繪圖儀由下而上畫，始可保持垂直度。
- 線條與線條之間應適當接連一起，不要有缺角或接過頭的現象。
- 尺寸標示線應與設計圖主線保持 10mm 的距離，且尺寸數字應寫在標示線的上方中央位置；標示旁邊線也該與設計圖主線保持 1mm 的距離，標示線與標示旁邊線都應比設計圖主線略細淡。
- 儘量使用適合的字規和圖形板，可使圖面更加整齊美化。若

無適當的字規，可在寫字之前先畫上下兩條淡細線再以工程字體標寫。

一、線條與字體的運用

在賣場設計圖裡常用的線條有粗實線、實線、細實線、虛線、中心線及點虛線，這些線條的應用及代表功能如表 3-5 所示。另外，為求設計圖面的整體美觀，除了準確的線條和符號之外，文字及數字務必要求工整清晰、排列整齊有序不零亂，使視圖者能夠簡明易讀。通常在寫圖說文字時，可先輕畫上下兩條細線，再以工整的字體寫在細線中間。若是標寫數字或英文字時，儘可能善加利用「字規」來寫，可以得到很好的美觀效果和節省時間。

在賣場設計圖裡常用的線條有粗實線、實線、細實線、虛線、中心線及點虛線。

表 3-5　線條的畫法與應用

線條	粗細（mm）	名稱	應用說明	筆心規格
——	0.7～1.0	粗實線	建築物結構體如賣場的外框線；特別強調某施工細部。	使用 B 或 HB 筆心
——	0.5～0.7	實線	圖裡的主線如表現賣場的主設備像收銀櫃台及商品架等。	使用 HB 或 F 筆心
——	0.3～0.5	細實線	尺寸標示和次要設備標示如地板磁磚、牆面裝修或花樹。	使用 H 筆心
- - - -	0.5～0.7	虛線	又稱「隱藏線」，用以表示有形物體被掩蓋或遮住。	使用 F 或 H 筆心
—·—·—	0.3～0.5	中心線	表示圓體或方體的中心如柱子及牆壁的中心。	使用 H 筆心
—··—··—	0.3～0.5	二點虛線	表示活動方向及活動的設備如賣場開門方向或促銷台車。	使用 F 或 H 筆心

二、尺寸標註

「**尺寸標示**」是完成一張設計圖的最後階段，標註時要考慮簡潔清晰、正確性、有規則性，使識圖者與施工者能明瞭易懂（如圖3-7 所示）。標註尺寸的基本要素包含有尺寸標線、尺寸邊線、箭頭標示及數字等四項。

- 「尺寸線」是標明尺寸的細實線，其與所要標註的實際線是平行的，而且兩端有塗黑箭頭用以標示起迄距離。
- 「尺寸邊線」用以界定尺寸的範圍，其與尺寸線成垂直。尺寸邊線是由所要標註的實際線兩端垂直引伸出 10mm 為理想，且應與實際線保持 1mm 的距離，才不會造成與實際線的混淆。
- 「箭頭標示」可分為單邊箭頭、雙邊箭頭與塗黑箭頭等三種（如表3-6 所示）。
- 「數字」是代表尺寸的實際大小，所代表的數字應標在「尺寸線」上方的中央位置，隨著「尺寸線」角度變化其數字標示的方位，如圖3-8 所示。

🖈 圖3-7　尺寸標註要簡潔清晰、正確有規則性

📖 表 3-6　箭頭標示種類

箭　頭	箭頭種類
單邊箭頭	⟶
雙邊箭頭	⟵——⟶
塗黑箭頭	⟶

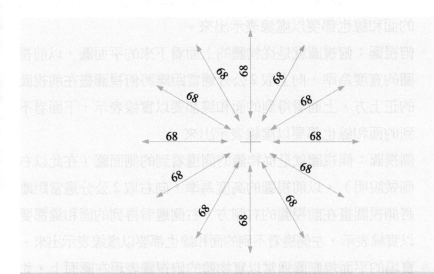

📖 圖 3-8　尺寸數字的正確標示方位

貳、識圖技巧

一、三視圖運用

　　要將一個實物體透過製圖技能完全地表達在圖面上，如果只靠一種立體圖或平面圖的表現，是不足以讓識圖者或施工者完全明瞭其結構形狀，也無法掌握其正確的比例尺寸。每一個實物體都有上下、前後、左右等六個面，其歸類成平面、立面及側面等三種，此即為俯視圖、前視圖及側視圖，以上三種投影視圖簡稱為「三視圖」。「三視圖」的理想佈局為俯視圖在前視圖的上方，側視圖在

前視圖的上方，側視圖在前視圖的兩側。

前視圖的兩側（如圖 3-9 所示）。關於側視圖，則以實物體較複雜的一側來表示，或者選在個人習慣的一側都可同時表現兩側的形狀尺寸。以下為「三視圖」的運用說明：

- 前視圖：前視圖就是從物體正面所看到的立面圖。「三視圖」的開始就是先將前視圖正確的畫出（依序畫俯視圖→側視圖），正面看得到的面和線都要以實線表示，後面看不到的面和線也都要以虛線表示出來。

- 俯視圖：俯視圖就是從物體的上面看下來的平面圖。以前視圖的寬度為準，向上取 2 公分適當距離將俯視圖畫在前視圖的正上方，上面看得到的面和線都要以實線表示，下面看不到的面和線也都要以虛線表示出來。

- 側視圖：側視圖就是從物體的側邊看到的側面圖（在此以右側做說明）。以前視圖的高度為準，向右取 2 公分適當距離將側視圖畫在前視圖的右側方，右側邊看得到的面和線都要以實線表示，左側邊看不到的面和線也都要以虛線表示出來。

賣場的平面規劃圖通常以實物體的俯視圖表現在圖面上，如收銀櫃台、商品貨架、器具設備等。

- 賣場的平面規劃圖通常以實物體的俯視圖表現在圖面上，如收銀櫃台、商品貨架、器具設備等。一般現成的器具設備，只要以平面圖表示即可（另附上實體目錄如冷凍設備和規格商品架）；若是需要訂製或是裝修的物品設施，則需要在平面規劃圖旁邊加以畫註前視圖或側視圖的正確形狀尺寸。

🏆 圖 3-9　三視圖的理想佈局

二、賣場平面圖常用符號

　　繪製賣場平面圖時，需要很多不同的線條符號來代表實體設備及設施，常用的賣場符號歸納為賣場出入門、店內設備、電器設施及建材結構等四類（如表 3-7 及表 3-8 所示）。這些符號通常以實體的俯視圖來表現，部分相似的符號應註明文字以免混淆。

表 3-7　賣場符號表之一

賣場出入門		店內設備	
符　號	名　稱	符　號	名　稱
	一般出入口	R	收銀機
	自動門		冷氣出風口
	單推門		收銀台
	雙推門	A　C	冷氣機
	前後推自由門		流理台
	旋轉門		組合商品架
	子母門	冷藏櫃	開門式冷藏櫃
	風除室出入門	開放式冷藏櫃	開放式冷藏櫃

表 3-8　賣場符號表之二

電器設施		建材結構	
符　號	名　稱	符　號	名　稱
	消防栓		鋼筋混泥土
	配電盤		水泥沙漿
	消防噴水頭		鋼骨架
	警報鈴		磚牆
	探煙器		一般壁板
	電源插座		木材
	220V 電源插座		玻璃
	雙管日光燈		樓梯

第四節　賣場平面規劃圖繪製步驟

　　繪製賣場平面圖的步驟依序為丈量現場、佈置賣場的格局、按照實際比例繪製賣場外框圖、設定出入口及收銀櫃台、繪製前場（直接賣場）、繪製後場、標示商品別及設施名稱、標示尺寸、去餘線完成製圖。這些步驟如圖 3-10 所示，並詳述如下：

1. 丈量現場

　　勘查現場並徒手先畫一張整個賣場內外形狀的草圖，然後詳細丈量整個賣場的空間大小，包含壁厚、柱子、樓梯及門窗，將所測量的正確尺寸記錄在草圖上。

2.佈置賣場的格局

在草圖上先佈置賣場的格局。

3.按照實際比例繪製賣場外框圖

決定適當的比例（如 1/100 或 1/50），並以比例尺按照所測量的實際尺寸繪製賣場外框，同時設定外場、前場及後場的範圍。

4.繪製出入口及收銀櫃台

設定出入口及收銀櫃台的正確位置，並將門及收銀台的數量、規格、尺寸依比例繪製在圖面上。

5.繪製前場規劃

繪製前場（直接賣場），首先畫出流動性最大的主通道及設備（如超市的開放式冷凍冷藏櫃），然後繪製次要通道及設備（如超市乾貨區的商品架）。

6.繪製後場規劃

繪製後場時，首先畫出與前場的出入口及主要通道，然後佈局辦公區、倉庫、加工作業區、機器房及其他公共設施區。

7.標示商品別及設施名稱

商品別及設施名稱標示說明。

8.標示尺寸

在圖面上作尺寸標示，如賣場外框、出入口、主副通道、重點設備及特殊裝修尺寸。

9.去除餘線及填寫繪圖資料，完成

以擦線板去除多餘的雜線，並在圖下方標寫正確的比例、單位、日期、圖名及繪製者名稱即為完成圖。

圖 3-10　賣場平面規劃圖繪製步驟圖示範例

學習評量及分組討論

1. 請說明賣場規劃設計圖的重要性？

2. 一家便利商店的門面寬度為 4 公尺、縱深為 20 公尺，請問此賣場面積為幾坪？

3. 當你要租一家商店時，得知店面寬度為 24 台尺、店內深度為 30 台尺，租金計算為每坪每月 2,000 元，請問你每個月應付多少租金？

4. 何謂「大步丈量法」，請舉例說明？

5. 當你在進行賣場工程估價時，在沒有丈量工具的情況下，急欲由現場的地板或輕鋼架天花板得知賣場面積，此時可使用何種簡易目測丈量法以利作業進行，請舉例說明？

6. 台制「文公尺」的全長等於公制的幾公分，其共分成哪八等分？

7. 請明列製圖紙的規格及其紙張的尺寸？

8. 請詳細說明比例縮尺的實際用途？

9. 繪製賣場規劃圖的時候，比例的選擇與圖示大小有何重要關係？

10. 請描述正確的製圖技巧，並在你的書桌上模擬練習？

11. 請依照老師所提供的立體實物，草繪此實體的三視圖？

12. 請描述正確的賣場平面規劃圖繪製步驟？

13. 以 2 人為小組，用捲尺丈量現在上課教室的長寬及出入門尺寸，並以 1/100 比例、單位 mm，繪製正確的外框圖？

14. 請選擇一 50 坪以內的小型賣場，實際丈量並以比例：1/50、單位：mm 來繪製其正確平面規劃圖？

第四章

賣場平面型態與配置機能

各節重點

第一節　賣場平面形式
第二節　賣場平面與街道關係
第三節　賣場配置與機能
學習評量及分組討論

學習目標

1. 瞭解賣場的各種平面形式。
2. 瞭解賣場正面的各種型態。
3. 瞭解賣場正面型態與街道的相互關係。
4. 清楚瞭解賣場的構成配置。
5. 瞭解外場的設施要項及機能功用。
6. 瞭解前場的設施要項及機能功用。
7. 瞭解後場的設施要項及機能功用。

第一節　賣場平面形式

賣場平面形式依照賣場的寬度和深度的比例形狀，以出入口正面為基準，分成「寬廣型賣場」和「進深型賣場」，這兩種賣場除了各自有一般的寬廣型和進深型賣場之外，尚有極大比例的正面極寬型賣場和進深細長型賣場。另外，還有一種「角型賣場」，其相鄰兩正面緊臨兩條交叉的街道，又可分成雙面角型賣場和三面角型賣場兩種。

壹、寬廣型賣場

正面寬度大於深度的店面，我們稱之為「**寬廣型賣場**」（如圖4-1 所示）。此形式賣場具有面寬顯眼的店頭廣告效果，及店內配置時容易分類展示商品、方便顧客選取的特性。因其可讓顧客在同時段集中選購相關性商品，或短時間找到所需的商品，不僅提升消費便利性，更可提高顧客購買量和增加商品週轉率。所以，適合於販賣食品和家庭日常用品如超級市場和便利商店。常見的小型寬廣賣場以公寓和大樓的一樓店面為最普遍，其店面寬大約為 8～12 公尺。

另外，在寬廣型賣場有一種面寬超過 2 倍深度的店舖（W ＞ 2D），稱之為「**正面極寬型賣場**」（如圖 4-2 所示）。此種店舖適合於全開放式的賣場，可增加商品展示陳列面積，拉近與消費者的買賣距離。例如，水果專賣店採用此賣場，可營造量大便宜、叫賣販促的氣氛。但是，如將此型賣場設計成關閉式店面時，動線規劃上會浪費較多的空間，員工的服務動線會降低其效率，顧客也會因深度空間太淺而顯得不安全感，無法安心久留賣場。

寬廣型賣場
正面寬度大於深度的店面，具有面寬顯眼的店頭廣告效果，及店內配置時容易分類展示商品、方便顧客選取的特性。

正面極寬型賣場
面寬超過 2 倍深度的店舖（W＞2D），適合於全開放式的賣場，可增加商品展示陳列面積，拉近與消費者的買賣距離。

📖 圖4-1　寬廣型賣場

📖 圖4-2　正面極寬型賣場

貳、進深型賣場

賣場的深度大於寬度的店面，我們稱之為「**進深型賣場**」（如圖4-3所示）。此形式賣場的店頭雖然較不顯眼，但可塑造精巧安定的氣氛，適合於顧客停留時間較長的小型商店，如眼鏡行、珠寶店和服飾精品店等。這種賣場大都以透天厝店面居多，其店面寬4公尺、深約為6～8公尺左右。

進深型賣場
深度大於寬度的店面，店頭雖然較不顯眼，但可塑造精巧安定的氣氛，適合於顧客停留時間較長的小型商店，如眼鏡行、珠寶店和服飾精品店等。

圖4-3　進深型賣場

另外，在進深型賣場有一種深度超過 2 倍面寬的店舖（D>2W），稱之為「**進深細長型賣場**」（如圖 4-4 所示）。這種賣場的特性與進深型賣場類似，然而因深度動線太長，規劃時應以

進深細長型賣場
深度超過 2 倍面寬的店舖（D>2W），規劃時應以兩段式誘導法，誘使顧客巡迴賣場一周為原則。

圖4-4　進深細長型賣場

兩段式誘導法，誘使顧客巡迴賣場一周為原則。首先，設置 A、B 兩個重點配置區，利用顧客的好奇心，將顧客從入口處誘導至中段 A 區，再從 A 區將顧客引導至底部 B 區（如圖 4-4 所示），而且在中間配置區規劃一橫線副通道，舒緩顧客因直動線過長所產生的疲倦。

參、角型賣場

　　緊臨街道的相鄰兩正面之店面，我們稱之為「**角型賣場**」，也就是俗稱的「三角窗店面」。三角窗店面大都在單棟建築物的一樓，其位處於馬路十字路口，其店型面向馬路及路口呈兩個或三個展示面（如圖 4-5 及圖 4-6 所示），具有很好的廣告宣傳效果，是國內業者設店時的選擇偏好。但是規劃角型賣場時需要注意以下幾點事項，才不會受到店型限制而影響店內陳設。

　　1. 小坪數的角型賣場不宜設置兩邊的出入口，否則會造成管理上的困難，陳列空間也會受到限制。

🛍 圖 4-5　雙面角型賣場

賣場的正面應儘可能寬敞，以增加賣場的曝光度及吸引度以吸引賣場二方的消費者；正面的寬度愈寬，代表其可能比較寬的開放區域，半開放型及開閉型。

📖 圖 4-6　三面角型賣場

2. 大坪數的角型賣場可設置主副二個出入口，以吸引兩邊的消費者及疏通賣場人潮。但是，應以兩側道路的人潮流量比例來決定主要出入口及店面櫥窗位置，以避免過度開放導致顧客動線混亂，失去賣場規劃的整體性。

3. 大部分緊臨馬路兩側的店面都會設計成玻璃展示面，所以賣場內兩邊壁面的商品陳列不宜過高，以免阻礙消費者由外而內的視線。

4. 三面角型賣場又稱截角店舖，當斜面長度過長時，將出入口設置於面向路口的斜面邊有方便兩側顧客進出賣場的優點，尤其截角處的迴轉空間有吸引匯集人潮的機能（如圖 4-6 所示）。

壹、賣場正面型態

賣場的正面應面對馬路街道，才能發揮展示宣傳及誘導機能，以吸引流動性的消費者。正面的型態很多種，按照其開放程度可歸類為開放型、半開放型及關閉型。

一、開放型

開放型賣場
商店的正面沒有設計櫥窗壁面及開關門，而採取百分之百的開放，以提高流動性消費者的吸引力。

當一家商店的正面沒有設計櫥窗壁面及開關門，而採取百分之百的開放，以提高流動性消費者的吸引力，稱之為「**開放型賣場**」（如圖 4-7 所示）。此型賣場適合於顧客流量大及商品特販的業種（如家庭五金拍賣場和水果專賣店），通常此種賣場的顧客消費量較大，但是消費單價較低。

二、封閉型

封閉型賣場
店舖的正面設計有櫥窗壁面，而且其出入口設置開關門供顧客進出。

當一家店舖的正面設計有櫥窗壁面，而且其出入口設置開關門供顧客進出，稱之為「**封閉型賣場**」（如圖 4-8 所示）。此型賣場很明顯的區分出內場與外場，內場適合顧客停留時間較久，賣場規劃較完整，商品陳設和管理也較有系統性。

圖 4-7　開放型賣場　　　　　　　　圖 4-8　封閉型賣場

三、半開放型

　　當一家店舖的正面設計，一半是櫥窗壁面及一半是開放式進出口，稱之為「**半開放型賣場**」（如圖 4-9 及圖 4-10 所示）。此型賣場在都會鬧區經常可以見到，其特色是開放式出入口可以吸引鬧區的高人潮流量，出入口旁邊壁面設計為櫥窗可以展示商品、提高賣場格調。

半開放型賣場

當一家店舖的正面設計，一半是櫥窗壁面及一半是開放式進出口，稱為半開放型賣場。

　　　　圖 4-9　半開放型賣場一　　　　　　圖 4-10　半開放型賣場二

貳、賣場與街道之間的退縮比例

　　賣場基地若是百分之百的被利用配置成內場，其正面緊鄰著街道將會失去外場的顧客誘導功能，所帶來的不良效果如：顧客會產生壓迫感、外觀的廣告視覺距離縮短、沒有引導動線與空間容易流失顧客。

　　為了保持良好的外場引導機能以吸引顧客，調整賣場正面與街道的比例是在規劃時就該考慮的。比例的調整有「內場退縮」與「外場退縮」兩種，當賣場正面狹小或現有賣場無法變更的條件下，可採用內場退縮方法將正面的櫥窗玻璃往內退縮。如圖 4-11 的櫥窗往內斜縮，不僅在賣場與街道之間構成一個室內的引導空間，也加大店面的寬度感，足以舒緩顧客的壓迫感，方便誘導顧客進出賣場；另外，中大型賣場可直接運用外場退縮法將整個賣場往後退，在賣場與街道之間規劃一個室外的引導空間（如圖 4-12 所示），以吸引匯集人潮、提升來客數。賣場正面退縮深度的尺寸，以正面寬度的一半為參考標準，如賣場正面寬度為 w，則退縮深度為 $d = w/2$。

圖 4-11　小型賣場的內場退縮方法　　　圖 4-12　中大型賣場的外場退縮方法

第三節　賣場配置與機能

　　賣場空間的配置依其功能性可分為外場、前場和後場等三大部分（如圖 4-13 所示），其中以「前場」作為最主要的商品配置區，「外場」是整個賣場的引導區，而「後場」則是賣場的附屬區域，三者之間依業種型態及規模各有不同的配置方式和比例大小，然而其設施和機能卻大致相同，彼此之間相輔相成。例如，零售業強調在商品平面配置的前場，以生財設備及服務設施為主，外場以停車場、特販區、展示櫥窗及入口為主，而後場通常以行政管理、員工作業及商品儲存為主要機能訴求（如圖 4-14 所示）。如果是大型的零售賣場（如量販店、百貨公司），其後場特別著重於管理機能（如警衛保全、機電保養維護、美工文宣、總務行政及展示陳列等）；餐飲業除了外場的形象外觀及入口引導、前場的接待服務及客席佈置之外，後場的廚房機能是整個賣場的重點所在，尤其依照不同的餐飲類別（如中餐、西餐或簡餐），後場的規劃和廚房設備都各不相同（如圖 4-15 所示）。

壹、外場的設施與機能

　　「**外場**」的設施包括有停車設施、外觀裝潢、廣告招牌、展示櫥窗及出入口，主要是以商店賣場的形象為訴求，對消費者發出訊息及廣告宣傳。目的在誘導及吸引顧客注意，進而引起他們的興趣，使他們能夠產生對賣場內的聯想。

　　小型商店的外場通常利用其原有建築物的騎樓讓顧客停車，外觀都以直式招牌和橫式額頭看板為主要視覺設計。但是屬於比較個性化的小型商店（如咖啡店、精品店、各式專賣店），特別重視外場的視覺效果，通常都以精緻的設計手法凸顯商店的個性化。

賣場空間的配置依其功能性可分為外場、前場和後場等三大部分，其中以「前場」作為最主要的商品配置區，「外場」是整個賣場的引導區，而「後場」則是賣場的附屬區域。

外場

主要是以商店賣場的形象為訴求，對消費者發出訊息及廣告宣傳。目的在誘導及吸引顧客注意，進而引起他們的興趣，使他們能夠產生對賣場內的聯想。

後場（間接營業場所）

設施：
辦公管理設備
加工作業設備
公共設備
機電設備

機能：
員工生活功能
管理辦公機能
進貨倉儲機能
加工作業機能

賣場基地

賣場建築物

前場（直接營業場所）

設施：
主要建築體
生財器具
防災安全設備

機能：
展示陳列
販賣促進
商品與服務提供
二次引誘機能
對商品產生慾望
對品質及價格作比較
做出消費購買的決定

賣場入口

外場（引導部分）

設施：
停車設施
外觀裝潢
廣告招牌
展示櫥窗
出入口

機能：
廣告宣傳
引導顧客
吸引顧客注意
引起顧客興趣
顧客產生聯想

圖 4-13 賣場配置與機能

🔖 圖 4-14　零售業的賣場機能

　　中型商店或大型賣場的外場除了醒目的建築物外觀和廣告看板之外，重點在於寬闊的停車場和出入口以方便顧客進出。尤其大型量販店的商圈範圍較廣、較遠，加上顧客單次消費量較大，大部分的消費者都是開車前來，所以規劃外場時停車場顯然是最重要的一環。另外，如是百貨公司的外場，除了停車設施之外，特別強調展示櫥窗及騎樓特販活動區的佈置設計。

　　以上各種型態如屬於連鎖性的賣場，在外場的訴求則應強調企業文化的表達，其整體性的規劃特別能塑造出差異化的經營形象。

圖4-15　餐飲業的賣場機能

貳、前場的設施與機能

前場

其機能促使顧客對商品
產生慾望，進而對品質
、品牌及價格作比較，
最後做出消費購買的決
定。

「**前場**」就是直接的營業賣場，其設施包括有主要建築體、生財器具、防災安全設備，在前場裡有展示陳列、販賣促進、商品與服務提供、二次引誘等機能。

前場的機能促使顧客對商品產生慾望，進而對品質、品牌及價格作比較，最後做出消費購買的決定。例如，某顧客到電腦賣場想購買一台液晶電腦螢幕，剛進入賣場時，顧客在毫無任何腹案的情況之下，通常會先由展示陳列的樣品中瞭解和比較各品牌的功能、特性、外型及價格。假如現場又有服務人員加以解說各品牌之間的

差異和特點，並讓顧客瞭解品質保證和售後服務的內容，最後提出促銷活動方法（如：現在購買任一種液晶螢幕可獲贈護目鏡），以促進顧客的購買決定。

　　各種商店的前場是顧客停留最久的賣場空間，顧客對此空間的硬體設備及軟體設施都會留下最深刻的印象，對有形的商品及無形的服務也最能感受到差異化。所以前場往往是商業空間規劃時最重要的一個配置區域，從視覺感官、現代化設備、安全設施、合理的消費動線、有效的展售陳列到適當的氣氛營造，所表現出的整體效果是缺一不可的。尤其零售業的前場特別著重在硬體的生財設備，如百貨公司的玻璃展示櫃及商品陳列架、生鮮大賣場的冷凍冷藏展示櫃和收銀包裝臺。餐飲業的前場卻強調內部裝潢，如中式餐廳表現傳統古典的特色、西餐廳營造精緻典雅的氣氛、速食店刻畫出青春活潑的形象。當然，以 E 化為訴求的電子商品賣場，就要裝飾出科技動感與冷光前進的速度感，才能抓住日新月異的消費趨勢。

參、後場的設施與機能

　　「**後場**」通常設置在前場的後方或側邊，其設施包括有辦公管理設備、加工作業設備、公共設施及機電設備，在此區裡有員工生活功能、管理辦公機能、進貨倉儲及加工作業機能等。

　　一般賣場都會將後場規劃成「行政管理」與「貨品作業」兩大配置區。各種商店的行政管理部門隨著賣場規模大小而有功能上的多寡差異，如小型便利商店只需簡易的辦公設備作為訂貨聯繫及商品管理即可，而大型的量販店就需要有較多管理功能的行政部門（如總務會計、人事行政、美工企劃、保全與機電維護等）。

　　另外，隨著不同的行業別，後場的貨品作業區有很大的差異。例如，服飾或五金百貨等成品賣場的後場只需要儲存功能的倉庫，然而像餐廳或麵包店的後場就必須設置大廚房調理作業區和烘焙作業區，才能將原物料加工成可販賣的商品。還有一種是屬於技術部門的功能，如藥局的調劑室、眼鏡行的驗光室、鐘錶行的修理室等。

後場
有員工生活功能、管理辦公機能、進貨倉儲及加工作業機能等。

學習評量及分組討論

1. 何謂「寬廣型賣場」，其有何優點？
2. 何謂「正面極寬型賣場」，請舉例說明其優點？
3. 何謂「進深型賣場」，請舉例說明其優點？
4. 何謂「角型賣場」，規劃時應注意哪些事項以免受店型限制？
5. 請簡略說明賣場正面的三種型態？
6. 請問「外場」有哪些設施，其主要機能為何？
7. 請問「前場」有哪些設施，其主要機能為何？
8. 請問「後場」有哪些設施，其主要機能為何？
9. 以小組為單位，討論並繪製麵包店的配置機能圖？
10. 以小組為單位，討論並繪製服飾賣場的配置機能圖？

第②篇

賣場規劃與設計

第5章 外場規劃設計

第6章 店頭規劃設計

第7章 店內規劃設計

第8章 賣場動線規劃

第9章 設備器具計畫

第10章 後場行政作業區規劃

第五章

外場規劃設計

各節重點

第一節　停車設施規劃要點
第二節　停車場的設計型態
第三節　停車場面積與停車位之規格形式
第四節　後勤外場規劃
學習評量及分組討論

學習目標

1. 瞭解停車設施對賣場經營的重要性。
2. 瞭解各種停車場的型態及如何計算適當的停車場面積。
3. 學習如何規劃停車場及設計各種停車位。
4. 學習規劃適當的廠商進貨通道。
5. 學習規劃賣場完善的貨物裝卸設施及垃圾處理區。

第一節　停車設施規劃要點

　　由於台灣地狹人稠，每家商店的停車場規劃更顯得非常重要，不良的規劃或未將停車場列為考慮要素的賣場將面臨經營的危機。停車場大小取決於商店的型態，大型商店如百貨公司及量販店必須有足夠的停車場空間，其可規劃為地下樓和樓頂停車場，甚至在賣場旁另外規劃立體停車場，但是機車停放應規劃在一樓平面緊鄰賣場入口為宜。社區型超級市場可在賣場前規劃平面停車場供轎車、機車、腳踏車停放。便利商店及其他小型商店可在騎樓或賣場前、賣場旁的自有空地規劃機車、腳踏車停車位。

圖 5-1　規劃過的停車場

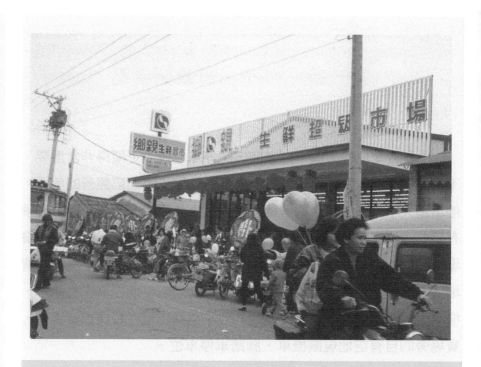

📖 圖 5-2　未規劃過的停車場

壹、規劃停車場注意事項

　　隨著汽車普及率的不斷提高，開車購物的傾向也已成為生活中的一環，因此停車場的設置在賣場規劃裡是不可或缺的要項。由於商圈內的來客有汽車、機車、腳踏車等不同的交通工具，而不同車別的顧客其購物量也不同，如騎機車的顧客購物量約比騎腳踏車或步行的顧客購物量大 20%，開車的顧客購物量約比步行者的購物量大 60%。所以，規劃時應根據商圈內顧客的交通方式及其他實際情況，才能發揮停車場的販促功能，其考慮因素大致如下：

停車場規劃時，應根據商圈內顧客的交通方式及其他實際情況，才能發揮停車場的販促功能。

　　1. 除汽車之外，同時考慮腳踏車及機車的停放規劃，以擴大吸引消費對象範圍。

　　2. 預估顧客的消費時間。

　　3. 預估顧客的停放和駛離的時間。

　　4. 足夠的停車位面積及寬度適當的車道，顧客停車進出越容易。

5.設計為直式車位其空間利用率較高，但車輛進出困難度較高。

6.設計為斜式車位其空間浪費較多，但車輛容易進出。

7.車位停放的角度越大，其車道所需的寬度越大。

8.謹慎計算符合法令規定的停車單位面積。

9.考慮從道路進入停車場的出入口應合乎法規。

10.向所屬建管機關查詢法規標準，規劃符合法規的殘障車位，目前每 20 個停車位有 1 個殘障車位的規劃已非常普遍。

貳、規劃停車場的步驟

另外，規劃賣場的停車場不可單憑個人經驗、前後倒置，必須按先後順序，謹慎設計每一設施，其步驟順序如下：

1.選定停車場的位置。

2.決定停車車別。

3.決定車位數量。

4.計算並決定單位車輛的空間。

5.規劃並決定可供停車及其他相關設施的空間。

6.設計多種不同的停車場形式及配置圖。

7.評估配置圖並選定最有利於顧客停車及空間利用的設計配置。

8.交付執行施工。

第二節　停車場的設計型態

壹、停車場的位置選定

停車場位置的選定關係著顧客停車的安全性及方便性。「**安全性**」首重能引導消費者由主要道路的順向（右邊）開進停車場，切

安全性
首重能引導消費者由主要道路的順向（右邊）開進停車場，切勿逆向左切進入，以免發生交通危險。

勿逆向左切進入，以免發生交通危險。假如賣場基地同時緊鄰有主要道路及次要巷道，出入口應設置在次要巷道，而且不要太靠近十字路口，避免因車速減緩或車輛進出影響其他車流量的行駛，引起塞車混亂而徒增周圍居民困擾。

「**方便性**」的考量在於縮短停車場與賣場之間的距離，使顧客車子停妥後能盡快進入賣場，及購物完畢能輕鬆離去，避免提物走太久而降低購買意願。基於以上的考量，停車場靠近賣場的出入口，且與賣場在同一平面是最理想的位置選定。

然而，並不是每個賣場都能選擇最好的平面位置當停車場，很多停車場往往受限於賣場型態、基地面積與其他地理條件的影響，而必須設在鄰地、跨街或立體式的位置。所以，當停車場設在離賣場較遠、跨街道、地下室或貳樓以上樓層時，就需要規劃一些互補條件，以消弭停車的危險性及障礙。這些互補條件大致如，規劃購物車可直接推到停車場、設置或利用公共既有的跨街人行道和天橋、增設電動手扶梯和上下電梯、增設靠近停車場的賣場出入口、增派人員服務於停車場與賣場之間等。

貳、停車場之設計型態

從停車場與賣場之間所形成的水平與垂直位置關係來看，可將停車場定位成兩大型態。當停車場與賣場同在水平線上（x軸）時，稱之為「平面式停車場」；當停車場與賣場同在垂直線上（y軸）時，稱之為「立體式停車場」。

一、平面式停車場

「**平面式停車場**」歸類有正面停車場、側邊停車場（左邊或右邊皆稱為之）、後面停車場、鄰地擴張停車場、跨街道停車場等五種。

㈠正面停車場

停車場位於賣場門面的正前方，稱之為「**正面停車場**」（如圖5-3所示）。此種停車場對顧客來講，容易規劃安全的車輛進出口，使車輛能快速直接由緊鄰的街道駛進和離去。又因為離賣場出入口很近，顧客很方便可以進到賣場，及購物完畢輕鬆的離開。對業主來講，可以發揮賣場外觀門面的魅力，達到廣宣吸引效果以強化集客力。另外，設置時又可節省多項停車場與賣場之間互補條件的投資，可說是最理想的選定位置。

正面停車場
對顧客來講，容易規劃安全的車輛進出口，使車輛能快速直接由緊鄰的街道駛進和離去。

㈡後面停車場

當賣場本體緊鄰街道，其正面沒有足夠空間供以停車利用，而將停車位置設在賣場正後方，稱之為「**後面停車場**」（如圖5-4所示）。此種停車場對顧客來講，必須繞著賣場外圍才能進入賣場，離去時也會增加顧客提物的負荷。當然，業主可以互補條件消除顧客的不方便，在賣場後方增設出入口供開車顧客就近進出，形成前後雙出入口的賣場，也增加投資成本及管理的困難度。

後面停車場
對顧客來講，必須繞著賣場外圍才能進入賣場，離去時也會增加顧客提物的負荷。

圖 5-3　正面停車場

圖 5-4　後面停車場

三側邊停車場

側邊停車場
對顧客來講，依然需要
轉角的距離才可進入賣
場，若不是很大面積的
賣場，不會造成很大的
不方便時，當然也不需
設置側邊賣場出入門，
以免增加管理問題。

當賣場的前後方都沒有足夠空間供以停車利用，而將停車場位置設在賣場左側或右側，稱之為「**側邊停車場**」（如圖 5-5 所示）。此種停車場對顧客來講，依然需要轉角的距離才可進入賣場，若不是很大面積的賣場，不會造成很大的不方便時，當然也不需設置側邊賣場出入門，以免增加管理問題。

圖 5-5　側邊停車場

㈣鄰地擴張停車場

通常大型賣場往往有停車面積不夠的問題，而必須分散擴張到附近的空間，稱之為「**鄰地擴張停車場**」。此種停車場的理想擴張順序，是從緊鄰街道的側邊為優先，再考慮擴張到後面位置（如圖 5-6 所示）。分散擴張的停車場務必做好互補性的硬體設施及服務，如增設賣場出入門及設計完善的通道，讓顧客可將購物車推到停車位置，才能吸引顧客前來購物，提高營業額。

㈤跨街道停車場

以街道馬路為區域界線，當與賣場同區域的空地不敷使用，而需將停車場設在賣場四周對街的場所，稱之為「**跨街道停車場**」（如圖 5-7 所示）。此種停車場在所有平面停車場裡是最不理想的，考慮的問題有顧客過馬路的安全、進入賣場及提物不方便、停車場不易管制、硬體設施成本較高。在非不得已情況下而設置此種停車場時，一定要先考慮互補條件的可行性，如車流量大小、車速快慢、是否有公共的或可申請增設人行道與天橋。如果在條件不足的情況下而設置，容易造成很多的負面效果。在筆者的報告案例裡就發現，有一中型賣場設置此種停車場，卻因硬體的互補條件不足

圖 5-6　鄰地擴張停車場

圖 5-7　跨街道停車場

及來往的車速太快，造成顧客寧願違規停在賣場同側的馬路邊也不願停在跨街道的停車場。另外，因跨街道停車場不易管理而變成附近居民的私用停車場。

二、立體式停車場

假如賣場周圍平面及跨街都無法擴張停車場，只有在現有基地作考量，將停車場規劃在賣場的樓頂或地下室，或者在原有停車場基地加蓋多層停車空間。這些垂直式的停車空間皆稱之為「立體式停車場」。

「**立體式停車場**」最主要的規劃重點是斜坡車道的設計，正常車道坡度應在 30°以內，而且要有和緩的坡道長度，否則會使顧客心生恐懼不敢前來購物。曾經有一案例，某購物中心立體停車場的斜坡車道太陡，使顧客心生恐懼，在坡道中途停車前進時（上坡起步動作）倒滑產生危險。尤其手排檔汽車更容易發生中途停車前進時，當放開煞車踏板的瞬間、車輛下滑而撞到後方車的危險。還有要特別注意的是彎度設計，理想的彎度應以 60°為基準，太大彎度又加上有斜坡的車道最讓顧客有恐懼感，而無法放鬆心情開車。

根據多次案例發現，某些多層地下停車場的車道彎度超過90°，

立體式停車場
規劃重點是斜坡車道的設計，正常車道坡度應在30°以內，而且要有和緩的坡道長度，否則會使顧客心生恐懼不敢前來購物。

甚至是 180°的迴轉車道。這些彎度過大，加上又是不標準車寬（約 2.5m）的雙向車道，對消費者的安全威脅非常大。理想的單車道寬為 3m，雙車道寬為 6m，尤其彎度過大的車道務必要再加大寬度，避免轉彎的擦撞。

　　另外，立體式停車場大都設置在樓層及地下室內，其照明度設計遠比室外停車場來得重要，光線不夠明亮常是發生危險的主要原因。還有標示指引字樣及箭頭，一定要簡易清楚的掛在明顯處及標示在地板通道上，駕駛人才能有所遵循的安全進出。「立體式停車場」歸類有頂樓停車場、地下停車場、雙層停車場、獨棟多層專用停車場等四種，詳述如下。

(一)頂樓停車場

　　「**頂樓停車場**」是設置在賣場的一樓或二樓頂，超過二樓頂的停車場容易造成顧客的心理壓力，除非有非常完善的車道設計，否則比較不適合設置（如圖 5-8 所示）。設置這種停車場的基本條件是，賣場本身為鋼筋水泥的結構體，才足以負載停車，鋼架鐵皮的賣場並不適合設置。

頂樓停車場
設置基本條件是賣場本身為鋼筋水泥的結構體，才足以負載停車，鋼架鐵皮的賣場並不適合設置。

停車場

賣　場

地面

圖 5-8　頂樓停車場側視圖

㈡地下停車場

此種設置分有單層及多層地下停車場,端視賣場安全結構及需要而設計(如圖5-9所示)。「**地下停車場**」除了標準的車道坡度及彎度設計之外,特別要規劃明亮的照明、清楚的標示指引及良好的空氣調節等完善設施。

㈢雙層停車場

當賣場設計為地上兩層時,正面的空間可規劃為雙層停車場。此種規劃以室外停車場為原則,否則會遮掩賣場外觀,失去店面魅力(如圖5-10所示)。其設計優點與正面停車場一樣,兩層賣場各設有出入口緊鄰停車場,方便顧客直接進到賣場和輕鬆的離開。但是第二層停車場的車道要符合和緩的坡道標準設計,並設置車道兩邊的防護牆,降低駕駛的心理壓力。

㈣獨棟多層專用停車場

對大型賣場而言,停車場大小就等於營業額高低,因為停車場可以吸引大商圈的顧客光臨,創造銷售業績。所以為了擴張停車場,賣場可以在周圍的停車基地規劃獨棟式多層專用停車場,以吸

🔖 圖 5-9　地下停車場側視圖

圖 5-10　雙層停車場側視圖

引更多的顧客前來（如圖 5-11 所示）。此種立體式專用停車場以
兩～三層為適合，其建築結構的安全性是最重要的考量，還有車輛
進出口設計、車道斜度及彎度、照明及標示、安全防護及消防等硬
體設施，及其他相關的互補條件都必須作整體性的規劃，才能達到
與賣場相輔相成的效果。

圖 5-11　獨棟多層專用停車場側視圖

第三節　停車場面積與停車位之規格形式

壹、停車場面積設定

　　停車場面積通常是以汽車為計算基準，首先參照營業計畫的來客數，設定汽車之停車台數，以每台汽車的停車規格（**參照下一段停車位規格**）計算出全部停車台數的面積，再加上車道通路及公共設施的面積，就是所需要的停車場總面積（**如下列公式**）。停車場總面積並不只是在同一平面或同一區域，而是所有提供同一賣場停車的面積總和，包括分散不同平面或立體的所有停車及相關設施面積。

停車場面積計算公式

　　〔停車台數 x15m² （每台車位面積）〕x1.5（通路及公共設施面積）＝停車場總面積

貳、停車位規格

　　根據日本東京都條例及參考台灣多數車種規格，所訂定的停車位標準尺寸如下：汽車車位為寬2.5m×長6m、機車車位為寬90cm×長180cm、腳踏車車位為寬60cm×長160cm。另外一種柵欄式（以鍍鋅鋼管或鋁管焊接成型）停車位可供腳踏車停放，其空間使用效率比格式車位還高（如圖5-12所示）。

寬 2.5m × 長 6m　　　寬 90cm ×　　　寬 60cm ×　　　柵欄式腳踏車車位
　　　　　　　　　　　長 180cm　　　　長 160cm

🔖 圖 5-12　各種車輛停車位規格

參、停車位之形式

　　停車位形式有直式、斜式及平行式等三種（如圖 5-13 所示），每一種停車位形式都各有其優缺點。直式停車設計的空間利用率比較高，但是 90 度的進出大角度必須配合足夠寬度的車道，否則不易進入車位與後退；斜式停車設計比較容易進出車位，但是空間浪費較多；平行式停車設計適合於較窄的停車空間，其倒車入庫的停車方式較耗時。

　　每一種停車位形式都可規劃成單列配置及雙列配置（如圖 5-14

(a)直式停車位　　　(b)斜式停車位　　　(c)平行式停車位

🔖 圖 5-13　停車位之形式

📖 圖 5-14　單列停車配置

及圖 5-15 所示)。規劃「**單列配置**」的停車場大都以較窄的牆對牆空間為適合;較寬的牆對牆、牆對路或開放式的空間,以規劃為「**雙列配置**」停車場較為理想。若是空間介於單列配置與雙列配置之間,可考慮規劃為如圖 5-15(b)的「**混合配置模式**」。在每一種配置模式的車位前端,可設置緩衝膠座或擋泥板,防止停車時碰撞牆壁或與對列車輛碰撞。

　　無論哪一種的停車形式,車輛進出的車道寬度及出入口應以車寬為基準,設計成一進一出最適合,切勿太窄造成車輛進出困難。換句話說,車道寬度就是兩倍車寬的雙線道。尤其根據台灣道路條例,汽車通道寬度應設計為單線 3m、雙線 6m,以方便車輛雙向進出,避免擦撞。

(a)標準雙列配置　　　　(b)雙列混合配置

📖 圖 5-15　雙列停車配置

第四節　後勤外場規劃

壹、貨物裝卸場

一、廠商進貨通道

　　貨物商品進出、設備器材搬運及垃圾運送等處理作業，不可佔用街道，更應避開從賣場正面或顧客停車場進出，以免妨礙到顧客的活動，或損壞到公共設施。

　　進貨通道以貨車通行為主，正確規劃應從旁或從後直通賣場後面的進貨區（如圖 5-16 所示）。單線進貨通道寬為 3m、雙線進貨

圖 5-16　進貨通道與賣場位置關係

通道寬為 6m，除非場地受限，否則應設計一進一出的進貨通道為宜，且卸貨區應考慮車輛的迴轉空間及待驗區域。如果是立體式賣場，其進貨區會設在地下一樓，將商品集中處理，然後再經由專用貨梯運補到各樓層。設於地下室的進貨區，其進貨通道必須規劃一進一出的單行道，否則在狹窄的空間，很難管制貨車進出的問題。

二、裝卸設施

中大型賣場每天的進貨量和產品種類非常多，如果沒有加以有效管理，勢必造成卸貨、驗貨、進貨入庫等後場作業的繁複，不僅浪費人力時間，更直接影響前場的補貨營運。

進貨時應實施產品別分區管理，首先按照產品類別劃分多個進貨區域。例如，超級市場可規劃成食品區、生鮮區、五金區、百貨區等多個區域，且設有獨立的貨品進出門（如圖 5-17 所示）。然後，上游廠商的貨車依照產品別直接卸貨在該區的平台上，經由各分區窗口可有效控制卸貨時的混亂及疏通貨車的擁擠，同時商品不至於混雜，有助縮短驗貨入庫時間，提高整個進貨作業效率。

為了使貨車能快速有效的卸貨，規劃「卸貨平台」可以讓貨車直接倒車卸貨（如圖 5-18 所示）。「**卸貨平台**」是設在進貨倉庫門

卸貨平台
是設在進貨倉庫門的正前端，其高度設計以貨車的車台高度為基準，大約離地面 100 公分左右，其深度依照各賣場進貨量大小的需求而設定。

圖 5-17　進貨倉庫區（前視圖）

倉庫

卸貨平台高度約
100 公分左右

圖 5-18　卸貨區（側視圖）

的正前端，其高度設計以貨車的車台高度為基準，大約離地面 100
公分左右，其深度依照各賣場進貨量大小的需求而設定。

貳、垃圾處理場

「**垃圾處理區**」應該設置在貨物裝卸場附近，以不影響前後賣
場作業為原則（如圖 5-19 所示）。假如垃圾量較多的大賣場，應先
將隨時清理的垃圾放置到就近的臨時場地，然後於固定時間再集中
送至處理區，經過適當的處理再運送到合法的垃圾場（如圖 5-20 所
示）。

賣場依照垃圾類別分成生鮮食品垃圾、資源回收垃圾、有害垃
圾（如日光燈、乾電池）、紙箱和一般垃圾等。分類好的垃圾應依
照環保規定，做好垃圾處理後再行運走。生鮮餐飲垃圾應先行壓縮
處理再加以冷凍，以避免產生惡臭；大量的紙箱可經由壓紙箱機處
理後疊裝，避免凌亂佔據空間；有害垃圾及資源回收垃圾應按照相
關規定，放置於有顏色字樣標示的適當容器，再通知垃圾處理單位
即時處理或定期載運。

垃圾處理區
應該設置在貨物裝卸場
附近，以不影響前後賣
場作業為原則。

圖 5-19　垃圾處理區與賣場關係位置圖（俯視圖）

圖 5-20　垃圾處理流程

學習評量及分組討論

1. 規劃停車場時，應考慮哪些因素？

2. 規劃停車場的步驟順序為何？

3. 請說明停車場的兩大設計型態？

4. 請簡述「平面式停車場」可分為哪五種？

5. 請簡述「立體式停車場」可分為哪四種？

6. 設置頂樓停車場的基本條件是什麼？

7. 雙層停車場的設計優點為何，同時應注意什麼設計要點？

8. 某一家賣場將規劃 50 台汽車停車位，每台車位面積為 $15m^2$，停車場的通路及公共設施為停車場的 1/2，請問此停車場的總面積為幾坪？

9. 請敘述停車位的三種形式？

10. 請說明理想的單列與雙列之停車位配置空間？

11. 請以圖說明賣場的垃圾處理流程？

12. 以小組為單位，依照圖 5-12 之車位規格，討論並繪製任一小型賣場的停車場平面圖？

13. 以小組為單位，舉任一賣場為例，討論其進貨時應如何實施產品別分區管理？

第六章

店頭規劃設計

各節重點

第一節　賣場外觀形式
第二節　賣場門面形式
第三節　廣告招牌設計
第四節　外裝門面規劃
第五節　出入口規劃
第六節　櫥窗設計
學習評量及分組討論

學習目標

1. 瞭解賣場外觀的各種形式及與街道的相互關係。
2. 瞭解賣場門面的各種形式。
3. 知道各種外觀招牌的形式，學習如何規劃安全有效的廣告看板，達到宣傳引導的功能。
4. 能夠注意門面裝潢時的重要事項，並可以規劃適當的外場特販區。
5. 可以依照賣場實際需求，設計理想的出入門。
6. 瞭解櫥窗的功用及類型，並能大略規劃出具體的櫥窗藍圖。

俗稱的「店頭」就是一家賣場的外觀門面。適當的門面規劃可以產生魅力以吸引消費者的親近，而不良的規劃則會將消費者擋怯於賣場外。「**店頭規劃**」是在賣場外運用直接的設計手法，刺激消費者的注意力，不僅能提升企業形象，更能引起消費者對店內產生興趣與聯想，進而誘導其進入賣場消費。規劃之前，應先瞭解賣場平面位置與連外道路關係，再由外而內規劃停車設施、外觀門面、外場特販、出入口與櫥窗、後勤外場等設計。

賣場的外觀可用來表現商店的風格，引起消費者的注意，提高流動顧客對賣場的好印象，進一步誘導消費者進入賣場。而誘導的方式可分成傳達資訊的外觀設計（如招牌、建築物外型）和引導機能的門面設計（如門面裝潢、外場特販、出入口）等兩大部分（如圖 6-1 及圖 6-2 所示）。這兩種機能的設計，就是使潛在顧客在進入賣場前所產生的一個印象。根據周泰華、杜富燕（*1997，p.301*）研究指出若能掌握住以下三個賣場外觀設計原則，就能塑造出成功的形象，贏得消費者良好的綜合印象。第一，「能見度」來自於賣場外觀的有形物體之醒目、清晰、容易辨識；第二，「獨特性」來自於與眾不同且具有吸引力的無形創意；第三，「一致性」則是來自於和諧一致的整體表現，切勿過度複雜造成主題不一致、形象混亂的感覺。

店頭規劃
是在賣場外運用直接的設計手法，刺激消費者的注意力，不僅能提升企業形象，更能引起消費者對店內產生興趣與聯想，進而誘導其進入賣場消費。

圖 6-1　傳達資訊的外觀設計

入口小看板 ── 您方便的好鄰居 ── 外牆壁面

賣場出入口 ── 歡迎光臨 ── 玻璃櫥窗

🏷 圖6-2 引導機能的門面設計

第一節 │ 賣場外觀形式

壹、外觀與街道關係

賣場外觀的視線範圍及角度,會因地理位置及地點環境的差異而有所不同。當賣場面對著較寬的 20m 及 30m 街道時,消費者的視線距離較長、角度較大,所看到的範圍相對變寬,賣場外觀表現的視覺效果就越好(如圖6-3 所示)。相反的,若是賣場面對著較窄的 10m 及 8m 以下的街道時,消費者的視線距離較短、角度較小,所看到的範圍相對變小,賣場外觀表現的視覺效果就會受到限制(如圖6-4 所示)。

另外,賣場緊臨的街道是車流量大、車速也快的馬路,此時過往的消費者比較無法注意到左右的商店,賣場外觀的視覺效果對消費者比較沒有吸引力(如圖6-5 所示)。但是,假如賣場緊臨的街道是設有人行道的馬路,在人行道走動的人潮就會對賣場外觀產生注意力(如圖6-6 所示)。

圖6-3　面對較寬街道的賣場，其外觀視線範圍相對較廣。

圖6-4　面對較窄街道的賣場，其外觀視線範圍相對變小。

圖 6-5　緊臨車道的賣場，其外觀比較不具吸引力。

圖 6-6　面對有人行道的馬路，賣場外觀容易發揮出廣告效果。

貳、外觀形式

　　賣場外觀形式依照有無騎樓設計而分成兩大類別。「**無騎樓設計**」之類別，通常是屬於新蓋建築物的中大型賣場，為考慮能更親近消費者及緊鄰停車場規劃之因素，外觀大都設計成如圖 6-7 所示之三種形式，外觀正面設計帆布或特別造型突出遮陽避雨，同時配合招牌表現出賣場風格形象，外觀效果明顯、有個性化。「**有騎樓設計**」之類別，通常以既成建築物的小型商店為主，依據建築法規所蓋的商店，賣場外觀大致形成如圖 6-8 所示之三種形式，這些形式的差異性僅在於招牌的不同設計，其外觀效果強調在近距離的店面廣告。

圖 6-7　無騎樓賣場之外觀形式

圖 6-8　有騎樓賣場之外觀形式

第二節 | 賣場門面形式

　　門面形式大致可分成平型、凹型、凸型、L 型、多邊型、弧型
等六種（如圖 6-9 所示）。從賣場的俯視圖來看，門面呈一直線型
的稱之為「平型門面」；當店面往內縮並在出入口兩旁設計櫥窗，
使門面呈一凹字狀的稱之為「凹型門面」；相對的，當店面在出入
口位置，往外設計一個特殊形狀，使門面呈一凸字狀的稱之為「凸
型門面」；若是賣場在外牆的隔鄰兩面各設置出入口，使兩面牆都
形成面對顧客的正面，稱之為「L 型門面」；而設計有兩個以上的
展示面，如角型店或百貨公司之店面，稱之為「多邊型門面」；最
後一種為呈現圓弧線狀的店面，稱之為「弧型門面」。

平型門面

凹型門面

凸型門面

L 型門面

多邊型門面

弧型門面

📖 圖 6-9　各種門面形式

第三節 ┃ 廣告招牌設計

　　「**賣場的招牌**」主要目的是透過有創意的設計手法，使來往的行人留下深刻印象，指引前來消費購物。此設施機能涵蓋著刺激一般行人的視覺注意力、激發消費者來店的潛在意識、指引顧客光臨的標示效果及表現企業形象的識別等。

　　廣告招牌也是營造賣場魅力的重要因素，其內容顯示包含賣場

名稱、圖案樣式、商標或企業標誌、文字訴求、顏色搭配及照明燈光表現等種種的整體設計。設計製作後再選定適當的吊掛位置，達到醒目易見、清楚易懂、兼顧視覺效果和賣場訴求，以引起過往行人的注目，進一步勾起消費者的好奇與興趣而進入賣場。所以，為了塑造這第一步的賣場魅力，招牌設計必須要作以下全面性和整體性的考量，始可達到真正的廣告效果。

- 額頭招牌（賣場正面）的位置、大小、造型樣式、廣告效果。
- 立式及外伸招牌的大小、位置。
- 輔助看板的規格及位置。
- 所有招牌吊掛需符合相關法規、當地風俗習慣及協調鄰居的配合。
- 廣告招牌的安全結構及材質選用。
- 評估招牌的廣告效益及成本。
- 招牌的版面設計需符合行業別。
- 字體色彩圖案與企業識別相稱。
- 招牌的色彩鮮明度、照明度、設計形象能夠吸引消費者。
- 考慮招牌在夜間的照明設計或裝置定時器及漏電開關。
- 隨時檢修招牌，以免破舊影響賣場形象，或產生安全顧慮。

壹、廣告招牌種類

　　廣告招牌依其與賣場所吊掛的位置可區分成額頭招牌、騎樓招牌、立式招牌、外伸招牌、頂樓招牌、大型廣告看板、街角招牌、店面旗幟廣告等八種，茲分述如下。

一、額頭招牌

　　吊掛在賣場門面正上方的招牌，猶如一個人的額頭位置，故稱之為「額頭招牌」，又稱「正面招牌」（如圖 6-10 所示）。「**額頭招牌**」對大部分賣場而言是最重要的看板，其位置的廣告效果最

額頭招牌
對大部分賣場而言是最重要的看板，其位置的廣告效果最好，足以表現企業形象及賣場氣勢。

圖 6-10 額頭招牌前視圖

好，足以表現企業形象及賣場氣勢。但是當賣場緊鄰的街道太窄（小於 8 公尺），使消費者的視線角度變小，其廣告效果就大打折扣，甚至於 6 公尺以下的商店街賣場，反而省去額頭招牌而改設計其他的招牌。若以小型賣場為例，額頭招牌通常固定在一樓賣場正上方（離地面約 3 公尺高），其長度與賣場門面同寬（約 4 公尺），而寬度以 1.2 公尺為理想。假如是中大型賣場或三角窗店面，可依實際需要加大招牌尺寸。

二、騎樓招牌

當賣場設在商店林立的鬧區時，人潮在騎樓流動比率增高，此時在騎樓天花板倒掛的招牌，稱之為「騎樓招牌」（如圖 6-11 所示）。因考慮騎樓高度會影響消費者通行，一般都設計成小型招牌，並僅以簡單易懂的字樣作訴求。

三、立式招牌

「**立式招牌**」的視覺方向剛好補足額頭招牌不及之處，其是吸引賣場左右方向人潮的注意力，並不會受到街道寬窄而影響廣告效果，以至於幾乎所有的賣場都會設置此種招牌（如圖 6-12 所示）。

立式招牌
其視覺方向剛好補足額頭招牌不及之處，可吸引賣場左右方向人潮的注意力，並不會受到街道寬窄而影響廣告效果。

圖 6-11　騎樓招牌側視圖

圖 6-12　立式招牌側視圖

若以小型賣場為例，立式招牌通常固定在兩建築物共用壁的 1/2 壁厚（約 4 台吋），且遵照整排建築物規定的固定邊，不可同時設置賣場兩邊招牌，影響左右鄰居的權益。小型賣場的立式招牌規格以長 4.5 公尺×寬 1.2 公尺為標準，固定起高以賣場一樓頂為基準。假如是中大型賣場或獨棟建築物，可依實際需要加大招牌尺寸或同時在賣場兩邊設置立式招牌，加強雙向廣告效果。

四、外伸招牌

「**外伸招牌**」具有彌補額頭招牌不及之處，也和立式招牌有互補作用（如圖 6-13 所示）。當賣場結構無法設置立式招牌，或者立

外伸招牌
具有彌補額頭招牌不及之處，也和立式招牌有互補作用。

圖 6-13　外伸招牌側視圖

式招牌無法凸顯局部訴求時，皆以外伸招牌來代替立式招牌及強調局部重點廣告。因為外伸招牌通常是以長方形向馬路延伸，其結構安全性和設置合法性都應慎重評估。

五、頂樓招牌

一般大型賣場或百貨公司，為求大商圈的遠距離廣告效果，將招牌設置在立體建築物的頂樓上方者，稱之為「**頂樓招牌**」（如圖6-14所示）。因為頂樓招牌的視覺距離又高又遠，必須以大面積看板及強烈的視覺刺激素材（如霓虹燈）作表現，才能發揮廣告效果。頂樓招牌的製作成本算是最高的一種，其表現內容以筆畫簡單及單顏色的大字體為最理想。

六、大型廣告看板

大型廣告看板
利用第二層建築物正面的上方，設置大型平面看板以加強其他招牌不足的廣告效果。

利用第二層建築物正面的上方，設置大型平面看板以加強其他招牌不足的廣告效果，稱之為「**大型廣告看板**」（如圖6-15所示）。此種看板大都設計為活動式，例如，活動式的電腦噴畫帆布廣告，可供更換不同主題的促銷內容或新產品宣傳，可獲得很實際的機動廣告效益。

📖 圖 6-14　頂樓招牌立體圖

📖 圖 6-15　大型廣告看板前視圖

七、街角招牌

　　為了針對馬路口消費者的指引宣傳，將招牌矗立在街道出入口，稱之為「**街角招牌**」（如圖 6-16 所示）。在申請合法範圍內，街角招牌以小尺寸較為理想，以不影響道路安全為原則。另外，也可以向街口店家租用適當位置，吊掛街角招牌，比較不會妨礙人行安全。

街角招牌
為了針對馬路口消費者的指引宣傳，將招牌矗立在街道出入口。

圖 6-16　街角招牌側視圖

八、店面旗幟廣告

　　「**店面旗幟廣告**」通常有立式旗幟和橫式布條兩種，一般是座立或橫掛在賣場正面，靠近賣場出入口，以獲得及時親近的廣告效果（如圖 6-17 所示）。這種旗幟廣告大都使用在開幕、促銷、新商品、節慶等活動主題上，其成本最低、經常可變換，及時性和氣氛塑造效果都很好。

圖 6-17　旗幟廣告前視圖

貳、招牌的形式

隨著設計水準的提升及製作技術的進步，招牌的形式也趨向多樣化。目前賣場常用的形式可歸類為長方形橫式招牌、正方形招牌、三角形招牌、菱形招牌、圓形招牌、橢圓形招牌、圓柱形招牌、多邊形招牌、長方形直式招牌、梯形直式招牌、創意形招牌及弧形招牌等十二種（如圖 6-18 所示），茲分述如下。

一、長方形橫式招牌

台灣早期雜貨店所使用的唯一看板，就是在店頭上方加一橫式鐵片，再以油漆上色圖案與字樣，演變至今就是所謂的長方形橫式招牌，此種招牌也可以說是最傳統的形式。當然，現今的長方形橫式招牌不僅仍保有傳統的優點，加上材質的改變、製作技術及燈光照明的改進，更使此招牌變成賣場外觀規劃不可或缺的設計條件。

二、正方形招牌

正方形招牌通常設計成小型燈箱看板，固定在賣場騎樓柱或街口處，以輔助主要招牌廣宣不足之處。

三、三角形招牌

同樣屬於輔助性招牌，強調主要招牌的局部字樣或圖案，固定在騎樓柱或聳立於店門口，其形狀比較適合於五金、汽車等之類的賣場。

長方形橫式招牌   正方形招牌   三角形招牌

菱形招牌   圓形招牌   橢圓形招牌

圓柱形招牌   多邊形招牌   長方形直式招牌

梯形直式招牌   創意造形招牌   弧形招牌

圖 6-18　各種招牌形式

四、菱形招牌

也是屬於輔助性招牌，主要功能和固定位置與三角形招牌相類似，其形狀較適合於通訊家電、影音、眼鏡等之類的賣場。

五、圓形招牌與橢圓形招牌

這兩種招牌雖然也是屬於輔助性招牌，但其另具有賣場外觀裝飾的功能，頗有提升店面氣氛的效果，故經常被使用於餐廳、歐式麵包店及精品店等賣場。

六、圓柱形招牌

大多數圓柱形招牌是設計成 360°轉動看板，因其主要是吸引近距離的視覺，所以設置在賣場內會比賣場外更有效果，適合於電子科技及精緻高級等賣場。

七、多邊形招牌與弧形招牌

多邊形招牌與弧形招牌大都使用於兩邊及三邊的角店（三角窗店面），尤其常見於可見度極高的零售賣場（如便利商店、餐飲速食店），提高賣場的格調與氣勢。由於這兩種招牌的版面幅度較寬長，極易藉由色條或色塊表現出企業識別和行業特色。其主要材料可選用軟性無接縫廣告材質，或者使用需要多片連接的壓克力及中空板材質，加上高度的明亮效果，更凸顯24小時營業賣場的能見度。

八、長方形直式招牌

此種形式是最通用的招牌，也可以說是比較傳統性的招牌，其

製作技術成熟度高、吊掛施工也較簡單、容易編排廣告版面,相對的成本自然就降低。

九、梯形直式招牌

此種招牌常見於鬧區商店街及大樓的店面,通常為了市容觀瞻或強調商店街的特色,相關機關及業者協會將同區域的商店招牌作整體性的統一規劃。為使有別於傳統的長方形直式招牌,梯形招牌帶有些許新穎的創意感,招牌下方也有較大版面可放大招牌內容(如店家的電話號碼)。

十、創意造型招牌

經過設計創意的招牌,都屬於不規則的形狀,其在表現具有特殊涵義的造型或視覺創新,如麥當勞以公司英文名稱的開頭字母 M 為招牌的形狀。圖 6-18 之創意造型招牌所表現的是視覺創新,其利用兩個幾何圖形重疊結合,且以特殊的廣告材質(如廣告專用塑鋼鈑)搭配流行色彩,以精緻的技術手法(如電腦切割鏤空或水晶立體字樣)製作完成。任何新的創意招牌,最重要的是務必考慮製作技術的可行性、招牌結構的安全性、廣告效果及成本效益。常見的問題是,招牌的設計底稿看似很理想,卻因施工過程粗糙或技術度不足,亦或只是造型有創意卻不實用(難以編排圖字),導致反效果。

參、招牌材質設計

招牌的材質應從結構性部分與面板部分加以分類(如圖 6-19 所示)。招牌結構性部分包含招牌骨架、固定支架、招牌燈箱;招牌面板部分涵蓋版面底材及演出素材,分述如下。

> 任何新的創意招牌,最重要的是務必考慮製作技術的可行性、招牌結構的安全性、廣告效果及成本效益。

招牌燈箱

招牌骨架

版面底材

演出素材

固定支架

廣告圖案字樣

圖 6-19　招牌材質解說圖

另外，沒有照明設計的招牌會以多樣性材料當素材，如木材條塊、鐵皮、鋼管、帆布等等，但以安全、防日曬雨淋風吹為設計原則。

● **招牌骨架**

此為招牌的主要結構體，依設計樣式以角鐵（Ｌ型鐵）焊接成外型結構和主要骨架。接著將所有鐵材上防銹漆，然後以烤漆鋼板當箱體周圍封板（預留照明熱度透氣孔），假如是單面招牌則另加烤漆鋼板當外襯底，再以反光金屬板當內襯底以增加招牌明亮度。

● **固定支架**

固定支架為連結招牌主體與固定在建築物之間的結構體，其主要材質為角鐵（Ｌ型鐵），配合招牌骨架形狀和建築物的固定位置需要焊接而成，再以防銹漆塗裝。

◎ 招牌燈箱

　　當今賣場的招牌大都設計有照明燈箱，主要材質是照明器材（含燈管、燈管啟動器、安定器、燈管固定座），燈管以白光日光燈較為理想，其規格以 40W 與 30W 最通用。為求招牌明亮度平均和美觀，燈箱內的燈管排列是主要重點，排列平均其招牌的光線分布就很均勻明亮，反之則會使招牌產生陰影現象。另外，燈箱的四周應預留燈光散熱透氣孔，透氣孔的出口處應設計斜向朝下以防雨水注入產生導電。

◎ 版面底材

廣告版面
有單面、雙面或圓椎面，主要面板底材有壓克力、中空板、軟性無接縫皮布、塑鋼鈑、鋁板及其他特殊金屬板。

　　「**廣告版面**」有單面、雙面或圓椎面，主要面板底材有壓克力、中空板、軟性無接縫皮布、塑鋼鈑、鋁板及其他特殊金屬板。常用的有壓克力和中空板，壓克力成本最低，但是質料容易破碎，又受限於規格尺寸（最大為 4 台尺×8 台尺）常出現接合陰影影響美觀。中空板的最大尺寸是 5 台尺×38 台尺，較具強韌性（俗稱摔不破壓克力），且成本頗有經濟價值，目前在市面上很受歡迎。軟性無接縫面材是屬於成本較高的捲式皮布，長度達百台尺以上，其張力及韌性都很強，優良的皮面質感很適合各種廣告膠膜貼飾，尤其較長篇幅的招牌可以整體完成，不會有接合陰影問題。其他塑鋼板、鋁板及特殊金屬板大都用在鏤空或立體字樣時的板材。

◎ 演出素材

演出素材
黏貼或固定在版面底材上的材質，以表現出廣告的訴求內容。

　　黏貼或固定在版面底材上的材質，以表現出廣告的訴求內容，都稱之為「**演出素材**」。最實用普遍的是廣告專用膠膜（譯音：卡點西得），此膠膜選配性極高，包含有彩色透光和非透光膠膜、彩色噴砂膠膜及熱轉印膠膜等。其可搭配電腦設計施工、快速便利，製作精細，色彩多樣，廣受大眾接受。使用之前應慎選優良廠牌，可保長期使用品質及鮮豔色彩，否則不良廠牌的品質有變黃脫落之虞慮，有損外觀形象。

第四節　外裝門面規劃

壹、門面裝潢注意事項

　　賣場「**門面裝潢的目的**」是將行業特色融入設計的思維裡，以裝潢的技巧適當表現出賣場形象與經營訴求，讓消費者能清楚瞭解與認同賣場的經營型態。所以在規劃的同時，除了依照行業的專業角度之外，更應從消費者的立場作考量，以下綜合幾點該注意的事項。

- 賣場門面設計要有親和力，**讓消費者有自然親切、喜歡光臨的感覺**。
- 依照業態及經營型態來決定門面的造型，如建置騎樓柱、玻璃門面及牆壁等結構。
- 門面適合採用何種形式，如關門式、開放式或半開放式等。
- 是否在門面設置特販區或相關營業攤位。
- 保持店面適當的迴轉空間和出入通道的順暢。
- 門面設計能夠被搭配運用到換季和節慶的促銷活動。
- 門面櫥窗規劃是否能發揮商品的展示功能和廣告促銷效果。
- 考慮櫥窗玻璃反光問題及平面裝飾效果，如貼廣告膠膜及促銷海報。
- 考慮店面設備是否準備得當，如設置消防設施、垃圾桶、休息椅等。

貳、外場特販區

　　一般消費者會由店頭所產生的印象猜想店內是否販賣自己所需

門面裝潢的目的
是將行業特色融入設計的思維裡，以裝潢的技巧適當表現出賣場形象與經營訴求，讓消費者能清楚瞭解與認同賣場的經營型態。

的商品,這種印象的產生是由外觀門面而來,更是店頭賣場的魅力延伸,誘導顧客的腳步進入賣場內。此店頭賣場就是所謂的「**外場特販區**」,也就是設在室外的臨時或特定販賣場。這種特販區通常都規劃在騎樓及靠近賣場出入口的停車場空地(如圖 6-20 所示),其目的在加強非定時定量定點的商品銷售,以創造不預期的銷售額。外場特販區可規劃適當攤位出租給相關商品廠商,以延伸主賣場的產品線,除可增加租金收入外,更可強化賣場魅力增加來客數。

　　為了活絡賣場氣氛和提高突破性的業績,選定在每日或重點節慶日實施定時定樣定量的商品促銷活動,是外場特販區的重要機能。當然,不可因過度強調外場特販活動而影響主賣場的營運,因為過度著重外場特販會影響店門口的出入,造成賣場管理資源分配

　　圖 6-20　設在騎樓及靠近賣場出入口的特販區

不平均、商品容易失竊、顧客容易被區隔在廉價的定位、商品線也
會被侷限在特販品之內不易拓展。所以，為提高主賣場的賣點魅力
和相輔相成的營運效果，外場特販區的角色定位和事先完善規劃是
非常重要。例如，常有某些商店在外場特販與賣場差異性太大的產
業商品，或者設置不良或非法的特販設施（如遊戲賭博機），導致
商品定位模糊、賣場形象受損、主要顧客群流失等。

第五節　出入口規劃

　　一般「出入口」係根據顧客在營業時段的走向習性及流量而設
在最容易進出的位置上。所參考因素有自然條件和地理條件，自然
條件如街道寬窄、馬路的彎向、是否有人行道和既有建築物等；地
理條件包含地形的高低、賣場面積大小、店面的寬窄、停車場位置
等。然而，有些中小型商店業主相信民間傳說，遵照地理師的勘查
而將入口設在所謂的「龍邊」（面向賣場外的左邊，有吉利發財之
說），且當設後場的出入門時不可與前門入口呈前後直線位置（如
圖 6-21 所示），以避免漏財之說（錢財從前門進而從後門直接漏掉
之意）。

壹、出入口位置與街道之關係

　　通常小型賣場還是以設置單一出入口較為理想，不僅方便管
理，也不會浪費店內陳列空間。但是，中大型賣場根據賣場面積大
小及人潮流量多寡，可設置一出一入或多個出入口，使來店者有容
易入店的開放感覺和避免人潮阻塞問題。尤其，量販店、百貨公司
及大型購物中心除了設置面對街道的出入口之外，更需要設置通往
停車場的出入口，以方便開車前來消費的顧客。以下所述賣場出入
口位置與街道所產生的關係而設置兩個出入口的舉例，係針對適合

出入口
係根據顧客在營業時段
的走向習性及流量而設
在最容易進出的位置上
。

呈直線的後門：漏財

賣場面向外

前門（龍邊）

📖 **圖 6-21　賣場門吉利之說**

於中大型賣場所做的說明。

- 緊臨單一街道的賣場，其出入口當然設置在面向馬路這一邊最方便顧客出入（如圖 6-22 所示）。一般小型賣場都只設一個出入口，以便於管理。若是面寬的中大型賣場，可在左右兩側設置一進一出的單獨門。

- 當賣場兩側都緊鄰馬路時，應以兩條馬路的人潮通行量比例來決定出入口位置。如果主要街道的人潮流量為 70%以上，次要街道為 30%以下，則出入口只設在靠主要街道這一邊，人潮流量低於 30%的一邊無須再設置出入口，但是可利用靠這邊的壁面，依行業別需要設計為玻璃櫥窗以發揮展示效果（如圖 6-23 所示）。

- 當賣場兩側街道的人潮流量分別為 60%和 40%時，應將主要出入口（如雙扇門）設置在人潮流量 60%的這一面，另外設置次要出入口（如單扇門）在人潮流量 40%的一面（如圖6-24 所示）。

賣　場

單一街道

📖 圖 6-22　出入口面向單一街道

人潮流量 30%

賣　場

人潮流量 70%

📖 圖 6-23　出入口設在靠主要街道面

- 當賣場兩側街道的人潮流量都各為 50% 時，應將主要出入口（如雙扇門）設置在賣場面積較寬的一邊或者是面對主要道路的一邊，另外設置次要出入口（如單扇門）在另一側的壁面（如圖 6-25 所示）。

- 大型賣場除了設置多個面向街道的出入口之外，也需要設置靠近停車場的出入口，以方便開車來購物的顧客（如圖 6-26 所示）。

📖 圖 6-24　依照人潮流量分設兩個出入口，主要出入口在正面。

📖 圖 6-25　當兩側街道的人潮流量都各為 50% 時，
主要出入口設置在賣場面積較寬的一邊。

位於門與家需搬運品之處，門員應北不會難道，有 6-1 高質場出入門
的尺寸，異雌門的適當規格高，寬度 1200～1500mm，高度
2300～2400mm；而寬長門片寬度 1500～2400mm，及高度
2300～2700mm 為正。另外，依照合適引或谷望門，出入各能相伯
另一應用之儘置是重要的位置。
越有一個眼看到出入門尺寸。表 6-2 為常用片公制與台制尺和尺
寸型附表，做為規劃此出入門寬規尺寸之參考。

圖 6-26　大型賣場設置多個面向街道及停車場的出入口

貳、出入門的設計

一、門的規格

　　賣場出入門的規格隨著門面型態的不同而有大小之分。但是，若非特殊規格需求，通常門的尺寸設計，剛開始會以台尺的整數單位為粗略計算，寬度如 3 尺、4 尺、5 尺以上等，而高度由 7 尺、8 尺、9 尺以上等。當然，最後的尺寸訂定是以人潮流量、商品貨物及器具設備進出的實際需要為主要考量因素，而決定總寬度和長度。接著再依門的形式，設計門片的數量。

　　門片的數量也關係到顧客使用的方便性，以及門本身結構的安全問題。例如，尺寸太寬或太高的手動推拉門，因負載過大，容易使門後鈕的結構損壞，造成門本身傾斜、笨重不易開關（如圖 6-27 所示）。解決的方法，是將寬尺寸的門設計成雙扇門或大小門（子母門）；太高的門面可設計為「兩截一體」的門（如圖 6-28 所示），

使門面更宏觀無壓迫感，門負載也不會過重。表 6-1 為賣場出入門的尺寸，單扇門的適當規格為：寬度 1200～1500mm，高度 2200～2400mm；而雙扇門以寬度 1500～2400mm 及高度 2200～2700mm 為宜。另外，按照台灣的通俗習慣，出入門是關係到一家賣場營運賺錢最重要的位置，所以很多業主常寧可信其有而選定一個最吉利的出入門尺寸，表 6-2 為常用的公制與台制吉利尺寸對照表，供賣場決定出入門寬幅尺寸之參考。

門傾斜

📖 **圖 6-27　太寬的手推門負載過重，易損壞門後鈕結構。**

上截

下截

📖 **圖 6-28　兩截一體的門面設計**

👑 表 6-1　賣場出入門的適當規格尺寸

門數類型	寬度（mm）	高度（mm）
單扇門	1200～1500	2200～2400
雙扇門	1500～2400	2200～2700

👑 表 6-2　常用的公制與台制吉利尺寸對照表

公制（mm）	880	1260	1545	1893	2121	2409	2748	3021
台制（尺）	2'9	4'16	5'1	6'25	7'	7'95	9'07	9'97
代表吉利意義	寶庫	進寶	富貴	益利	進寶	富貴	益利	寶庫

二、出入門的形式

　　賣場常使用的出入門形式有自動單扇門、自動雙扇門、手動單開門、手動雙開門、手動子母門、除風室兩段門、圓形迴轉門、單向旋轉門、單拉滑門、雙拉滑門、電子感應門及空氣門等（如圖6-29 所示）。

　　以上各種不同的出入門，從動力方式可歸類為「手動式」和「自動式」兩種。「**手動式的出入門**」是指進出者以手握住門把，做前後推拉及左右滑動的開啟動作；「**自動式的出入門**」是指門本身加裝電動控制器及紅外線感應器，進出者無須任何開啟動作，只要站在感應器範圍內，門自動就會開啟與關閉。另外，根據門的支撐點及開與關的方向，可分為「平開式」、「滑動式」、「旋轉式」及「無形式」等四種。表 6-3 依據門的動力方式、門的支撐點及開與關的方向，將各種形式的門詳細歸類。

手動式的出入門
是指進出者以手握住門把，做前後推拉及左右滑動的開啟動作。

自動式的出入門
是指門本身加裝電動控制器及紅外線感應器，進出者無須任何開啟動作，只要站在感應器範圍內，門自動就會開啟與關閉。

自動單扇門　　　　　　　　　自動雙扇門

手動單開門　　　　　　　　　手動雙開門

手動子母門　　　　　　　　　圓形迴轉門

　　　　　　　　　　　　　　單向旋轉門

除風室兩段門

單拉滑門　　　　　　　　　　雙拉滑門

電子感應門　　　　　　　　　空氣門

⬛ 圖 6-29　各種賣場出入門形式

表 6-3　門的開關方式分類

門的開關方式	動力方式		支撐點及開關方向			
	手動式	自動式	平開式	滑動式	旋轉式	無形式
各形式的出入門	● 手動單開門 ● 手動雙開門 ● 手動子母門 ● 除風室兩段門 ● 圓形迴轉門 ● 單向旋轉門 ● 單拉滑門 ● 雙拉滑門	● 自動單扇門 ● 自動雙扇門 ● 電子感應門 ● 空氣門	● 手動單開門 ● 手動雙開門 ● 手動子母門 ● 除風室 ● 手動門	● 自動單扇門 ● 自動雙扇門 ● 單拉滑門 ● 雙拉滑門 ● 除風室自動門	● 圓形迴轉門 ● 單向旋轉門	● 電子感應門 ● 空氣門

(一)平開式

指的是進出者必須以手推拉做開關動作，使門形成前後擺動的扇形弧度。平開式的門支撐點俗稱為「門後鈕」，其固定在門的單一側邊。平開式的優點是可以設計出有創意的樣式，以不同的材質表現出店面的風格。但是，它的缺點是會佔據較多的開啟空間，以及人潮流量增加時就會變成進出的障礙。

(二)滑動式

包含手動及電動，前者是以手做左右推拉，使門在同一條直線上做開關動作，適合顧客進出量較小的小型商店；後者是經由電動控制，使門在同一直線上自動開關，不須進出者做開啟動作，目前最被一般賣場顧客及店家所接受，很適合零售賣場。滑動式的門支撐點通常稱之為「滑門槽」，其固定在門的上方，形成一條 2 倍門寬的滑道。滑動式的優點是容易按裝施工、顧客進出極為方便、可

平開式的門

優點是可以設計出有創意的樣式，以不同的材質表現出店面的風格。缺點是會佔據較多的開啟空間，以及人潮流量增加時就會變成進出的障礙。

完全節省開啟空間。其缺點為不易表現創意及風格、門片及滑門槽容易損壞，尤其當自動門的控制器失靈時，門便無法自動開啟，導致顧客進出不方便。

(三)旋轉式

是指門的開與關方向，以門的中點為圓心做弧形旋轉的進出動作。旋轉式的門支撐點稱之為「門中柱」，其固定在門的中央位置。常見旋轉門有單向旋轉門及圓形迴轉門，單向旋轉門是由簡易的鋼管結構控制單向進和出；而圓形旋轉門是由強化玻璃結構成圓形的進出空間，其最大優點是門的規格樣式可表現出高貴大方，又可保持室內冷氣不外流，同時阻隔室外的強風與灰塵入侵，適合使用於百貨公司及飯店旅館。其缺點是成本高、施工困難、人多時進出不方便，不適用於一般的零售賣場如超級市場和便利商店等等。

(四)無形式

在開放式賣場所設置的電子感應門及空氣門，都是屬於無形的門。「**電子感應門**」是直接在門側板加上防竊感應裝置，配合商品所附加的電子感應器或防竊夾，以偵測商品未經結帳而帶出，此種門適合於貴重商品及出入流量大的賣場。「**空氣門**」是加裝在開放式門口的上方，藉由氣流阻隔冷氣外流及灰塵蚊蟲入侵。其缺點為氣流會吹亂顧客頭髮且會產生噪音。

另外，在車流量多的地方因受到灰塵強風影響，應設置「除風室」兩段式出入口；中型賣場可設置兩個不同位置出入門，以減輕擁擠問題；大型賣場更可設置多個出入口以供大量人潮進出。然而，不論哪一種出入口，皆應考慮年長者及殘障人士的需求條件。

三、出入門的材質

通常門框材質以鋁材及不銹鋼為主，然而一些專賣店為了強調行業別或產品別特色，會選用木材及其他特殊材質。門面以透光

5～8mm 強化玻璃為主要材質；精品店會以毛玻璃或浮雕玻璃為選擇；便利商店及超級市場通常會在玻璃門面中下方貼上希得廣告紙，以強調企業識別和避免進出者因視覺誤差而碰撞玻璃，同時在收銀台裝置一個緊急控制開關，並設置自動叮噹鈴及紅外線電眼掃瞄器。

第六節　櫥窗設計

壹、櫥窗的目的與功能

賣場的櫥窗設計就好比商店的推廣人員一樣，力求表現良好以提升商店形象及創造銷售業績。所以，櫥窗的主要目的在於展示所販售的商品、傳遞相關的商業活動資訊、塑造店頭魅力並提升賣場格調，以吸引消費者的注意及誘導進入賣場選購，達到如推廣人員的表現成果。以上櫥窗之目的詳述如下：

1. 展示商品

重點商品經由櫥窗展示，強化對商品的說明及陳述商品本身的價值感，達到刺激消費者的購買慾。

2. 資訊傳遞

傳達新產品介紹及流行趨勢的資訊，並預告季節主題或宣傳促銷活動訊息，建立定點的商業情報流通平台。

3. 塑造店頭魅力

櫥窗搭配適當的外裝設計，在於凸顯賣場特色、塑造店頭魅力，以吸引潛在顧客入店消費。

櫥窗的目的
在於展示所販售的商品、傳遞相關的商業活動資訊、塑造店頭魅力並提升賣場格調，以吸引消費者的注意及誘導進入賣場選購，達到如推廣人員的表現成果。

4.提升賣場格調

透過櫥窗的展示效果，可明確表達出營業的類別及訴求，發揮市場定位功能，提升賣場格調。

雖然各種櫥窗的目的大致相同，但是其功能卻因行業不同而有差異。例如，便利商店與西式速食店的櫥窗功能在於表現店內的明亮、輕快、活潑，且凸顯企業識別的平面效果，加深消費者對企業的深刻印象；百貨公司的櫥窗功能較趨向多元化，除了強化新產品展示、節慶時令和特殊主題等促銷活動宣傳之外，流行趨勢訊息及商業動態資訊的提供常是逛街人潮的注意焦點；精品店櫥窗的功能主要在於訴求商品的差異化及價值性；傢俱賣場的櫥窗功能在於顯示賣場內的氣勢等等。

貳、櫥窗的類型

櫥窗類型依行業別、賣場規模、陳列方式、商品價值訴求、出入口及店頭設計等各種不同條件的需求，大致歸類成平行式櫥窗、凹字型櫥窗、透視型櫥窗等三種，茲說明如下：

一、平行式櫥窗

與賣場出入口形成一平行線的櫥窗，稱之為「平行式櫥窗」。這種櫥窗常見於化妝品、金飾、珠寶、眼鏡、鐘錶等精緻小巧的商品賣場，其檯面高度離地板約 100 公分左右，在櫥窗內佈置裝飾底層及背景，大都以平面陳列為主，襯托出商品的美感與價值。平行式櫥窗依照櫥窗設計的位置又分成單邊型、雙邊型及中間型（如圖 6-30 之(a)、(b)、(c)所示）。「單邊型」指的是櫥窗設在同一平面出入口的左邊或右邊，店面感覺比較封閉安全；「雙邊型」則是將櫥窗分開設在出入口的兩邊，以展示不同屬性的商品；而「中間型」的櫥窗即是設在兩個出入口的中央位置，適合訴求於輕快活潑的賣

(a)單邊型櫥窗　　　　　(b)雙邊型櫥窗　　　　　(c)中間型櫥窗

圖 6-30　平行式櫥窗

場，然而卻也缺少一些安定感。

二、凹入型櫥窗

　　櫥窗與賣場出入口形成一凹字形，稱之為「凹入型櫥窗」。這種櫥窗的陳列空間比較立體化，其檯面高度離地板約 20 公分左右，櫥窗深度也講究大空間。再者，依照商品陳列的方式，又分為階梯陳列及吊掛直立兩種形式（如圖 6-31 之(a)、(b)所示）。「**階梯陳列型**」主要以櫥窗內面為背景，設置階梯型陳列架和重點照明，以展示專業的商品，如照相機、手提電腦、望遠鏡、皮鞋、皮包等。「**吊掛陳列型**」主要配合全面照明展示體積或面積較大的商品，其陳列方式有兩種，一種是商品從櫥窗上方垂吊而下，如服飾等重量較輕的精品；另一種是直接將商品直立在展示檯面，如高級腳踏車直立停放展示、服飾人體模型站立展示，或各式商品搭配其他直立式販促道具在櫥窗檯面上展出。

三、透視型櫥窗

　　以大型落地玻璃隔開內外賣場，使消費者從外場可以直接觀賞內場商品展示的櫥窗，稱之為「**透視型櫥窗**」。這種櫥窗的展示範

階梯陳列型
主要以櫥窗內面為背景，設置階梯型陳列架和重點照明，以展示專業的商品。

吊掛陳列型
主要配合全面照明展示體積或面積較大的商品，其陳列方式有兩種，一種是商品從櫥窗上方垂吊而下，另一種是直接將商品直立在展示檯面。

透視型櫥窗
以大型落地玻璃隔開內外賣場，使消費者從外場可以直接觀賞內場商品展示的櫥窗。

(a)階梯陳列式櫥窗

(b)吊掛陳列式櫥窗

(a)側視圖

(b)側視圖

📖 圖 6-31　凹入型櫥窗

圍，實際上是以玻璃內的沿線賣場為陳列空間，商品陳列高低多寡彈性較大。大都使用於一般零售及量販商品的展售賣場，如便利商店、超級市場、傢俱、五金百貨等賣場（如圖 6-32 所示）。

俯視圖

賣場內

側視圖

📖 圖 6-32　透視型櫥窗

參、櫥窗材質

　　櫥窗的材質依照不同結構需求，大致有玻璃、木板、金屬鋼板、水泥磚、照明燈、裝飾用等材質。圖 6-33 為櫥窗的側視圖用以解說櫥窗各部結構的材質，結構部分大致分為櫥窗正面、櫥窗背面、展示空間、櫥窗基座等。

● 櫥窗正面

　　主要材質為玻璃，有一般玻璃及強化玻璃兩種，適用規格為厚度 8mm 和 10mm 兩種。玻璃表面可貼上廣告膠膜的圖案字樣作裝飾或訴求活動主題（如圖 6-34 所示）。

● 櫥窗背面

　　通常櫥窗背面所使用的材質包括有玻璃、木板、金屬板等，此材質都會做成全面或局部活動式，方便商品及美工進出陳列佈置。材質內面可貼上裝潢彩色膠膜或其他與商品活動相關之裝飾物，當成展示空間的背面布景。

● 展示空間

　　此空間的材質分成兩部分，一為在展示平台鋪上各式材質以襯托商品的展示效果，另一為在展示空間上方加裝照明燈直接投射在商品上，以塑造櫥窗氣氛並提高展示效果。

● 櫥窗基座

　　櫥窗的基座雖然不是商品展示空間，卻是整個櫥窗的基礎部分，材質的結構強度自然顯得格外重要，其依賣場型態及櫥窗類型不同而有差異。水泥材質表面搭配磁磚是大型賣場常使用的，木材質及金屬鋼結構在中小型賣場，也常配合整體櫥窗設計表現出特殊的效果。

🔖 **圖 6-33 櫥窗材質解說（側視圖）**

圖中標示：
- 天花板
- 投射照明燈
- 櫥窗正面材質：強化玻璃
- 活動式櫥窗背面材質：玻璃、木板、金屬板
- 展示平台
- 賣場外部
- 賣場內部
- 基座材質：水泥磚、木塊材質、金屬鋼板
- 基座
- 地板

🔖 **圖 6-34 櫥窗正面貼裝飾廣告圖案**

學習評量及分組討論

1. 請敘述賣場外觀設計應該掌握哪三個原則？

2. 賣場面對較窄的街道時，為何外觀表現的視覺效果會受限？

3. 請以圖示說明無騎樓設計之賣場外觀形式？

4. 請以圖示說明有騎樓設計之賣場外觀形式？

5. 通常賣場的門面可分成哪幾種形式？

6. 為了達到有魅力的廣告效果，設計招牌時應該考量哪些事項？

7. 廣告招牌依其與賣場所吊掛的位置可區分成哪幾種？

8. 何謂「額頭招牌」，其有何優缺點？

9.「立式招牌」有何優點？

10. 以小型賣場為例，應如何吊掛立式招牌？

11. 賣場常用的招牌可歸類為哪幾種形式？

12. 外場特販區的重要機能是什麼？

13. 為何不可過度強調外場特販活動？

14. 賣場常使用的出入門有哪幾種形式？

15. 賣場櫥窗的主要目的是什麼？

16. 請簡述賣場櫥窗的三種類型？

17. 以小組為單位，討論生鮮超市的門面裝潢應該注意哪些事項？

18. 以小組為單位，繪圖討論各種人潮流量比例的緊鄰馬路兩側之賣場，應如何設置比較理想的出入口位置？

第七章

店內規劃設計

各節重點

第一節　內部裝潢規劃之考慮事項
第二節　賣場裝潢材料
第三節　善用各種內裝壁面
第四節　收銀櫃台設計與規劃
學習評量及分組討論

學習目標

1. 可以清楚瞭解賣場內部裝潢時，應該考慮哪些事項，以利塑造賣場的魅力。
2. 能夠區別及選用適合賣場的裝修材料。
3. 瞭解不同壁面可發揮的商業功能。
4. 能夠善用賣場各種內裝平面及空間，營造有效的販賣氣氛和展示效果。
5. 描述各種不同的收銀台設計形式。
6. 瞭解現代化的收銀設備與電子化專用收銀台的規劃原則。
7. 學會如何將收銀台規劃在賣場的最適當位置。

　　「店內」所代表的意義是一家商店建築物內的「**前場**」，也就是直接營業的賣場。直接營業賣場的範圍是由消費者從店舖的入口到結帳收銀台所經過的場所；換句話說，就是整個賣場內陳列商品或提供服務讓顧客消費選購的地方。

　　賣場就好像是一個表演舞台，大賣場像是大型舞台，小賣場就像是小型舞台。在這舞台上，有形的商品和無形的服務就是所要演出的戲碼，商店經營者和顧客及銷售服務人員就像是一起表演的演員。而要演出一場好戲，除了演員的精湛演技之外，必須要有良好的舞台設計才能與演員、道具達到相得益彰的效果。

　　在商店裡，良好的舞台設計即是賣場的規劃設計。因此為了達到賣場經營的效益，首先必須慎重仔細規劃賣場的每一個空間。規劃過程中更應以顧客需求為導向來規劃商品的分類配置、陳列展售的方法、設備器具的設置、顧客動線及進出通路的安排，使每一個賣場空間都發揮到最大的功能效益。本章針對內部裝潢規劃、賣場裝潢材料、善用各種內裝壁面、收銀櫃台設計與規劃等四個單元詳加介紹，而動線規劃及設備器具規劃將詳述於後兩章。

第一節　內部裝潢規劃之考慮事項

　　「**賣場內部裝潢**」的設計理念應建立在對目標市場的瞭解，其訴求不在於很高級華麗，而是要讓商品陳列在有規劃的空間，創造一個輕鬆、舒適、有效的購物環境，進而引起顧客的注意力與帶動其購買動機。因此，設計之初必須考慮到以下事項，著重於整體性的搭配，才能塑造出賣場的魅力，使消費者喜歡親近。

- 參觀比較商圈內的其他相關商店，設計出更醒目有特色的賣場。但是，切勿為求突出而使賣場過於複雜，應該以務實為訴求。
- 考量軟體設施和硬體設備能充分的搭配規劃。

- 充分有效的運用每一寸空間,並騰出適當的通道。
- 裝潢和擺設商品時需考慮賣場內的整體視野效果。
- 運用牆面作有效的陳列,或利用靠牆設備上方作臨時存貨空間。
- 利用牆上方作商品廣告或表現企業識別效果。
- 利用柱子作特殊促銷陳列或裝修成廣告版面。
- 利用天花板作垂吊式廣告促銷看板。
- 充分發揮地坪面積的機能。
- 樓梯規劃以寬敞安全、方便顧客提物上下出入為原則。
- 每一個商品販賣區,應依實際商圈需求規劃配置。
- 收銀櫃台和顧客服務台應規劃在進出口的適當位置。
- 專櫃區除了表現出該商品特色和廠商形象訴求,同時必須符合整體的賣場設計。
- 視覺導引必須明確清楚的標示在各商品區和適當的通道位置。

第二節 | 賣場裝潢材料

裝修施工材料
都是原素材,使用在賣場所有需要訂製加工及裝潢修飾的工程上。

商品陳列組合材料
大都是現成的五金零配件,使用在賣場陳列及展示設備上。

賣場內部裝潢可歸為「裝修施工材料」和「商品陳列組合材料」兩大類。「**裝修施工材料**」都是原素材,使用在賣場所有需要訂製加工及裝潢修飾的工程上;「**商品陳列組合材料**」大都是現成的五金零配件,使用在賣場陳列及展示設備上。由於賣場講求現代化、時效性及流行趨勢,很多賣場都儘量使用組合零配件,不僅施工簡便,設備變化性及零配件互換性都很高,然而有些工程還是需要原素材的手工技術搭配組合材料才能完成。

賣場常用的「裝修施工材料」大致分成木材、隔板、地板磚、玻璃塑材、塗裝、壁紙布、金屬材料等七類(如表 7-1 所示)。而賣場常用的「商品陳列組合零件」包含壁用槽柱配件、壁面裝飾條、層板三角架、吊管架、活動金屬支架、金屬釦鈕等五金材料。

📖 表 7-1 賣場裝修施工材料分類

材料種類	材料名稱
木材類	原木材：杉木、橡木、柳木、松木、紅木、檜木、樟木、柚木。 加工木材：三合夾板、密集板、彎曲板、木蕊板、木皮美耐板、麗光板、塑合板、軟木板。
隔板類	牆壁及天花板：石棉板、石膏板、礦纖板、塑鋼板、吸音板、玻璃纖維、防火泥。
地板磚類	塑膠地板：一般素色紋、花壓紋、圖形案、木紋、石紋。 陶磁磚：磁磚、陶板磚、馬克磚。 木地板：原木地板、銘木地板、拼花地板。 石材地磚：花崗石、大理石、磨石磚、人造珍珠石、環保樹脂。
玻璃塑材類	玻璃材質：透明玻璃、毛玻璃、彩繪玻璃、彩色玻璃、強化玻璃、玻璃塊磚、雕花玻璃、噴砂玻璃。 鏡面玻璃：明鏡、墨鏡、馬賽克鏡。 塑膠材質：壓克力板、彩繪壓克力、鏡面壓克力、中空板、無接縫招牌面板、卡典希得廣告材質。
塗裝類	原漆：油漆、水泥漆、調和漆、塑膠漆、乳膠漆、亮光透明漆、原木染色漆、金屬漆、噴漆、烤漆（分液體及粉體）。 處理塗料：防霉漆、防銹漆、PU 防水漆、防壁癌處理劑。
壁紙布類	壁紙：壓花壁紙、塑膠壁紙、泡棉壁紙。 布類：窗簾布、壁布、塑膠帆布、絨布、沙發布。
金屬材料類	鋼鐵材：不銹鋼板、鍍鋅鋼板、烤漆鋼板、雕花鋼板、拋光鋼板、一般鐵板、金屬美耐板、不銹鋼管、鍍管、一般鐵管。 鋁材：鋁門窗、鋁平板、鋁格板、一般鋁框、拋光鋁框、電鍍鋁框、烤漆鋁框。

壹、牆壁

一、賣場牆面機能

牆壁在賣場的主要功能是區隔空間，大區域可隔為銷售區與非銷售區。而銷售區可再隔成主力賣場區及輔助功能區，如洽談室、閱讀區、展示間、更衣室、包廂、臨時存貨區等；非銷售區可再隔成辦公室、休息室、化妝室、倉庫、加工作業區、機電室等。由於空間彈性利用的趨勢流行，牆壁的結構材質除了建築體外牆使用鋼筋水泥牆之外，賣場內大都直接用活動組合的陳列設備加以區隔，後場也都使用變動性較高的耐火鋼架隔間板。「**牆壁**」除了有隔開賣場區機能之外，其壁面尚有商品展示機能、商品儲存機能、貨物吊掛置放機能、廣告宣傳機能、裝飾美化機能、賣場氣氛塑造機能等。

牆壁
有隔開賣場區之機能，其壁面尚有商品展示機能、商品儲存機能、貨物吊掛置放機能、廣告宣傳機能、裝飾美化機能、賣場氣氛塑造機能等。

二、牆面陳列方式

牆壁面對賣場擺設的主體性有很大的影響，其可吸引顧客環繞賣場中的每一角落，在空間結構上是最重要的賣點區。

「**賣場牆壁主要設計**」以陳列及美化商品為訴求，不是單純為了裝飾牆壁而裝潢，而是要配合商品的特性、種類和規格大小，表現出清爽、明亮、乾淨的感覺。牆壁區大都被規劃為第一磁石賣點區以陳列主力商品，此區的陳列規劃可分成「固定陳列」與「活動陳列」。「固定陳列」是在靠牆邊設置固定式展示設備，以長期陳

賣場牆壁主要設計
以陳列及美化商品為訴求，不是單純為了裝飾牆壁而裝潢，而是要配合商品的特性、種類和規格大小，表現出清爽、明亮、乾淨的感覺。

列固定的商品別，例如，在超級市場的主要通道壁面，設置冷凍冷藏展示設備以陳列生鮮蔬果食品（如圖 7-1 所示）。這些設備一經按裝定位是不可任意移動變換位置，除非賣場重新改裝翻修。「活動陳列」是在賣場牆壁面設置可移動式的陳列櫥櫃或直接在壁面上加裝層板與吊架，有計畫性的變換陳列不同分類的重點商品或季節性商品。例如，在服飾賣場的壁面可變換設置櫥櫃架，以因應季節服飾和流行商品的展售，這種陳列規劃會隨著顧客需求和商圈環境改變而作適當的調整（如圖 7-2 所示）。

牆壁

固定式冷藏
展示櫃

圖 7-1　靠牆固定式陳列

牆壁

活動式陳列櫃

圖 7-2　牆面活動式陳列

以上牆壁規劃無論是固定或活動陳列方式，其設備的規格材質是依照商品訴求而選用或訂製，至於牆壁平面的材質以耐火石膏板、木材、金屬板為主材料，再以玻璃、塑膠、壓克力、燈光、色彩、壁紙及其他廣告等輔助素材加以妝點修飾，營造販促氣氛。

三、牆面販售型態

牆壁面是最容易吸引顧客視覺的賣點區。因此，除了良好的空間規劃外，賣點販促氣氛的營造是非常重要的。這些販促氣氛包括展示櫥櫃的設計、櫥櫃材質的選用、色彩的調配、照明的設計、商品陳列的方式及商品標示說明的設計。壁面的展示櫥櫃設計以販賣方式和商品特性作主要考量。販賣方式有面對面銷售服務和單面靠壁陳列販賣兩種。

㈠面對面銷售服務

面對面銷售服務
是售貨員在牆的內邊隔著展示櫥櫃面對顧客作銷售服務行為，其展示櫥櫃以80公分的高度為基本考量，採用開放式陳列或關閉式陳列兩種。

「**面對面銷售服務**」指的是售貨員在牆的內邊隔著展示櫥櫃面對顧客作銷售服務行為，其展示櫥櫃以 80 公分的高度為基本考量，採用開放式陳列或關閉式陳列兩種。展示櫥櫃內邊除了預留售貨員通道之外，可在牆壁選用適當材質作裝修或在壁面上設計單邊陳列架。展示櫥櫃的另一邊應留足夠的空間供顧客選購之用。開放式陳列以面對顧客作階梯陳列或開放平台陳列為宜（如圖 7-3(a)所示）。關閉式陳列則應在櫥櫃上方和正前方設計透明玻璃提高展示效果，例如，眼鏡鐘錶行都採用此方式（如圖 7-3(b)所示）。

㈡單面靠壁陳列販賣

單面靠壁陳列販賣
是展示架都採用開放式陳列，且其高度設計在 180 公分以上，至於壁面設計應視陳列架固定方式而定。

「**單面靠壁陳列販賣**」（如圖 7-4 所示）則是展示架都採用開放式陳列，且其高度設計在 180 公分以上，至於壁面設計應視陳列架固定方式而定。例如，陳列架是如超商的活動組合式貨架，則壁面需作簡單的平面塗裝；反之，陳列架是如百貨公司的固定式禮盒架，其禮盒架直接固定在壁面上。

(a) 開放式陳列面對面銷售　　(b)關閉式陳列面對面銷售

圖 7-3　靠牆之面對面銷售規劃圖

圖 7-4　靠牆之單面陳列販賣規劃

　　以上的壁面規劃，無論是以哪一種販賣方式作設計訴求，皆應搭配適當的顏色和燈光照明，才能表現出此商品區的販賣氣氛。

貳、柱子

　　柱子在賣場裡是個規劃障礙，小型透天厝商店比較沒有柱子問

善加利用柱子
作特殊促銷陳列或裝修
成廣告版面，不僅可以
活潑賣場氣氛和增加營
業面積，更不會因柱子
而妨礙顧客視線或使商
品陳列受到限制。

題，但是在中大型賣場卻常常因為過多的柱子而影響到賣場空間設計，然而只要事先詳加規劃，仍然可以發揮很好的販促效果。在現成大樓及鐵皮建築物，常因建築結構問題而使柱子林立在可使用的空間，這時若要將空間規劃為賣場，則必須「**善加利用柱子**」作特殊促銷陳列或裝修成廣告版面，如此不僅可以活潑賣場氣氛和增加營業面積，更不會因柱子而妨礙顧客視線或使商品陳列受到限制。表 7-2 為常見的活用柱子方法。

參、天花板

規劃天花板
必須考慮到管線的按裝
與日後的維修，要留有
適當的管線維修口。

天花板是賣場視覺規劃的重要因素之一，外表上它關係到照明設計和整體壁面的接合，同時可透過懸掛POP技巧表現出活潑的販賣氣氛；內層裡它裝置著電器空調設備的管線，因此，「**規劃天花板**」時必須考慮到管線的按裝與日後的維修，也就是要留有適當的管線維修口。

天花板內層按裝物包括有電器線路、照明裝置、隔音保溫裝置、冷凍冷媒銅管、分離式冷氣被覆銅管、中央空調風管、消防設置、排煙通風管，另外在大型賣場和百貨公司更在天花板垂直下方裝置防火玻璃隔板。所以，規劃天花板時首先應計算相關管線裝置

表 7-2 柱子活用方法

柱子種類	活用柱子的方法
牆邊柱	將柱子規劃於專櫃內 將柱子隱藏於商品展示架後面 將柱子隱藏於冷凍冷藏展示設備後面 利用柱子的內凹處作不同的商品分類陳列
中間柱	單面或多面陳列商品 裝飾鏡面玻璃或特殊氣氛佈置 裝修成廣告燈箱 隱藏於商品展示架中間 隱藏於冷凍冷藏展示設備中間 裝修成重點促銷區

所需的空間高度，此空間高度由橫樑柱算起，除非在橫樑安全結構許可下以銑孔穿洞方式預留所需的管線空間（銑孔勿超過直徑 10 公分，以避免影響橫樑的安全結構），始可完全利用橫樑以內的空間。但是無論哪一種管線空間，其天花板工程進度都應等所有管線設施按裝完成後再進行。表 7-3 及表 7-4 為各型賣場天花板之適當高度與管線空間高度參考表。

除了天花板高度，另外天花板造型和材質也是影響賣場氣氛的因素。天花板類型是依不同行業的賣場而設計，大致可歸類為平式天花板、造型天花板、裸露天花板等三種（如表 7-5 所示）。

「**平式天花板**」都以輕鋼架（石膏板、礦纖板、石棉吸音板）、三合木板和輕質塑膠建材板為主要材料，其顏色也都以材質原白色為主。此種天花板的優點是施工簡單、成本較低廉、日後換裝檢修容易，在平式天花板上又可變換加上各式的**POP**促銷看板以提高賣場的販賣氣氛，是最被中小零售業賣場所接受。

「**造型天花板**」是為了改變賣場氣氛或強調行業特點而設計各式各樣的造型，這些造型依照行業特色、市場訴求、顧客喜好、場地大小、空間寬廣高低來設計出賣場的個性化，其大致可歸類為梯

平式天花板
優點是施工簡單、成本較低廉、日後換裝檢修容易，又可變換加上各式的POP促銷看板以提高賣場的販賣氣氛。

造型天花板
優點是美觀富有單店的個性化及賣場的情調氣氛。缺點是施工技術度高、價格昂貴、日後換修不易，也不適合吊掛促銷看板或其他宣傳物。

表 7-3　天花板高度參考表

各型賣場	天花板適當高度
小型商店（15 坪左右）	2400～2800mm
小型賣場（50 坪左右）	2800～3000mm
中型賣場（100 坪左右）	3000～4000mm
大型賣場（200 坪以上）	4000～6000mm

表 7-4　管線空間高度參考表

天花板內層按裝物	管線空間高度
電器線路、照明裝置、隔音保溫裝置、冷凍冷媒銅管、分離式冷氣被覆銅管。	150～350mm
中央空調風管、消防設置、排煙通風管。	450～650mm

表 7-5　各式天花板的優缺點

天花板類型	材質和配色	適用賣場	優　點	缺　點
平式天花板	輕鋼架、三合木板。 材質原白色。	中小型零售業商店	施工簡單、成本低廉、視覺良好、換裝檢修容易、加裝宣傳看板	沒有商店個性化
造型天花板	三合木板。 顏色多變化。	西餐廳、咖啡店、麵包店等專賣商店	美觀富有單店的個性化及賣場的情調氣氛	施工技術度高、價格昂貴、換修不易，不適合吊掛促銷看板
裸露天花板	直接噴漆。 灰色或黑色。	大型量販賣場	節省成本、加高商品儲存空間、量販廉價的感覺、管線維修方便	不美觀、浪費照明及冷氣電費

形天花板、垂吊裝飾天花板、圓弧形天花板、傾斜形天花板等多種。造型天花板都以三合木板為主要材料，其經過設計師的造型設計完成後再交由木工裝潢按圖施工，最後加以塗裝修飾完成。這種造型的天花板，其配色通常也都是經過事先設計好再施工，用色大膽及多變化。它的優點是美觀富有單店的個性化及賣場的情調氣氛，如西餐廳、咖啡店和西點麵包店。其缺點是施工技術度高、價格昂貴、日後換修不易，也不適合吊掛促銷看板或其他宣傳物。

　　「**裸露天花板**」一般被用在較大型的賣場如「好市多倉儲賣場」及「家樂福量販店」，此種天花板的管線設施全部裸露在外，有些業者會噴上灰色或黑色漆以修飾管線的雜亂性。它的優點是可以省下天花板的費用又可加高商品儲存空間，同時賣場也有量販廉價的感覺；另外因大賣場的管線設施很多，此種天花板設計對日後的管線維修非常方便。它的缺點是比較不美觀，同時因為沒有天花板而加高其空間高度，導致浪費更多照明及冷氣電費。

　　總之，對於天花板的造型設計、材質的選用、色彩的調配，都應考慮到賣場整體性的需求，如視覺效果、安全實用、防火不易燃、耐濕耐腐蝕等問題。

裸露天花板
優點是可以省下天花板的費用又可加高商品儲存空間，同時賣場也有量販廉價的感覺。缺點是比較不美觀，同時因為沒有天花板而加高其空間高度，導致浪費更多照明及冷氣電費。

肆、地板面

　　「**賣場地面**」具有商品擺設、器具設備裝置、顧客行走、員工補貨走動等功能。其外場、前場和後場儘可能設計同一水平面，才能使顧客行走沒有障礙，更方便購物車和補貨推車通行。一般零售賣場的通道和商品區都設計同平面的格局，方便顧客選購如便利商店和超級市場。若是大型量販賣場，可在通道的地板面貼上引導線條和字樣，指引顧客通往其他商品區。具有展示性商品的賣場如三C資訊賣場和傢俱賣場，其都將動線通道與商品配置區規劃成不同格局形式，以凸顯商品主題的特色和販賣氣氛。

　　以上的地板面格局分為同平面與不同平面（如表 7-6 所示）。「**同平面地板**」有同材質不同圖型與不同材質不同圖型兩種設計，同材質不同圖型如小家電展售區內的地板以方格子塑膠地板設計（如圖 7-5 所示），但通道是以同材質素色地板為主；不同材質不同圖型如傢俱賣場其床組賣區設計原木地板，但通道區以地毯設計。「**不同平面地板**」有同材質不同平面與不同材質不同平面兩種設計，同材質不同平面如大家電賣場其使用同材質的地板，但是家電商品是陳列在高於通道的平台上；不同材質不同平面如資訊館的商品擺設在金屬平台上，其通道卻鋪設石材地磚。

賣場地面
具有商品擺設、器具設備裝置、顧客行走、員工補貨走動等功能。

表 7-6　地板面格局規劃

同平面地板		不同平面地板	
同材質 不同圖型	不同材質 不同圖型	同材質 不同平面	不同材質 不同平面
如小家電展售區：賣點區地板是方格子塑膠地磚，但通道是同材質的素色地板。	如家俱賣場：床組賣區設計原木地板，但通道區以地毯設計。	如大家電賣場：使用同材質的地板，但是家電商品陳列在高於通道的平台上。	如資訊館：商品擺設在金屬平台上，其通道鋪設石材地磚。

圖 7-5　不同圖形的塑膠地磚

地板面材質大致可分為塑膠地板、陶磁磚、原木地板、石材地磚、環保樹脂。「**塑膠地板**」容易施工及換修，色系圖型變化較多，但是易髒不耐磨，比較不適合生鮮食品及需要使用購物推車的賣場。「**陶磁磚**」表現出乾淨明亮，耐水性佳容易清潔，但是選用時須特別注意磁磚表面光滑度以避免造成人員滑倒及反光問題。「原木地板」有溫馨舒適的感覺，適合於傢俱、服飾、嬰兒用品或精品店等賣場，但比較不具耐水及耐腐蝕，其拼裝溝槽易積塵垢不利清潔維護。「**石材地磚**」如磨石人造大理石比較堅硬耐久，但是易滑又產生冷漠不活潑的感覺。「**環保樹脂地板**」（常見於製造工廠）具有耐壓經踩耐污易清理的優點，此種地板表現出工廠平實廉價的風格，所以很適合大型的量販賣場，但其呆板不明亮的感覺卻也是中小型賣場無法接受的原因。

　　以上各種賣場地板材質除了考慮耐久不易變形、耐污容易清理、耐磨耐壓、耐水耐腐蝕和光滑度等特性之外，還要慎重選擇適合賣場型態的地板顏色。至於色彩方面，小型賣場適合淺色以強化寬廣的感覺如象牙白色，中型賣場適合選用較明亮活潑的色系如鵝黃色，大型量販賣場可選用平實沈穩的色系如灰色系。

　　進行地板面工程之前，必須預留整個賣場所需的管線溝，管線溝有固定式與活動式兩種。水管與電器管線大都直接固定在地板

進行地板面工程之前，必須預留整個賣場所需的的管線溝，管線溝有固定式與活動式兩種。

下，而像超級市場和量販店的冷凍冷藏銅管必須要設計活動式管溝，以利日後維修之用（如圖 7-6 所示）。關於後場的管溝大部分是當排水用，若是在生鮮處理場或廚房作業區的排水溝就要設計活動漏式溝蓋，以利作業區清洗排水之用（如圖 7-7 所示）。

📷 **圖 7-6　冷凍冷藏區地板之管線溝設計**

漏式溝蓋

排水溝

📷 **圖 7-7　作業區漏式排水溝**

第四節 收銀櫃台設計與規劃

壹、收銀台的設計形式

賣場收銀台的設計隨著行業別的差異，而有多種不同的形狀，大致有長方形、L形、四邊形、Π字型、圓形、弧形等幾種（如圖7-8所示）。

長方形收銀台常用於小型商店，兼具有收銀、包裝、退換、詢問服務、掌控全場等多項功能；L形收銀台大都使用於中大型零售賣場，因銷售商品項及數量較多，通常配備POS系統（銷售時點電腦系統），僅作為收銀結帳機能，不作其他功用；四邊形、Π字型及圓形的收銀台適合於中小型較開放空間且商品體積較大的賣場，如三C電子賣場、中型服飾賣場、家電用品賣場、傢俱賣場等，此種收銀台都規劃在賣場中央位置居多，以擴大整場的服務範圍；

圖 7-8　各式收銀台

弧形收銀台設計以精品店、專賣店、美髮店等具有個性化的賣場為主，除了收銀功能之外，尚有以創意外型提升商店形象之效果。

「**收銀台的設計**」除了外型之外，規格尺寸是非常重要的設計重點。長度是依照賣場空間及收銀服務需要而定，通常以1800～2400mm 最適合；寬度以 500～700mm 為最適合，太窄的台面不易置放待結帳之商品，而太寬的台面容易凌亂且浪費空間，與顧客的傳遞距離過長，容易降低服務品質；高度設計一般零售業以750～800mm 最適合，然而有些服務業賣場（如餐飲業）以 1200mm高的櫃台為適用。

另外，有些比較講究個性化的賣場，如餐飲業、精品店等，其收銀台都是依現場需要訂製而成。其他如一般零售業所使用的收銀台，市面上已經開發出多種機型，變化組合容易、機能性非常實用。如圖 7-9 所示之 L 形收銀台，是以兩座長形櫃及一座轉角櫃組合形成。另外還可組合成ㄇ字型，並在收銀台前陳列小商品（如圖7-10 所示）。圖 7-11 所示為 POS 專用收銀機，具備很好的收銀作業時效性，很適合大型量販賣場。

收銀台的設計
規格尺寸是非常重要的設計重點，太窄的台面不易置放待結帳之商品，而太寬的台面容易凌亂且浪費空間，與顧客的傳遞距離過長，容易降低服務品質。

圖 7-9　L 形組合收銀台

📖 圖7-10　ㄇ字型組合收銀台

📖 圖7-11　POS專用收銀台

貳、收銀台的規劃位置

收銀台規劃的擺放位置可歸納為賣場前方、賣場後方、賣場中間及賣場左右側等四種。規劃在賣場前方的收銀台如超級市場、便利商店、書局、文具行等；設置在賣場後方的收銀台就像麵包店、速食店、運動用品店、精品店及藥妝店；如設於賣場中間的收銀台者有電子專賣店及服飾賣場；規劃在賣場左右兩側的收銀台如珠寶金飾店、菸酒專賣店、眼鏡行及鐘錶行等。

一、收銀台規劃在賣場前方

設置在「賣場前方的收銀台」有兩種設計方案，一為賣場前方的中央位置，如中大型零售賣場都設置多個收銀台且靠近出口處（如圖 7-12 所示）。多個收銀台的排列設計，根據現場空間情況採用單線排列或雙線排列（如圖 7-13 之並排與交錯排列），依序從靠近出口處編號為 1、2、3、4……，當營業低峰時段應從 1 號台開始

多個收銀台的排列設計，根據現場空間情況採用單線排列或雙線排列，依序從靠近出口處編號為 1、2、3、4……，當營業低峰時段應從 1 號台開始按順序啟用，尖峰時段則應全部開啟。

■ 圖 7-12　大型零售賣場都設置多個收銀台在賣場前方的中央位置且靠近出口處

■ 圖 7-13　收銀台雙線排列

按順序啟用,尖峰時段則應全部開啟。通常多數的大型賣場還會在收銀台後面設置包裝台,以方便顧客結帳後自行整理商品(如圖7-14所示)。

另外一種為小型賣場會直接將收銀台與服務台一起設置在賣場前方的出入口處(如圖7-15所示),以招呼服務顧客及有效的掌控整個賣場的營運作業。此種收銀台大都以L形或長形櫃台作為設計訴求,收銀台下方設有抽屜、掛勾、置物櫃及垃圾桶,並在收銀台後面設置儲藏矮櫃,有些視需求連接調理設備和重點商品展售櫃,表7-7為一般便利商店收銀櫃台區的設計尺寸。甚至有些商店還會

圖7-14　收銀台後面設置包裝台,以方便顧客結帳後自行整理商品。

圖7-15　小型賣場會直接將收銀台與服務台一起設置在賣場前方的出入口處

🏷 表 7-7 超商收銀櫃台區的設計尺寸

櫃台名稱	規格尺寸（長×寬×高 mm）
收銀櫃台	1800〜2400 (L 型 900〜1200)×500〜700×750〜800
菸酒櫥及洗手台架	1800〜2400×300×2400
自助冷飲櫃台	1800〜2800×700×750〜800
自助熱食櫃台	1800×1200×750〜800

在收銀台上方設置吊櫃，以放置備存商品或器具。例如，超商以吊櫃存放菸酒，餐飲店用以放置腳杯及其他餐飲器具等。

二、收銀台規劃在賣場後方

將收銀台規劃在賣場後方的設計，通常都是小型商店，而且是收銀與包裝結合一起的服務型態。如圖 7-16 之服飾賣場，其將收銀台設在後方之試衣間與小倉庫中間。此規劃除了可以掌控整個賣場營運動態之外，對於顧客試穿後的各項服務（如更換型號、款式或修改尺寸）都可就近及時提供，以提高顧客購買意願。還有補貨和包裝理貨作業都集中在此區，可節省人力及不會與顧客動線混雜。

收銀台規劃在賣場後方的設計，除了可以掌控整個賣場營運動態之外，對於顧客試穿後的各項服務都可就近及時提供，以提高顧客購買意願。

🏷 圖 7-16 將收銀服務台設在後方的服飾賣場

蛋糕櫃收銀台
將臥式蛋糕櫃之高度降低到90cm，展示空間由三層降為兩層，並將最上層台面改裝成花崗石，使成收銀台面，既實用又美觀。

　　另外一種小型商店的收銀台位置規劃，如圖 7-17 之麵包店，此種設計是將收銀台規劃在顧客動線的末端，顧客由右邊選購完後，將麵包交由服務員分裝（為保持每個麵包的完整性）。在分裝等待結帳的同時，顧客可經由收銀台前的蛋糕櫃選購精緻食品。所以，這種收銀台是結合冷藏食品展示與收銀的雙功能設計，故稱之為「**蛋糕櫃收銀台**」。此種設計為將臥式蛋糕櫃之高度降低到 90cm（方便與顧客傳遞結帳），展示空間由三層降為兩層，並將最上層台面改裝成花崗石，使成收銀台面，既實用又美觀（如圖7-18所示）。

圖 7-17　將收銀服務台設在後方的麵包店

圖 7-18　蛋糕櫃收銀台側視圖

圖 7-19　規劃在賣場中間的收銀台，大都設計為四邊形、ㄇ字型及圓形。

三、收銀台規劃在賣場中間

商品體積較大且常需提供顧客諮詢、使用及維修說明等服務的中小型賣場，如三C電子賣場、中型服飾賣場、家電用品賣場、藥妝品廣場、健康器材賣場、傢俱賣場等。這些賣場的空間設計都屬於比較開放性，並將收銀台結合服務區功能，規劃在賣場中央位置，以擴大整場的服務範圍，其收銀台形式大都設計為四邊形、ㄇ字型及圓形等（如圖 7-19 所示）。另外，大型賣場及百貨公司的專櫃或特販區，也都個別將收銀服務台設置在賣場的中央位置，以單一型態方式服務該區的顧客。

四、收銀台規劃在賣場左右側

將收銀台規劃在賣場左右兩側的商店，其櫃台的功能除了收銀之外，主要是展示商品及解說服務。如圖 7-20 珠寶金飾店將收銀服務設在入口右側，櫃台設計為玻璃平行櫃以展示珠寶金飾，服務人員在內側向顧客作詳細說明服務。圖 7-21 眼鏡行將收銀服務設在入

將收銀台規劃在賣場左右兩側的商店，其櫃台的功能除了收銀之外，主要是展示商品及解説服務。

口左側，櫃台設計為玻璃平行櫃以展示眼鏡框架，服務人員在內側先瞭解顧客的需求，如需重新配戴者，則由另一服務人員引領顧客到驗光配戴室；假如不需驗光者或僅檢修眼鏡者，則可在櫃台直接作業服務。

賣場出入口

🛆 圖 7-20　將收銀服務台設在右側的珠寶金飾店

加工室

驗光試戴室

收銀服務區

櫥窗　　櫥窗

賣場出入口

🛆 圖 7-21　將收銀服務台設在左側的眼鏡行

學習評量及分組討論

1. 賣場內部裝潢規劃應該考慮哪些事項？

2. 賣場常用的「裝修施工材料」可分成哪幾大類？

3. 賣場的牆壁除了可以隔開賣場區之外，尚有哪些機能？

4. 請舉例說明牆面的「固定陳列」方式？

5. 請舉例說明牆面的「活動陳列」方式？

6. 規劃賣場天花板時，應該考慮哪些重要因素？

7. 請明列各型賣場天花板的適當高度？

8. 賣場的天花板可歸類成哪三種，其各有何優缺點？

9. 賣場進行地板面工程之前，必須預留哪兩種管線溝，其各有何功用？

10. 賣場常用的收銀台，可分成哪幾種不同的設計形式？

11. 「多個收銀台」的排列設計，請以圖示說明理想的啟用方式為何？

12. 以小組為單位，繪圖舉例並討論說明地板面格局的各種規劃形式？

13. 以小組為單位，繪製適當的收銀台形式，並將其規劃在你們所選定賣場的理想位置？

14. 以 5 人為一小組，繪圖舉例並討論收銀台規劃在賣場的前方、後方、中間及左右側的方案？

第八章

賣場動線規劃

各節重點

第一節　賣場動線種類
第二節　顧客動線規劃型態
第三節　動線通道計畫
第四節　標準店面寬度之通道設計
第五節　磁石賣場區配置
學習評量及分組討論

學習目標

1. 瞭解各型賣場規劃動線時應注意事項。
2. 清楚分辨出賣場動線的種類及其功能性。
3. 瞭解各種賣場之顧客動線的規劃型態，並能運用之。
4. 能夠區分顧客動線的各種通道，並牢記適當的寬幅尺寸加以運用。
5. 瞭解通道寬幅與展示櫥櫃的相互關係。
6. 學習各種標準店面寬度的通道設計。
7. 瞭解零售賣場各主要具有吸引力的賣點區位置。

所謂「**動線**」就是人員走動或貨物移動的通道路線，動線規劃是賣場佈局的首要重點，其目的在於有效引導顧客到賣場的每一配置區、提高賣場整體的環遊性、減少賣場死角，以方便顧客走動、消弭顧客的累倦感。顧客從店頭進入賣場內，可以經由順暢的動線，有規律性的走動、盡情選購商品，達到賣場經營的效益。

依照行業別、賣場型態、面積大小、出入口與硬體設施等不同的因素，各種賣場的規劃也有所差異，以下為小型賣場與中大型賣場規劃動線時所應注意的事項。

※小型賣場規劃動線時應注意的事項

- 開放式賣場可同時規劃成面對面的販賣動線。
- 縱深型的賣場應塑造後段的活潑趣味，及加強照明和色彩效果。
- 有系統的結合相關商品群，激起顧客的連貫性購買慾望。
- 著重靠壁主通道的顧客指引功能。
- 賣場中間的陳列架不宜過高，以免影響整體視線。
- 規劃前先確定收銀區及其他輔助功能區（如服務台、試穿室）。

※中大型賣場規劃動線時應注意的事項

- 賣場佈置圖的基本設計，先確定大格局及重點配置區。
- 使用單行道設計，引導顧客由入口起點走到賣場終點。
- 考慮平面動線與立體動線之間的關係。
- 統計分析來客數及顧客在賣場的停留時間。
- 考慮主副動線的關係比率，及計算主副通道的寬幅。
- 要能連結平面及立體的賣點區，並延長顧客動線，形成有連貫性的整體環遊動線。
- 動線要緊密結合各商品陳列處，讓顧客能夠看見賣場內所有的商品。
- 特別誘導顧客走向重點區，如特販場、專櫃區及收銀區。

動線
就是人員走動或貨物移動的通道路線，其目的在於有效引導顧客到賣場的每一配置區、提高賣場整體的環遊性、減少賣場死角，以方便顧客走動、消弭顧客的累倦感。

　　賣場裡的動線包括「顧客動線」、「服務動線」及「後勤動線」等三種，圖8-1以中型超級市場為例來解釋三種動線的差異性。當顧客從入口沿著賣場四周展示櫃的主要通道，及分散到賣場中間的陳列區，然後結帳完一直到出口，這整個流程動線即為「顧客動線」。在賣場左側所規劃的平台販賣區，服務人員隔著商品陳列平台與顧客提供面對面服務，在其所服務的區域之走動流程就是「服務動線」。當後勤補貨人員從加工作業區或倉庫運補商品至前場時，其避開直接利用顧客動線，而是由右側立式展示櫃（開放式生鮮食品展示櫃）後面的專用通道進行運補作業，如此可避免干擾顧客選購，又可縮短運補流程，此流程路線即為「後勤動線」。

🏆 圖 8-1　零售業賣場之動線規劃

壹、顧客動線

　　「**顧客動線**」是顧客從入口進來到結帳出口所走的路線。對銷貨零售業而言，顧客動線是環繞整個賣場及連貫每一個賣點區，使顧客很自然順暢隨著所規劃的路線參觀選購。整個路線主要包括賣場入口→主要動線→次要動線→收銀區→賣場出口。主要動線為賣場四周的主力商品區，如立式展示櫃和面對面販賣平台的賣點區；次要動線則為賣場中間的次要商品區，如雙面陳列架的賣點區。然而，對餐飲服務業而言（咖啡店、餐廳），顧客動線常被併入服務動線一起規劃（如圖 8-2 所示）。

顧客動線
是顧客從入口進來到結帳出口所走的路線。

▲ 圖 8-2　餐飲業賣場之動線規劃

貳、服務動線

服務動線
是賣場服務人員在提供販賣服務時所走的路線或所站的位置。

「**服務動線**」是賣場服務人員在提供販賣服務時所走的路線或所站的位置，尤其中大型賣場為了避免干擾顧客自由選購的空間，以及帶動現場的販賣氣氛，常規劃面對面販售區，服務人員隔著販賣平台與顧客產生互動性的交易行為，其所活動的空間和走動的路線就是服務動線。小型賣場常因受到賣場格局或經營型態的限制，會將服務動線併入顧客動線裡，服務人員提供服務時應以不妨礙顧客走動為原則。另外一種以餐飲服務為訴求的服務動線，則與銷貨型的服務動線是不一樣的規劃觀點，以餐飲服務業對顧客而言是靜的動線，對服務人員來講卻是極動的動線。因此，對餐飲服務業而言，動線規劃應以對顧客的服務流程為設計重點。

參、後勤動線

後勤動線
是員工補貨及提供相關業務時所移動的路線。

「**後勤動線**」是員工補貨及提供相關業務時所移動的路線，中大型賣場為避免干擾顧客及造成賣場髒亂，會利用共通的走道或直接在立式陳列櫃後方另闢路線，作為運補貨品、垃圾及員工進出之用。小型賣場因為空間受限，無法另外規劃後勤動線，而以顧客動線作為補貨之用時，應避開營業尖峰以不妨礙顧客消費為原則。

第二節　顧客動線規劃型態

壹、動線設計考慮事項

規劃顧客動線時除了按照賣場型態考慮前一節所談的整體性大

原則之外，更要謹慎思考設計性的問題，否則等定案開幕後，不合理的動線容易造成賣場混亂，顧客無所遵循的走動，不易找到所需要的商品，不僅降低營業額，更易造成顧客抱怨導致顧客流失。這些主要的設計重點是在方便顧客自由走動、讓顧客清楚看見商品、使顧客很自在的選購商品。以下為規劃顧客動線時所應思考的設計問題：

- 單獨規劃，儘量避開與服務動線、後勤動線重疊設計。
- 勿直接面對化妝室，及明顯隔開往後場作業區的路線。
- 將顧客所使用的「購物籃車」之尺寸含計在通道寬度內。
- 遵照容易進入、簡單流程、順暢路線、寬敞通道、明亮視線等設計原則。
- 活用販促要點及商品配置原則，如靠近入口處配置輕小價廉有誘導功能的商品，店內配置重點關聯性商品，靠近出口處配置量重體大或易退溫的商品，減輕顧客累倦和心理壓力。
- 有系統性的延伸動線，並沿線佈置販賣氣氛，誘導顧客往前、往內、往重點區選購。
- 顧客停步區留足夠空間，如特販區、面對面販賣區、結帳區等。

貳、顧客動線型態

顧客動線從賣場規模大小可歸類成小型賣場及中大型賣場兩大型態。另外，本節也將針對餐飲店的動線型態加以介紹以供讀者參考。

一、小型賣場顧客動線型態

「小型賣場顧客動線」依動線的形狀又可區分成面對面販賣型動線、靠壁型動線、ㄇ字型動線、圓形動線、直格型動線、橫格型動線等六種型態（如圖 8-3 所示）。

(a)面對面販賣型動線

(b)靠壁型動線

(c)ㄇ字型動線

(d)圓形動線

(e)直格型動線

(f)橫格型動線

圖 8-3　各種小型賣場之顧客動線型態

㈠面對面販賣型動線

「**面對面販賣型動線**」是顧客在店面隔著販賣平台（高度以 120～150 公分為宜）與服務人員完成交易行為，賣場所展示的只是門面裝潢和平台的商品，顧客無法進入店內自由選購，是屬於一種最簡單的動線設計（如圖 8-3(a)所示）。使用這種動線的賣場都是極小面積的商店（約 1～2 坪）或者快速服務專賣店（店內為技術、後勤空間），如冰淇淋店、騎樓咖啡店、果汁吧、泡沫紅茶店、洗衣店、快速沖印行、金飾珠寶店、速食快餐店、書報攤等，這些商店都以簡單品項或服務作訴求，買賣雙方在短時間就可以完成交易。此種店內的規劃只有服務作業空間，售貨員採取主動提供商品或服務，而顧客僅從平台及店面的商品展示和項目價格表作參考點選，屬於比較靜態的動線方式。

㈡靠壁型動線

「**靠壁型動線**」是顧客沿著賣場周圍的路線進行選購，所有商品順著動線靠壁陳列，動線的末端靠近出口處設置收銀服務區（如圖 8-3(b)所示）。通常縱深型的小賣場最適合這種動線，當店面寬小於 4 公尺、中央空間不足以陳列商品時，將陳列架依階梯式寬度設計加高至 180 公分靠壁設置，可發揮最大的陳列作用及坪效，顧客在沒有中央貨架阻隔壓力下可一目了然選購商品。例如精品專賣、運動休閒用品等商店，可將量重體大的商品置放沿線陳列架的下方，而將輕小商品擺放於陳列架的上方。

㈢ㄇ字型動線

「**ㄇ字型動線**」是顧客繞著中央貨架且沿著賣場周圍的路線進行消費，商品除了順著動線靠壁陳列，也擺設在賣場中央位置，使顧客的動線形成一ㄇ字型（如圖 8-3(c)所示）。此種動線通常使用於店面寬 6 公尺左右的小型賣場，如西點麵包店將麵包、蛋糕、乳品等商品陳列於賣場四周，賣場中間設置高約 100～150 公分的雙層平台，展售特色或促銷商品，賣場內的一角設置收銀包裝區，可

有效掌握到及服務整個賣場。

㈣圓形動線

「**圓形動線**」是顧客繞著中央圓形服務台且沿著賣場周圍的路線購物，商品順著動線靠壁陳列，賣場中央設置圓形服務台，使顧客消費途徑形成圓形的動線（如圖 8-3(d)所示）。此種動線通常強調連貫性的商品陳列和全方位的服務，如服飾店將商品一致性的平放陳列及掛飾在賣場周圍，賣場中央的圓形服務台除了可以展示商品外，主要功能是收銀、解說、包裝等服務，其平台高度以80～120公分為宜。另外，此動線設計也很適合面對顧客服務頻率較高的行業，如手機通訊和電子商品等賣場。

㈤直格型動線

「**直格型動線**」是顧客沿著賣場周圍的主通道和繞著中間的商品區，直線來回環遊整個賣場（如圖 8-3(e)所示）。當店面寬 8 公尺以上，此種動線佈置是將商品陳列和通道安排成垂直平行，貨架區的規格和動線通道寬幅都力求一致性的搭配。直格型動線規劃是最有效利用空間的一種，店員有計畫的事先陳列商品，配合商品標示及指引看板，顧客很容易的在直線貨架選取所要的商品，很適合自助性較高的賣場，如便利商店、文具圖書等賣場。另外，因貨架直線排列搭配一致性的照明規劃，使由外而內的整體視覺效果表現特佳，提高賣場的明亮度及商品的展現力。

㈥橫格型動線

「**橫格型動線**」是顧客沿著賣場周圍的主通道和繞著中間的商品區，橫線來回環遊整個賣場（如圖 8-3(f)所示）。當賣場寬度不足以擺設直線貨架時，且顧客流量不是很大的行業，可規劃橫格型動線配置。橫格型動線的缺點：前排貨架會擋住後排貨架降低商品展示力，顧客不適應橫向的走動習性，比較無法連貫性的環遊整個賣場。但是，假如賣場是屬於半自助式的，顧客選購時尚須店員從

旁解說服務的型態，其商品並不需要很強的向外展現力，只需明亮清楚的店內展示，顧客的購買習性也只是局部選購而已，人潮流量也不大，無須預留大的迴轉空間（請比對圖 8-3(e)和圖 8-3(f)所示），此種賣場就很適合規劃橫格型動線。例如，藥妝用品店的橫格配置展現出明亮、乾淨，其整齊、清楚易見的陳列效果又不會像便利商店那麼透明化，保有健康隱私的氣氛，空間的平均分配也使商品陳列更豐富化。

二、中大型賣場顧客動線型態

　　中大型賣場顧客動線型態包括格式迂迴動線、開放型動線、枝狀型動線、商店街型動線等四種（如圖 8-4 所示）。規劃中大型賣場配置時應依據賣場型態和經營方式，加以定位採用何種動線型態較為適合，規劃人員也可參考各種型態的優缺點綜合設計使用或局部修正。不管是彈性的調整或制式的規劃，任何動線佈置都是為了讓顧客更方便選購商品及提高經營效益，事前的分析比較是有其必要性，表 8-1 提供以上四種動線型態的特性分析以供參考。

㈠格式迂迴動線

　　「**格式迂迴動線**」是顧客進入賣場沿著主要動線環繞整個主力商品區，接著來回環遊賣場中間的次要商品區，一直到收銀結帳區，整個動線形成有規律的迂迴路線（如圖 8-4(a)所示）。此種動線適合於零售業賣場，因為其展示區域的形狀規格，及通道的長寬都經過審慎的規劃計算，整齊一致性的賣點區，不僅達到最高的面積利用率，商品陳列面也擴大，消費者在短時間可以很輕易的找到所需要的商品。顧客在經過規劃的動線及商品陳列的賣場，完全可以採取自助式的選購方式，店內不需太多服務人員，可將人力集中在商品管理和賣場安全管理方面。然而，長期的自助選購方式會使賣場氣氛變得生硬，必須透過定期的促銷活動拉近與顧客的距離，活絡賣場氣氛，帶動買氣。

格式迂迴動線
是顧客進入賣場沿著主要動線環繞整個主力商品區，接著來回環遊賣場中間的次要商品區，一直到收銀結帳區，整個動線形成有規律的迂迴路線。

㈡開放型動線

「**開放型動線**」的商品及陳列設備呈現不規律形式擺設,採取不隔間完全開放的視覺型態,消費者可以自由自在的任意方向走動參觀,使顧客有休閒逛街的輕鬆心情(如圖 8-4(b)所示)。此動線適合於專賣店或者百貨公司,容易塑造專業高級的賣場形象,商品的陳列更能表現創意及販促氣氛。但是,開放式的動線設計雖然使顧客沒有空間壓力,卻也常因沒有特定路線而使顧客無法接觸更多商品,必須藉由銷貨員的主動服務才能提高顧客對商品的認識度。另外,因為強調創意的陳列設計與擺置,使設備裝潢成本增加及浪費較大的賣場空間。而且,動線過度的開放會使顧客不易找到所需要的商品,也不易掌控賣場活動導致商品失竊率提高。

㈢枝狀型動線

「**枝狀型動線**」是顧客沿著主要路線,自由進出兩側的展售攤位或專櫃,顧客形成樹枝狀的走動形式,兩側的專櫃或攤位各自隔間,但是門面不封閉採取開放式,使顧客能隨性隨機參觀選購(如圖 8-4(c)所示)。此種型態的攤位商品訴求以樣少單純為原則,及強調近距離的面對面販售服務。例如,美食街的攤位都有其重點小吃或餐飲訴求,以滿足消費者的比較和選擇。但是其缺點是獨立隔間展售使開辦費用增加,而且開放式門面致使商品監管不易,店面容易混亂、阻塞通道。

㈣商店街型動線

「**商店街型動線**」是以賣場公用的通道作為主要路線,通道周圍設置各種不同性質的商店,商店內再依照商品性質及陳列方式設計顧客選購動線,大型購物中心很適合規劃這種動線,塑造滿足不同顧客群的需求,聚集大量的消費人潮、創造商機(如圖 8-4(d)所示)。同一賣場內的每一家小商店幾乎都是有主題性的專門店,其商品特色、店面設計、促銷活動都足以提高對消費者的吸引力,顧

(a)格式迂迴動線

(b)開放型動線

(c)枝狀型動線

(d)商店街型動線

🖱 圖 8-4　各種中大型賣場之顧客動線型態

資料來源：參考 Anderson, Carol H. (1993), Retailing-Concepts, Strategy and Information. Minneapolis / Saint Paul, MN: West Publishing Company.

⚖ 表 8-1　中大型賣場動線型態的比較

特性／動線型態	格式迂迴動線	開放型動線	枝狀型動線	商店街型動線
顧客活動情形	顧客依照店家所規劃的路線行進	顧客可輕鬆、任意方向的自由走動	顧客沿著主要路線，自由進出兩側的展售攤位或專櫃	顧客由公用通道選擇自己喜歡的商店參觀選購
動線形狀	直線型	曲線型	樹枝狀	混合型
陳列設備	標準規格組合	特別訂製	隔間訂製及規格陳列架並用	隔間訂製及規格陳列架並用
陳列方式	可整齊一致的擺置多樣多量的商品，缺少創意的陳列技巧	發揮有創意的陳列技巧，展示效果較佳	面向通道展售、表現各攤位的主題特色	按照業別自行裝潢訂製或搭配規格設備，較具視覺吸引力
店員需求	比較少	比較多	比較多	比較多
失竊率	容易以電子監視器監控賣場活動，降低失竊率	比較不易掌控賣場活動，容易造成失竊漏洞	攤位屬於開放式，不易執行監管，導致容易失竊	每家商店各自掌控，有效降低失竊率
空間利用	平面及立體空間都有效利用	浪費空間	主通道與各攤位之間會浪費較大的迴轉空間	各自為政的副動線，浪費較多空間
適用賣場	超級市場、便利商店、文具書店、家庭五金用品等	百貨公司、服飾店、傢俱賣場、鞋子賣場	各式專櫃或攤位，如化妝品、服飾、圖書、禮品、美食小吃	大型購物中心的商店街、專賣店、精品店
優缺點	消費自助性很高，有利於商品週轉，顧客行進時有約束感、定點選購時間較短	顧客有逛街的感覺，但也無所適從，找不到所要的商品	可發揮各專櫃的主題特色，但是主通道容易阻塞混亂	各商店的賣場魅力能夠吸引顧客，但是經營成本較高

資料來源：參考自周泰華、杜富燕，1997，《零售管理》。

客可以由主通道清楚看見每家商店的外觀，選擇所喜歡的商店進出。然而，為訴求各自專門店的營運主題特色，其裝潢、設備與管理成本比開放式型態高出許多。

三、餐飲店動線型態

餐飲店在動線規劃上與一般零售賣場完全不同，除了實用性的考慮之外，常運用曲線之美感來營造溫馨柔和的氣氛，因此規劃上比較有變化性，其配置方式有直式動線、橫式動線、點狀式動線、中場混合式動線、連座式動線等五種（如圖 8-5 所示）。

㈠直式動線

「**直式動線**」是餐桌緊靠兩邊牆壁與通道成垂直線，而顧客以直線入座與通道成平行線，由於顧客的視線與動線一樣是平行方向，不會受到通路走動的影響，能輕鬆自在的用餐，因此直式動線是最普遍被餐飲業者所採用的規劃方式（如圖 8-5(a)所示）。其優點為配置單純容易又節省空間，顧客入座簡單快速，服務員也因動線單純而提高服務效率。但是，另一方面卻因配置單調而缺少創意的氣氛。

㈡橫式動線

「**橫式動線**」是餐桌的排列方向與通道成平行線，而顧客以橫線入座，其座位與通道成垂直，靠牆座位的顧客視線是正視通道，而對桌的顧客卻是背對通道（如圖 8-5(b)所示）。其優點和直式動線大致一樣，相鄰兩桌可以併在一起更省空間，也可以設計矮隔板再相併，不僅節省空間又突出各桌的隱私性。其缺點也是配置過於單調，缺少氣氛，還有背對通道的顧客會產生被碰撞的心理壓力。

(a)直式動線

(b)橫式動線

(c)點狀式動線

(d)中場混合式動線

(e)連座式動線

📖 圖 8-5　餐飲店各種動線型態

(三)點狀式動線

點狀式動線
優點為空間利用的機動
性較高，適合於大型辦
桌式餐廳。缺點是動線
通道浪費較多的空間又
顯得零亂。

「**點狀式動線**」是將餐桌椅以點狀的方式排列在整個賣場（如圖 8-5(c)所示），原則上可先作規則性定點配置，再利用剩餘的空間作不規則配置，空間利用可隨客席需要作合併或分開，客桌數可隨意調整運用，換言之即為空間利用的機動性較高，適合於大型辦桌式（流水席）餐廳。空間較小的餐飲店比較不適合點狀式動線，原因是動線通道浪費較多的空間又顯得零亂。

(四)中場混合式動線

中場混合式動線
餐桌以直式或橫式整齊
排列，區塊之間以隔板
分開，不同的橫豎動線
表現出活潑的變化性，
凸顯優美的組合形式，
塑造豐富感的賣場氣氛
。

「**中場混合式動線**」主要是將餐桌椅集中配置在賣場中間（如圖 8-5(d)所示），餐桌以直式或橫式整齊排列，區塊之間以隔板分開，不同的橫豎動線表現出活潑的變化性，凸顯優美的組合形式，塑造豐富感的賣場氣氛。

(五)連座式動線

連座式動線
將餐桌椅連座設計在一
起，不僅節省很多的次
通道空間，來客團體又
可聚在一起享用餐點。

「**連座式動線**」比較適合於自助式的西式速食店，或是年輕族群的時尚餐飲店如冷飲簡餐店，其將餐桌椅連座設計在一起，不僅節省很多的次通道空間，來客團體又可聚在一起享用餐點（如圖 8-5(e)所示）。

第三節 動線通道計畫

壹、通道種類

賣場通道有主要通道（簡稱主通道）、次要通道（簡稱副通道）、收銀區通道、服務台通道及特販區通道等五種（如圖 8-6 所

示）。主通道與副通道是動線通道計畫最重要的項目，收銀區通道
則視賣場規模大小作調整，服務台與特販區的通道常隨著行業型態
的不同需求而改變，甚至有很多賣場的服務台通道與收銀區規劃在
一起，特販區通道也沒有固定寬幅。所以，本章節將僅就主通道、
副通道與收銀區通道等三部分作敘述。

　　「**主通道**」是指進入賣場的多數顧客所走的路徑（如圖 8-7 所
示），一般都是進入賣場時直接引導通往主力商場或主力商品區。

> **主通道**
> 是指進入賣場的多數顧
> 客所走的路徑，一般都
> 是進入賣場時直接引導
> 通往主力商場或主力商
> 品區。

圖 8-6　賣場各式通道

圖 8-7　賣場主通道

副通道
乃為進入賣場的少數或已分散的顧客所走的路線，顧客走完主要路線後接著被引導至較次要的商場或商品區。

收銀區通道
是當顧客經由主通道與副通道後，購足所需的商品和獲取所要的服務時，很自然的被引導至靠近出口的收銀區，等待結帳完成所有的消費行為。又包含「結帳等待通道」和「收銀通道」兩種。

例如，超級市場的主通道是規劃在賣場四周的冷凍冷藏生鮮蔬果食品區；「**副通道**」乃為進入賣場的少數或已分散的顧客所走的路線，顧客走完主要路線後接著被引導至較次要的商場或商品區（如圖 8-8 所示）。例如，超級市場的副通道是規劃在賣場中間的乾貨區；「**收銀區通道**」則是當顧客經由主通道與副通道後，購足所需的商品和獲取所要的服務時，很自然的被引導至靠近出口的收銀區，等待結帳完成所有的消費行為，此區的通道包含「結帳等待通道」和「收銀通道」兩種（如圖 8-9 所示）。例如，超級市場的收銀台與貨架區之間的空間為「結帳等待通道」，收銀台與收銀台之間的距離為「收銀通道」。

圖 8-8　賣場副通道

🔖 **圖 8-9　賣場收銀區通道**

貳、通道寬幅

　　規劃賣場內整體配置時，應先將出入口及收銀櫃台的正確位置設定好，接著規劃主通道與副通道的行經路徑，然後決定生財設備、陳列器具和展示櫥櫃的配置安排。假如將賣場比作社區規劃時，就如同先設定社區的出入口位置，接著闢建主要道路和次要道路，然後才蓋住宅及公共設施，主要道路可能闢建人與車流量較大的社區四周，而次要道路則開闢在住宅建築物之間。反之，倘若先把住宅等建築物蓋好再開闢道路的話（如同老舊的社區），整個社區的道路勢必彎曲寬窄不一，甚至出入口不明顯，造成居民的極度不方便。

　　社區道路及大馬路的寬度有 4 公尺、6 公尺、8 公尺、10 公尺、20 公尺、30 公尺、40 公尺等規定尺寸。賣場通道的寬幅雖然沒有標準的規定尺寸，卻有一定的適用寬幅。通常其寬度必須足以讓顧客擦肩而過，不致碰撞，以每人平均 40 公分的肩膀寬度為基準，同時應將購物籃和購物車的寬度尺寸也涵蓋併入計算（如圖 8-10 所示）。另外，配合賣場規模大小、人潮多寡、櫥櫃寬深高低、販賣型態等不同因素和需求作調整。

1200mm

圖 8-10　賣場通道寬幅以每人平均 40 公分的肩膀寬度為基準，並計算購物籃車的寬度尺寸。

一、主副通道與收銀區通道之寬幅

㈠主通道寬幅

在賣場主通道走動的顧客較多，其寬度通常比副通道大 30 公分以上，然隨著賣場規模大小，主通道可歸納成三種常用尺寸。

面積約 15～50 坪左右的小型賣場如便利商店和麵包店，主通道以 900～1200mm 為最適宜。有些賣場受到店面寬度及櫥櫃之影響，而無法設定在最小 900mm 的主通道時，可考慮將賣場配置規劃成半自助式，以加大主通道尺寸（如圖 8-11 所示）。假如顧客流量屬於比較零星的賣場又有以上受限因素，其主通道最小尺寸也應控制在 800mm，否則比 800mm 還窄的通道顧客容易碰撞，造成購物時的不方便。

面積約 50～100 坪左右的中型賣場如社區超市，主通道以 1200～1800mm 較適當，假如賣場受到櫥櫃貨架之影響，可將縮減的尺寸平均規劃在較末端的主通道，並將末端靠壁陳列架設計為 45 公分深的貨架（如圖 8-12 所示）。

在賣場主通道走動的顧客較多，其寬度通常比副通道大 30 公分以上。

圖 8-11　受到面窄及櫥櫃影響之賣場，考慮規劃成半自助式販賣流程，加大主通道尺寸。

圖 8-12　賣場受到櫥櫃貨架之影響，將縮減尺寸規劃在末端主通道，並將末端靠壁陳列架設計為 45 公分深。

　　面積約 200 坪以上的大型賣場如生活百貨量販店，主通道以 1800～2700mm 才能符合顧客流量的需要，然而大賣場常因較多的柱子及不規格商品配置區的影響，導致主通道寬度分配不平均，可依照商品的流通性及顧客停留選購的時間長短分配寬窄尺寸，但是務必設計在 1800mm 以上，才足供顧客走動之需。另外，大型賣場常在主通道設有面對面販賣區，其通道需特別加寬 60 公分，供營業員面對面服務顧客（如圖 8-13 所示）。

圖 8-13　大型賣場之面對面販賣區應在主通道加寬 60 公分，供營業員面對面服務顧客。
照片提供：安勝商店設備股份有限公司。

㈡副通道寬幅

在賣場副通道走動的是屬於已分散的顧客，其寬度設計比主通道小，原則上最小的寬度不能小於 80 公分，以免因通道太窄而發生顧客互相擦撞或碰撞商品之現象。賣場面積及商品陳列多寡都是關係副通道寬窄的因素，若以賣場面積作區分，可歸類成以下三種常用的副通道尺寸。

15～50 坪左右的小型賣場，其副通道寬度設計在 800～900mm 為宜，也可依實際需要加寬至 1000mm 或 1100mm；另外有一種出入口設在店面中央位置的小型賣場（如專門店和精品店），為了吸引顧客入店的直接視線，乃將主通道改在賣場中央，而將副通道縮小規劃在賣場兩邊，但是最窄也不可小於 750mm，以免形成賣場死角，導致商品流通不良（如圖 8-14 所示）。50～100 坪左右的中型賣場之副通道寬度以 900～1200mm 較為適當，最小不要低於 850mm，有些中型零售賣場（尤其是超級市場）的人潮較多，副通道應配合主通道擴大而考慮加寬至 1300mm 或 1500mm。

200 坪以上的大型賣場，如綜合購物商場、大型超級市場等之副通道規劃在 1500～1800mm 才適合大量的顧客所需，尤其大型量販店為了方便顧客使用大型購物車，甚至將副通道設計在 2000mm

（左側欄）在賣場副通道走動的是屬於已分散的顧客，其寬度設計比主通道小，原則上最小的寬度不能小於 80 公分，以免因通道太窄而發生顧客互相擦撞或碰撞商品之現象。

以上，以提高量販的經濟規模（如圖 8-15 所示）。

㈢收銀區通道寬幅

收銀區通道包含「結帳等待通道」和「收銀通道」兩種。「**結帳等待通道**」就是收銀台前方的空間，其寬度需大於其他的購物通

賣場兩邊的縮小副通道

🔖 圖 8-14　小型賣場兩邊的縮小副通道不可小於 750mm，以免造成死角。

加寬的量販店副通道

🔖 圖 8-15　大型量販店為方便顧客使用大型購物車，可將副通道設計在 2000mm 以上，以提高量販經濟規模。

道，使顧客有足夠的迴轉空間等待結帳；而「**收銀通道**」是顧客面對收銀員所處的通路，也可說是複數收銀台之間的距離。以上兩種通道的寬幅按照賣場規模、行業類別、販賣型態及顧客多寡的不同而有差異。

有些行業的賣場並不太著重於收銀區通道，如餐廳、咖啡店、傢俱店、廚房設備專賣店等，因其結帳的顧客量不多，且比較不會集中在同一時間點，所以其收銀通道往往不會太刻意規劃。然而有一些零售賣場卻因結帳顧客量多又容易在同一時間結帳，若是沒有詳加規劃收銀區通道，容易導致管理不當，造成混亂。以下所述也正是針對這些零售賣場的通道寬度加以歸類成三種型態來探討，如便利商店、麵包店、五金百貨賣場、超級市場、量販店等各型賣場。

約 15～50 坪左右的小型賣場，其結帳等待通道的寬度設計為1200～1800mm 較為適當，此區不宜再設置其他商品貨架以免妨礙收銀作業，若收銀台是設計成單一長型櫃台，則可考慮將刺激購買性商品陳列在櫃台正面的內凹貨架，才不會佔據通道，影響結帳（如圖 8-16 所示）。

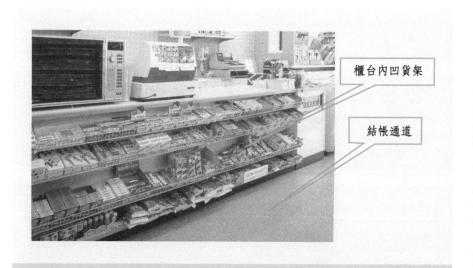

櫃台內凹貨架

結帳通道

🖱 圖 8-16　小型賣場設置單一長型櫃台時，應將刺激購買性商品陳列在櫃台正面的內凹貨架，才不會佔據通道，影響結帳。

　　50～100 坪左右的中型賣場，其結帳等待通道的寬度規劃在
1800～2400mm 之間是理想的空間尺寸，若是在收銀台前設置有商
品端架，其所需空間應另計，不可佔據等待通道及收銀通道（如圖
8-17 所示）。

　　200 坪以上的大型賣場，其結帳等待通道的寬度規劃在
2400～3000mm 之間或以上為宜，大型賣場因空間足夠和整體佈局
的需要，收銀區前方常加大加寬另規劃特販賣點區以刺激買氣。另
外，各型賣場若是設計兩個以上並排的收銀台，其中間收銀距離以
60 公分為最適當寬度，太寬的收銀通道不易管理收銀作業，太窄又
不方便顧客提物行走（如圖 8-18 所示）。

　　針對以上所探討的主通道、副通道及收銀區通道之寬度，實際
上有其相互關係，表 8-2 列出此三種通道的寬度尺寸對照，可結論
出主通道應該比副通道寬，而結帳等待通道則應比主通道還寬。

🔖 圖 8-17　中型賣場之收銀台前方若設有商品端架，其所需空間應另
　　　　　計，不可佔據等待通道及收銀通道。

圖 8-18　大型賣場之結帳等待通道及收銀通道之寬度尺寸

表 8-2　賣場主副通道及結帳等待通道之寬度

賣場規模	主通道寬度（mm）	副通道寬度（mm）	結帳等待通道寬度（mm）
小型賣場（約 15～50 坪左右）	900～1200	800～900	1200～1800
中型賣場（約 50～100 坪左右）	1200～1800	900～1200	1800～2400
大型賣場（約 200 坪以上）	1800～2700	1500～1800	2400～3000

㈣餐飲店的通道寬幅

　　餐飲店因為消費型態、販賣方式、店員服務方式、顧客走動情形、顧客停留時間都與一般的零售賣場不同，所以整個動線規劃有很大的差別，其通道寬幅設計也都不一樣。

　　餐飲店的主通道除了顧客進出之外，最重要的是供給店員服務之用，如帶位、上菜、收拾餐具等服務，所以也可稱之為服務通道。另外，要特別注意的是顧客入座的寬幅距離，雖然是屬於次要通道卻是非常重要，因為顧客真正的消費區都在這裡，停滯時間也

比一般賣場久，所以寬幅尺寸設計比一般動線通道來得講究。

　　餐飲店的通道寬幅大致分為一般座位通道、和室座位通道、店員服務通道等三種。如圖 8-19 所示加以說明：「**一般座位通道寬幅**」的靠牆寬幅考慮比個人座椅寬的原因是背後靠牆沒有轉圜空間，所以設計為 600mm 是最理想，而靠服務員寬幅設計為 400～500mm 的個人座椅寬度，主要是此位置緊鄰服務通道尚可併用其當成活動空間；「**和室座位通道寬幅**」的靠牆寬幅一樣設計為 600mm，而靠服務員寬幅設計為 400mm 的個人座墊寬，此位置同樣是緊鄰同平面的服務通道，可併用其當成活動空間；「**店員服務通道寬幅**」可分成四種，一般座位的服務通道寬幅為 600～900mm、和室座位的服務通道寬幅為 600～1000mm、單向全身的服務通道寬幅為 900～1000mm、單向半身的服務通道寬幅為 400～500mm。

二、通道寬幅與櫥櫃之關係

　　根據日本店舖設計家協會（*1985*）研究指出各型賣場的通道寬度與展示櫥櫃的高度有絕對的相互關係，當在有限的空間要販賣多種商品而需要使用高型貨架時，其通道設計應考慮貨架高度的壓迫感而加寬尺寸，使消費者有更寬闊的選購空間，否則不僅員工補貨

(a)一般座位的通道寬幅（mm）　(b)和室座位的通道寬幅（mm）　(c)店員服務的通道寬幅（mm）

圖 8-19　餐飲店的各型通道寬幅

不方便，顧客更是動彈不得（如圖 8-20 所示）。

原則上，通道的寬度不要小於展示櫥櫃的高度，假設當貨架高度為 1500mm 時，通道寬度應設計為 1500mm 以上（如圖 8-21(a)所示）；但是當貨架高度設計為 1800mm 時，通道寬度也應加寬到 1800mm 以上（如圖 8-21(b)所示）。然而受限於賣場面積及經營型態問題，很多商店並無法規劃與貨架同高的通道寬度，下一段將以圖解說明各種賣場的通道與櫥櫃之關係。

針對各種中小型賣場及量販店比較合理化的通道與櫥櫃關係，以下配合詳細的前視圖一一作圖解說明。

圖 8-22(a)所示「**小型服飾賣場**」的店面寬為 3500mm，兩側主通道規劃為 900mm，中間的衣飾平台櫃深度為 800mm，高度設計為 1350mm 是最理想的；若是設計太高與兩邊的靠壁高櫥櫃相對照，則整個賣場會造成很大的壓迫感。右邊靠牆玻璃櫥櫃深度 450mm×高度 950mm 為宜，玻璃櫃上方設計成活動式的商品架，其總高度約為 1800mm，活動架上方至天花板之間規劃成正面吊掛服飾展示區；左邊設計成深度 450mm 的木製上下陳列展示櫃，上

🔊 圖 8-20　太窄的通道不僅員工補貨不方便，顧客更是動彈不得。

(a)當貨架高度為 1500mm 時，通道寬度應設計為 1500mm 以上。

(b)當貨架高度為 1800mm 時，通道寬度應設計為 1800mm 以上。

📖 圖 8-21　通道寬幅與櫥櫃高度之關係

櫃高度 1800mm 以上，可當成庫存區，下櫃高度為 1200mm。

　　圖 8-22(b)所示「**小型便利商店**」的店面寬為 5400mm，賣場中間擺設深度 900mm×高度 1350mm 或 1500mm 的雙面貨架兩排，兩邊牆面規劃深度 450mm×高度 1950mm 的單面貨架，整個賣場規劃成三條寬度為 900mm 的直線主要通道。以上所規劃的商品展示設備都可以採用活動式貨架組合而成，施工快速、美觀耐用，陳列空間可依商品規格彈性調整。

圖 8-22(c)所示「**小型藥妝用品賣場**」的店面寬為 4400mm，是國內最普遍的店面寬度，兩側主通道規劃為 900mm，中間規劃深度 800mm×高度 1350mm 的梯形玻璃櫃，右邊規劃面對面販賣區，販賣玻璃平台為深度 500mm×高度 950mm，服務員通道為 500mm，服務員後面靠右牆設計深度 350mm×高度 2100mm 的玻璃門展示櫥櫃，左牆設計為 350mm×高度 1800mm 的開放型單面貨架，其上方設計成儲存櫃。

圖 8-22(d)所示為「**中大型零售賣場**」使用的集中複數收銀台，主要收銀通道以 600mm 為最適當，太寬容易導致收銀管理缺失，太窄又會使顧客碰撞到機台設備，目前幾乎所有零售賣場都以此為標準尺寸。收銀置物台以高度 750mm×深度 500mm 為最理想，切勿過高以免造成顧客上下物品及收銀員過帳操作時的不方便。另外，收銀機平台以高度 650mm×深度 600mm 為最適合收銀員的服務操作。以上的收銀設備大都採用規格成型的專用櫃台組合而成。

圖 8-22(e)所示「**中型生鮮超級市場**」之主通道是在右邊的生鮮蔬果區，其寬幅設計在 1200～1800mm 較為適當，靠牆的冷藏展示櫃以高度 1920mm 的亞洲規格比較適合，有些賣場所採用的歐美規格，其最上層置物架太高並不適合國內的消費者；主通道中間的冷凍冷藏平台櫃，總高度以不超過 1350mm（含上層置物架）為原則。左邊副通道寬幅設計在 900～1200mm 最適合，中間可選用深度 900mm×高度 1800mm 的雙面貨架，靠牆選用深度 450mm×高度 2100mm 的單面貨架，單面與雙面貨架的層板可隨商品陳列需要彈性上下調整。

圖 8-22(f)所示「**中型百貨賣場**」之主通道是在面對面販賣的專櫃區其寬幅為 1800mm，玻璃專櫃平台以深度 600mm×高度 950mm 為理想規格，靠牆開放式展示櫃規格以深度 450mm×高度 1800mm 較適當，專櫃區服務員通道的寬度可設計在 600～950mm 之間。另外，設置在賣場中間的陳列架以深度 900mm×高度 1350mm 的木製雙面平台為設計重點。

圖 8-22(g)所示「**大型量販店**」之通道都特別加寬規劃以利顧客

(a)小型服飾賣場之通道與櫥櫃的寬幅

(b)小型便利商店之通道與櫥櫃的寬幅

(c)小型藥妝用品賣場之通道與櫥櫃的寬幅

(d)中大型賣場之集中複數收銀台

(e)中型生鮮超級市場之通道與櫥櫃的寬幅

(f)中型百貨賣場之通道與櫥櫃的寬幅

(g)大型量販店之通道與商品櫥櫃的關係

🔖 圖8-22　各型賣場之通道寬幅與商品櫥櫃的關係（單位：mm）

使用大型購物車，主通道設計在冷凍冷藏生鮮食品區為 1800～2700mm，副通道設計在乾貨食品用品區為 1500～1800mm。因為其經營型態強調量大便宜，所有展示設備都採用較大尺寸的歐美規格以陳列多樣多量的商品，立式冷藏櫃為深度 1500mm×高度 2200mm的大規格，臥式冷凍櫃為深度1540～1840mm×高度800mm的平行櫃，雙面陳列櫃為深度 1200mm×高度 2200mm的倉儲架，靠牆的單面陳列櫃為深度1200mm×高度2200mm的倉儲架，這些

設備除了展示販賣功能之外，較高的上層都當成現場儲存用，以利及時補貨之用。

第四節　標準店面寬度之通道設計

一般標準的店面寬度以 4m、6m、8m 等三種居多，其中又以透天厝 4m 寬的店面最普遍，其次為大樓型的店面寬度設計為 6m 和 8m 兩種。至於其他的中大型店面寬度，大都依照業主的不同需求而設定。本節僅就以上三種標準店面寬之小型賣場，舉例說明如下：

壹、4 公尺（m）寬店面之通道設計

大部分的透天厝之店面寬都設計為 4 公尺，此店舖之賣場通道有兩種設計模式，一種為在賣場中央設置商品陳列架，其兩邊各留通道，如圖 8-23 之文具圖書店以自助式販賣型態為規劃訴求，四周設置單面架，而中間設置寬度 900mm 的雙面架以陳列書籍和文具，兩邊則各留 900mm 寬的通道。另一種為將賣場中間設計為通道，商品販賣全部往旁邊陳列，如圖 8-24 之服飾精品店以半自助式及面對面販賣型態為規劃訴求，兩面靠牆設置L型較寬的服飾精品架讓顧客自由選購，而左側設置平型展示櫃由賣場人員提供面對面販售服務，此規劃型態的通道應設計為 1600mm，提供較寬闊的選購空間，讓顧客更悠閒仔細的挑選所需的精品。

貳、6 公尺（m）寬店面之通道設計

對某些小型商店來講，因其商品性質無法重疊陳列出量販氣氛，必須靠較寬陳列面積及裝潢修飾來表現出商品差異化和賣場的販促氣氛，此種型態的行業開店時都傾向選擇大樓較寬的店面。例

文具圖書店以自助式販賣型態為規劃訴求，四周設置單面架，而中間設置寬度 900mm 的雙面架以陳列書籍和文具，兩邊則各留 900mm 寬的通道。

服飾精品店以半自助式及面對面販賣型態為規劃訴求，兩面靠牆設置 L 型較寬的服飾精品架讓顧客自由選購，而左側設置平型展示櫃由賣場人員提供面對面販售服務。

圖 8-23　4m 寬文具圖書店之通道設計（自助式販賣）

圖 8-24　4m 寬服飾精品店之通道設計（半自助式及面對面販賣）

圖 8-25　6m 寬麵包店之通道設計（自助式販賣）

如，圖 8-25 之麵包店選擇 6 公尺寬店面，並以自助式販賣型態為規劃訴求，中間設置四面型麵包展示架，右側靠牆設置寬型複層麵包架，左側靠牆設置較淺型的麵包架，然後將收銀服務台及蛋糕冷藏展示櫃設置在賣場後方。此設計型態的通道寬幅，除了入口處設計為 1500mm 之外，其餘直向通道和橫向通道皆設計為 1200mm，整體商品以橫面陳列為主，展現出明朗的格局。

參、8 公尺（m）寬店面之通道設計

選擇 8 公尺寬店面的行業型態，都是人潮流動較多的賣場，其陳列設備或生財器具所佔空間也較大，主要在表現豐富滿足的販促氣氛。以圖 8-26 之簡餐咖啡店為例，可將餐桌椅排成三列，兩條通路寬幅尚可設計為 1500mm，足以讓服務人員及顧客走動。另外一種以圖 8-27 之水果專賣店為例，賣場中間以橫向面陳列大量的季節性水果，賣場兩側可陳列較高級或進口水果，賣場後方以冷藏展示櫃陳列水果禮盒或切盤水果。此種設計型態以開放式自助販賣為訴求，表現出新鮮量販的氣氛，兼具現代化商店與傳統市場的功能及特色，其通道寬幅適宜設計在 1500～1800mm，讓顧客有逛市場的感覺。

🍎 圖 8-26　8m 寬簡餐咖啡店之通道設計

🍎 圖 8-27　8m 寬水果專賣店之通道設計（開放式自助式販賣）

第五節　磁石賣場區配置

「**磁石配置**」代表在規劃賣場時，評估比較能吸引消費者的暢銷區域為商品陳列的優先順序。一般零售賣場大致分成四個比較有吸引力的賣點區，每一區域都有其特殊的陳列訴求，圖 8-28 以超級市場為例作以下說明。

● **第一磁石區**

位於主通道兩側的陳列架，在此區配置主力商品或有計畫性的陳列季節性商品，如超級市場的蔬果生鮮食品。

● **第二磁石區**

位於各主要通道的末端正面區，此區有延續連接性機能，其將吸引顧客進一步往下一個購買點選購。在此區配置顧客購買頻率較高的暢銷商品，或長期陳列展售特殊性質的商品。

● **第三磁石區**

此區也稱為端架區，其在每一排貨架的前後端陳列重點商品，以塑造該排架商品的魅力，所以端架的商品必須和該排架的商品是同一屬性。此區的陳列配置可隨著季節活動和顧客來店頻率而靈活調整，甚至以商品變化需求而將適當端架區定期出租給廠商作重點展售。這些配置機能主要在刺激季節性和價格活動，更可達到商品宣傳及試吃活動和示範銷售的目的。

● **第四磁石區**

此區也稱櫃台商品區，其在每一收銀台前端設置端頭架，陳列一些零星小商品（如口香糖、乾電池、軟片、小玩具等）以引起等

候結帳顧客的注意，進而產生衝動性購買。有些小型賣場限於空間問題，可將此商品區置於櫃台桌上。但是不論哪一種賣場設置此磁石區時，其商品架不可過高而阻礙到顧客與營業員的視線。

第二磁石區

第二磁石區

第一磁石區

第三磁石區

第四磁石區

圖 8-28 　磁石賣場配置圖

學習評量及分組討論

1. 小型賣場規劃動線時，應該注意哪些事項？

2. 中大型賣場規劃動線時，應該注意哪些事項？

3. 請簡述賣場裡的動線可分為哪三種？

4. 請按順序列出「顧客動線」的整個路線主要包括哪些？

5. 規劃顧客動線時，所應思考的設計問題有哪些？

6. 「小型賣場顧客動線」依動線的形狀可區分成哪六種型態？

7. 請舉例說明「面對面販賣型動線」？

8. 請舉例說明「圓形動線」？

9. 請舉例說明「橫格型動線」？

10. 「中大型賣場顧客動線」可區分成哪四種型態？

11. 請舉例說明「格式迂迴動線」？

12. 請舉例說明「開放型動線」？

13. 「餐飲店動線」依其配置方式可分成哪五種型態？

14. 賣場的通道有哪五種？

15. 請舉例說明「主通道」？

16. 請舉例說明「副通道」？

17. 何謂「收銀區通道」，其包括哪兩種？

18. 請依照賣場規模大小，列出三種常用的主通道尺寸？

19. 請依照賣場規模大小，列出三種常用的副通道尺寸？

20. 請簡述通道寬幅與櫥櫃的相互關係？

21. 以小組為單位，模擬繪製小型便利商店的顧客動線，並說明之？

22. 以小組為單位，模擬繪製中型現代化傢俱賣場的顧客動線，並說明之？

23. 以小組為單位，舉例討論中大型賣場各種動線型態的特性比較？

24. 以小組為單位，討論並舉例繪製大型量販店的收銀通道和結帳等待通道，並說明之？

25. 以小組為單位，練習將教室規劃為任一賣場，並將賣場配置、動線及通道，按照比例：1/100、單位：mm 繪製成平面圖？

第九章

設備器具計畫

各節重點

第一節　賣場設備器具種類

第二節　設備工程施工與管理

第三節　設備器具使用與保養

學習評量及分組討論

學習目標

1. 熟悉賣場所必須使用的基本電器設備。
2. 瞭解各種商店陳列展示的設備和器材。
3. 熟悉前場的生財器具設備之種類與用途。
4. 熟悉後場的作業器具設備之種類與用途。
5. 學習賣場設備工程之發包與施工管理。
6. 能夠自行擬定賣場工程進度控制表。
7. 瞭解簡易的設備性能及用電需知。
8. 可以清楚描述設備使用需知及保養維護要點。

賣場設備器具種類

　　「**賣場的設備器材**」具有裝潢演出、陳列展售、儲存補貨、加工包裝、輔助管理的機能。大致上可分為基本電器設備、消防安全器材、商品陳列設備、前場生財器具與管理設備、後場作業設備等五大類。

壹、基本電器設備

　　「**基本電器設備**」是賣場裡主要的共用性設備，包括各式照明、發電機、冷氣空調等設備。「照明設備」除了賣場基本照明、強調照明、專用照明之外，尚包含廣告用的招牌照明和指引用的燈箱照明；發電機是當賣場停電時，可自行發電供應賣場急需。「發電機」屬於昂貴的重機器設備，雖非常態使用設備，卻不可不準備。一般賣場來講，可依實際需要購置部分機台供賣場主要電力系統備用，另外非急迫性需求部分可向廠商租賃；「冷氣空調設備」以分離式設計最適合，可將冷氣主機安置室外，完全隔離機器噪音。小賣場適合選用嵌入型或埋入型（吊隱直膨式）冷氣，中型賣場宜選用箱型冷氣或中央空調，大型賣場則應設計中央冷氣空調系統（如圖 9-1 所示）。

貳、消防安全器材

　　由於賣場是高密度人潮聚集的地方，依據行政院頒佈的「各類場所消防安全設備設置標準」規定，營業場所都應設置符合國家審核認可的消防安全設施及設備，並擬定有效的消防作業之應變措施，以利火警意外時，能確保人員及財物之安全。至於賣場應該設

(a)嵌入型冷氣適合超商　　　　　　　　　(b)吊隱直膨式冷氣

(c)箱型冷氣　　　　　　　　　　　(d)中央冷氣空調系統（冰水機組）

🏛 圖 9-1　適合賣場使用的各型冷氣空調設備

圖片提供：台灣日立股份有限公司。

消防安全器材
可歸納為建築施工基礎
耐火材、消防設備設施
及緊急設備等三大類。

置的「**消防安全器材**」可歸納為建築施工基礎耐火材、消防設備設施及緊急設備等三大類（如表 9-1 所示）。建築施工基礎耐火材除了混凝土、磚瓦、砂漿之外，還包括石膏板、防火泥、瀝青水泥板、耐火板等隔間防火材。另外，消防設備包含消防警報器、火警感應器、煙霧感應器、灑水系統、滅火器、消防箱等；而消防設施包括防火門、防火窗、防火巷、排煙窗、緊急出口及疏散樓梯等。緊急設備有避難用具、緊急響鈴、急救醫療用品、消毒用具等。

　　賣場裡針對滅火器的設置應特別注意其適用性，一般場所都設置泡沫滅火器，然而電器室應以乾粉及二氧化碳滅火器為主。另外，賣場的外圍也應準備消防砂，以防意外發生之需。

表 9-1　賣場各種消防安全器材

消防器材類別	消防器材名稱
建築施工基礎耐火材	混凝土、磚瓦、砂漿、石膏板、防火泥、瀝青水泥板、耐火板等。
消防設備設施	消防設備：消防警報器、火警感應器、煙霧感應器、灑水系統、滅火器、消防箱等。 消防設施：防火門、防火窗、防火巷、排煙窗、緊急出口及疏散樓梯等。
緊急設備	避難用具、緊急響鈴、急救醫療用品、消毒用具等。

參、商品陳列設備

商品陳列設備種類非常多，大致可歸類為貨物架、商品櫥、陳列櫃、吊架、展示台、特販車台、陳列道具和器皿等。

● 貨物架

是零售賣場最主要的陳列設備，可分成靠壁型的單面架及通道型的雙面架。按照賣場的經營型態，又分成輕型架、量販架、倉儲架等。「輕型架」如超商使用的小型商品架（如圖 9-2 所示），單面靠壁架尺寸為寬 900（1200）×深 450×高 1500（1800）mm，走道雙面架為兩座單面架組合成寬 900（1200）×深 900×高 1350（1500）mm；「量販架」為中型賣場所使用的多量陳列架（如圖 9-3 所示），單面架規格尺寸為寬 1200×深 600×高 2000mm，雙面架為兩座單面架組合成寬 1200×深 1200×高 2000mm；「倉儲架」為大型批發賣場所使用的重型貨架，此設備根據不同物重及存取方式來設計規格，其結構承受負載可達 1～5 噸。

🔖 圖 9-2 輕型貨物架

🔖 圖 9-3 量販型貨物架

● 商品櫥

也稱之為玻璃展示櫥（如圖 9-4 所示），上層展示面由玻璃加飾條組合而成，下層基座視需要由木質或鋼鐵鋁材設計而成。「**商品櫥**」通常陳列輕薄短小且高級精緻之商品，配合強調照明更可襯托出商品的質感。其規格有現成的寬 900（1200、1500）×深 300（450）×高 800mm，然大部分賣場業者都會根據其陳列需要訂製不同的尺寸。

商品櫥
通常陳列輕薄短小且高級精緻之商品，配合強調照明更可襯托出商品的質感。

● 陳列櫃

以立體容器陳列主力商品為主，如服飾櫃、食品櫃、冷凍冷藏櫃等（如圖 9-5 所示），「**陳列櫃的設計**」都比較講究專用性與功能性（如保溫、保鮮功能），以表現商品的價值與確保品質條件。

陳列櫃的設計
比較講究專用性與功能性，以表現商品的價值與確保品質條件。

● 吊架

「**吊架**」是服飾賣場及運動用品店最主要的陳列器具（如圖 9-6 所示），大致分成壁面吊架與活動吊架。壁面吊架有溝槽壁板及鐵網板，兩種板面都可配合各式掛勾陳列特殊形狀的商品（如圖 9-7 所示）；活動吊架以本架結構配合各式掛勾（如單斜架、內衣架、西褲架、飾品架等），可組合成多種有創意又節省空間的陳列模式。

吊架
是服飾賣場及運動用品店最主要的陳列器具，大致分成壁面吊架與活動吊架。

● 展示台

展示台都用於商品的演出，以較有設計變化的高低台、平面台、角落台及其他不規則形狀的陳列面，展現商品的特色與魅力（如圖 9-8 所示）。

● 特販車台

此種車台分為一般特價品車台與具有商品風格的特販車台。一般特價品車台都是規格尺寸並可折疊收藏、成型組合容易、攜帶方便，非常適合促銷活動使用（如圖 9-9 所示）。每一種特殊風格的車台都是依據商品的特色而設計，不僅凸顯商品特徵，創意的外型常是吸引消費者的關鍵。

每一種特殊風格的車台都是依據商品的特色而設計，不僅凸顯商品特徵，創意的外型常是吸引消費者的關鍵。

● 其他陳列道具與器皿

其他陳列道具和器皿種類非常多，常見的道具如人體模特兒、板型人體、壓克力……等等，而常用的器皿如巧固籠、網狀籃子、籐籃、專用盤、木器桶、裝飾容器……等等（如圖 9-10 所示）。

🔖 圖 9-4 玻璃商品櫥

🔖 圖 9-5 冷藏陳列櫃

🔖 圖 9-6 各種服飾吊架

📖 **圖 9-7　溝槽壁板吊架**

📖 **圖 9-8　各式展示平台**

📖 **圖 9-9　折疊式特價品車台**

🛒 圖 9-10 　各種陳列容器

肆、前場生財器具與管理設備

　　前場生財器具與管理設備可歸納為冷凍冷藏設備、商用餐飲設備及管理輔助設備等三大類（如表 9-2 所示）。

冷凍冷藏設備
大都是食品賣場的主要
重裝設備，常是佔賣場
最高的投資比率，設備
裡所展售的也都是賣場
的主力商品。

　　「**冷凍冷藏設備**」包括開放式冷藏展示櫃、臥式冷凍櫃、冰品櫃、開門式冷藏飲料櫃、蛋糕西點展示櫃、不銹鋼冷凍冷藏櫃、組合式冷凍冷藏庫等（如圖 9-11 所示），這些設備大都是食品賣場的主要重裝設備，常是佔賣場最高的投資比率，設備裡所展售的也都是賣場的主力商品。目前國內賣場所使用的冷凍冷藏設備大都是國產自製品，其規格與性能都比較符合國內賣場的需求，施工按裝的技術度都非常純熟，尤其售後服務的機動性與零配件的維修互換性都很強，以及價格的合理性都是與進口設備競爭的優勢因素。

🔖 表 9-2　前場的生財器具設備

生財器具種類	設備名稱
冷凍冷藏設備	如開放式冷藏展示櫃、臥式冷凍櫃、多門式冷藏飲料櫃、密閉式生鮮食品冷凍冷藏櫃等。
商用餐飲設備	如製冰機、汽水機、果汁機、啤酒機、商用微波爐、雪泥機、熱狗機、烘烤爐、油炸機、蒸櫥、煎盤、淨化濾水設備等。
管理輔助設備	如收銀機、電腦設備、監視系統設備等。

開放式冷藏展示櫃

開門式冷藏飲料櫃

不鏽鋼冷凍冷藏櫃

蛋糕西點展示櫃

🔖 圖 9-11　冷凍冷藏設備

圖片提供：安勝商店設備股份有限公司。

「**商用餐飲設備**」隨著賣場的不同需求，其包含範圍非常廣泛，從製冷設備、保溫設備到煮熟設備等各式各樣非常之多。本書僅就較通用性的設備明列於後，舉如製冰機、汽水機、果汁機、啤酒機、雪泥機、熱狗機、咖啡機、蒸包機等等（如圖9-12所示）。這些設備大都被使用在小型食品賣場或餐飲賣場裡。由於市場需求量不像冷凍冷藏設備的普遍，所以國內製造廠投入量產的意願較低，導致目前很多賣場所使用的商用餐飲設備仍以進口設備比率較高。然而，有一些市場需求量大的商用餐飲器材設備，賣場業者還是以國內自製品為主要選擇，像烘烤爐、油炸機、蒸櫥、煎盤、商用微波爐、淨化濾水設備等等。

製冰機　　　　　　　　　　　　果汁機

蒸包機　　　　　　　　　　　　咖啡機

圖9-12　商用餐飲設備
圖片提供：老日光冷凍工業股份有限公司。

　　「**賣場的管理輔助設備**」以收銀機系統、電腦設備、監視系統為主。單店的小型賣場大都以簡式的發票收銀機、防盜鏡為此項的主要設備。而連鎖商店或中大型賣場除了基本的電腦行政系統設備之外，收銀大都使用 POS 銷售情報系統設備，賣場監視設備也設計為多點全面電腦監控系統。這些管理設備輔助賣場營運，大幅提高商業自動化效率。

賣場的管理輔助設備
以收銀機系統、電腦設備、監視系統為主。這些管理設備輔助賣場營運，大幅提高商業自動化效率。

伍、後場作業設備

　　為了能發揮賣場的效果所進行的作業，大都藉由後場的機器設備來完成。後場的這些作業設備包含食品加工機器、瓦斯爐具設備、食品烘焙設備、大廚房設備、運補貨及包裝設備等五大類（如表 9-3 所示）。

　　「**食品加工機器**」主要是將食品原物料加工切割成可販售、包裝或烹煮形式，如切菜機、球根剝皮機、自動切肉機、鋸骨機、絞肉機、切絲機等。

　　「**瓦斯爐具設備**」則是將已切割之食材烹飪成熟食，使成可販售的商品，如快速爐灶、西式爐灶、中式煎盤、快速高湯炒爐、燒烤爐、油炸機等。

表 9-3　後場作業設備

機電設備種類	設備名稱
食品加工機器	如切菜機、球根剝皮機、自動切肉機、鋸骨機、絞肉機、切絲機等。
瓦斯爐具設備	如快速爐灶、西式爐灶、中式煎盤、快速高湯炒爐、燒烤爐、油炸機等。
食品烘焙設備	如烤箱、冷凍麵糰櫃、麵粉攪拌機、打蛋器等。
大廚房設備	如自動炊飯機、食物蒸煮機、自動煮麵機、洗米機、洗碗機、便當自動包裝機、排油煙機、調理工作台、冷凍冷藏庫等。
運補貨及包裝設備	如輸送梯、堆高機、手推台車、平台車、多層棚架台車、自動打包機、保鮮包裝台等。

「**食品烘焙設備**」都用於烘烤麵包及西點，這些設備除了烤箱、冷凍麵糰櫃之外，尚包括前置作業設備如麵粉攪拌機、打蛋器等器具。

「**大廚房設備**」所指的是商業用的廚房設備，此種設備對於賣場廚房的作業效率兼具著量產與速度的功能，如自動炊飯機、食物蒸煮機、自動煮麵機、洗米機、洗碗機、便當自動包裝機、排油煙機、調理工作台、冷凍冷藏庫等。

最後一大類的「**運補貨及包裝設備**」乃是後場進出貨品、儲存貨品及拆包裝商品的機具，如輸送梯、堆高機、手推台車、平台車、多層棚架台車、自動打包機、保鮮包裝台等。

第二節　設備工程施工與管理

壹、賣場工程發包與管理

一、選擇承包商

賣場設備工程的汰換年限最少也都在五年以上，所以選擇施工承包商更顯得重要。遴選條件除了價格能符合自己的預算之外，還涵蓋以下所述的專業與經驗、信用與盡責等多方面審慎評估。

(一)專業與經驗

工程委託時，務必先參觀承包商的實績案例，確認施工上的整體感覺、材質使用的適當性、工程是否按圖施工、規格尺寸有無差錯、陳列器具正確擺設、裝潢修飾善後整理。另外，向賣場業者探詢是否按照預算施工、是否如期完工、現場施工人員的配合態度、

現場工程安排及管理等問題。

(二)信用與盡責

選擇優良承包商有助於賣場順利開幕，若是承包商信用不佳，工程中偷工減料或停頓，將使賣場無法如期開張，經營者的損失不可言喻，故發包前應向相關工會和往來銀行探詢承包商的商譽。還有打聽承包商的售後服務的責任表現，尤其維修頻率較高的設備工程，如冷凍空調設備、餐飲廚具設備、烘焙食品機器、收銀監視設備、水電照明工程等，應選擇就近的優良廠商，其有完備的服務維修作業系統，當機器設備有故障發生時能在合約時間內前來維修，排除故障。

二、設備工程主要項目

(一)建築工程

「**建築工程**」可分成建築物的主體工程及電器管線配置工程，此工程除了新建賣場建築之外，尚包括舊建築的修補、增建及改建等工程。通常中大型賣場的建築工程是佔所有開店工程項目中的最大比率，然而小型賣場剛好相反，原因是大部分的小賣場都是利用租賃或自有的現成建築物，加以局部整修完成，其主要工程著重在電器管線配置。

「**建築物的主體工程**」範圍涵蓋拆除、地基、補修、水泥、磁磚、油漆、外觀、鋁門窗、玻璃、雜項善後整理等工程。「**電器管線配置工程**」包括賣場內外的電器管線配置、照明器具系統、電力系統控制設計、各項插座開關配置、機電設備和生財器具的配電配水、瓦斯管線配置、管理設備的弱電配置等工程。

(二)賣場裝修及設備按裝工程

「**賣場裝修工程**」主要包含木工裝修工程、櫥櫃訂製工程、照

選擇優良承包商有助於賣場順利開幕，若是承包商信用不佳，工程中偷工減料或停頓，將使賣場無法如期開張。

建築工程可分成建築物的主體工程及電器管線配置工程，此工程除了新建賣場建築之外，尚包括舊建築的修補、增建及改建等工程。

明器具按裝工程、金屬裝修工程、壁面貼飾及廣告裝飾工程、帆布裝設工程等項目。「**設備按裝工程**」主要包括冷凍空調設備按裝、生財器具設置、展示陳列器具裝設、後場加工機器按裝、大廚房設備裝置、管理設施及器材裝置、廣告招牌設計按裝等項目。

三、工程發包方式與注意事項

工程發包方式有「統包」及「分包」兩種。

「**統包**」為所有設備工程都委由單一業者做總承包商，然後由總承包商再分包給各項工程的專業者負責。統包角色通常由信用較好、工程比率最大的工程業者來承擔如建築業者，雖然此方式的成本較高，但對專業度及人力不足的小賣場來講，可減輕賣場經營者的能力及時間負擔。

「**分包**」為所有設備工程都由賣場業者直接發包給各項工程的專業者負責，此方式可節省中間轉承的費用成本，但是賣場經營者必須一一面對各分包商，時間的耗費及各項工程的專業度提升是必然的，其最大優點是親自參與進行施工，可掌控進度及防止缺失。

「**工程發包時**」必須重視工程進度表的任務，經常掌握工程的進行狀況，以預定施工日期繪製工程進度控制表，張貼在各工作場所，每天確認進度並檢討延誤原因並合力排除。如表 9-4 所示為便利商店的工程進度控制，假設工程預定完工日為 2005 年 1 月 31 日前，且電力公司送電日為 1 月 24 日。所以，從拆除舊裝潢到所有工程現場按裝的施工期為 24 天，等輸送動力用電後隨即進行機器設備的試車運轉。運轉調整無誤，所有工程廠商退場，以進行清理工作，準備進貨陳列。

另外，為避免有追加工程費的情形發生，應注意確實按照賣場設計圖、施工設計圖、立體和局部解說圖及工程品項明細表來施工，同時加強設計者、經營者及施工者之間的充分溝通配合，才能防止不必要的工程變更，造成追加費用。

統包
為所有設備工程都委由單一業者做總承包商，然後由總承包商再分包給各項工程的專業者負責。

分包
為所有設備工程都由賣場業者直接發包給各項工程的專業者負責，可節省中間轉承的費用成本、親自參與進行施工、掌控進度及防止缺失。

工程發包時
必須重視工程進度表的任務，經常掌握工程的進行狀況，以預定施工日期繪製工程進度控制表，張貼在各工作場所，每天確認進度並檢討延誤原因並合力排除。

表 9-4　賣場工程進度控制表範例

高雄便利商店　工程進度控制表

2005 年 01 月

順序	計畫執行事項	責任者（廠商）	執行狀況與問題檢討（每日確認）	日期 星期	進度（1–31日）
1	拆除舊裝潢	美美木器			1
2	收銀台及自動便利區櫥櫃製作	美美木器			5–6
3	水電及照明配管配線工程	明暉電機			11–12
4	冷凍冷藏設備進場施工	安勝冷凍			14
5	冷氣工程安裝配管	安勝冷凍			15–16
6	壁板裝修及粉刷油漆	美美木器			17–18
7	鋁製玻璃櫥窗	大進鋁窗			18–19
8	自動門按裝	成泰自動門			19–20
9	廣告招牌吊掛	大方廣告			20–21
10	自助區冷熱機器設備按裝	匯貿公司			21–22
11	收銀機、保險櫃、電腦設備按裝	鑫才科技			22–23
12	商品陳列架組合按裝	永固貨架			23–24
13	輸送動力用電	台電公司			24–25
14	冷凍及冷氣工程試車運轉	安勝冷凍			25–26
15	全部工程完工退場	工程廠商			27–28
16	清理賣場、準備進貨	商店員工			28

四、設備工程契約書

賣場設備工程之預算與估價，在施工前是很重要須確定之事。如果只憑口頭約定就決定進行工程施工，勢必無法掌控工程品質與進度，也無法確認工程價格的合理性。尤其小型賣場業者，常因口頭約定將工程發包給親朋好友，導致產生一些不愉快的工程糾紛，如進度延誤、品質認定不一、追加工程費……等等。

為防止工程糾紛及確保施工品質，業主與承包商雙方需要訂定「**工程契約書**」。工程契約書的內容包括設備工程明細估價單、施工進度表、施工設計圖、付款條件、品質保證及售後服務等要項。表 9-5 所示為簡式工程契約書，其適用於小型賣場之工程。

貳、設備工程預算與估價

賣場所用的全部設備器具，單憑規劃設計圖作預算估價是不夠精確的，必須配合設備分類，詳盡設計後列舉品項明細，再進行審慎估價，以下列舉整個估價的流程說明（如圖 9-13 所示），並以便利商店為範例，詳列實際的預算估價圖表。

1. 收集相關設備使用資訊與供應廠商資料。
2. 評估並決定適合賣場的各項設備器具。
3. 繪製賣場各種規劃設計圖：賣場平面圖（如圖 9-14 所示）、解說立體圖、施工設計圖及實際設備的目錄。
4. 詳列各分類設備器具的品項明細表，品項明細表內容包含產品名稱、機種型號、規格尺寸、數量單位、預估單價及總價、實估單價及總價（如表 9-6 所示）。
5. 市場訪價：先從現有使用者及親朋好友中瞭解實體設備的價格行情，再查訪供應廠商的市價，訪價過程同時挑選專業優良廠商。

📖 表 9-5　設備工程契約書

設備工程契約書

茲 _____（以下簡稱甲方）向 _____（以下簡稱乙方）訂購下列設備工程，經雙方議定條款如下：

一、設備工程品項明細：

項次	產品名稱／型號規格／寬×深×高	單位	數量	單價	複價

總價合計為新台幣：　佰　拾　萬　仟　佰　拾　元整

備　註 說　明	

二、簽約日期：中華民國　　年　　月　　日

三、施工進度：1.＿＿＿＿＿＿＿＿＿＿＿＿＿＿＿＿＿＿＿＿＿＿＿＿＿＿
　　　　　　　2.＿＿＿＿＿＿＿＿＿＿＿＿＿＿＿＿＿＿＿＿＿＿＿＿＿＿
　　　　　　　3.＿＿＿＿＿＿＿＿＿＿＿＿＿＿＿＿＿＿＿＿＿＿＿＿＿＿

四、交貨及施工地點：＿＿＿＿＿＿＿＿＿＿＿＿＿＿＿＿＿＿＿＿＿＿＿＿

五、付款條件：1.＿＿＿＿＿＿＿＿＿＿＿＿＿＿＿＿＿＿＿＿＿＿＿＿＿＿
　　　　　　　2.＿＿＿＿＿＿＿＿＿＿＿＿＿＿＿＿＿＿＿＿＿＿＿＿＿＿
　　　　　　　3.＿＿＿＿＿＿＿＿＿＿＿＿＿＿＿＿＿＿＿＿＿＿＿＿＿＿

六、下貨至一樓平面，一樓以上及地下室之搬運，另外以實際需要計費。

七、本設備工程自售出時由乙方負責保固壹年，唯因不可抗力或電壓不當及人為過失之非正常機器運作所發生之故障時，乙方有責維修並酌情向甲方收取材料及工資費用。

八、如甲方貨款未能支付予乙方或所支付之票據未能如期兌現時，該設備貨品之產權仍歸屬乙方，乙方有權收回所售之設備貨品並對甲方追償按裝費用。

九、其餘圖表說明，另外以附件併入本契約書。

十、本契約書一式二份，並經雙方當事人簽名蓋章後各執乙份為憑。

十一、雙方簽認：

甲　　　　　方：	（簽章）	乙　　　　　方：	（簽章）
統　一　編　號：		統　一　編　號：	
負　　責　　人：	（簽章）	負　　責　　人：	（簽章）
身　份　證　字　號：		身　份　證　字　號：	
簽　　約　　人：	（簽章）	簽　　約　　人：	（簽章）
身　份　證　字　號：		身　份　證　字　號：	
地　　　　　址：		地　　　　　址：	
電　　　　　話：		電　　　　　話：	
傳　　　　　真：		傳　　　　　真：	
E-mail：		E-mail：	

📖 圖 9-13　賣場設備器具工程預算及估價之流程圖

📖 圖 9-14　賣場規劃平面圖

6. 擬定設備分類及總工程預算（如表 9-7 所示）。

7. 進行估價：與之前所選擇的廠商分別進行各項設備估價。

8. 內容要求及比價：針對各家廠商的估價及工程內容，進行審核及標準要求，然後以所確認的內容進行廠商比價。

9. 篩選符合要求標準的廠商，進行商業談判。

10. 甄選總評估檢討，擇優廠商締結合約。

範例說明

承租賣場面積為 14 坪的便利商店之設備器具等工程企劃預算估
價書，不含建築工程。

表 9-6　便利商店設備工程分類明細之預算估價表

壹	冷凍冷藏及冷氣空調工程					
項次	產品名稱／型號規格／寬×深×高	單位	數量	單價	複價	
1.	二門冷凍展示櫃／ W1260×D800×H2070mm，屋外型冷凝器。電壓 1φ220V，使用溫度-18℃～-23℃，液晶顯示溫度計。	台	1	70,000	70,000	
2.	三門冷藏展示櫃／ W1880×D800×H2070mm，屋外型冷凝器。電壓 1φ220V，使用溫度+2℃～+8℃，液晶顯示溫度計。	台	2	53,000	106,000	
3.	4T 嵌入型冷氣，外機 W1140×D348×H820mm，內機 W1135×D890×H285mm。日本三菱原裝進口，冷氣能力 1000Kcal/h，1φ220V。	台	1	125,000	125,000	
4.	4.5 台尺臥式玻璃對拉冰櫃／ W1310×D660×H920mm，機下內藏機組。丹麥原裝進口，電壓 1φ110V，使用溫度-18℃。	台	1	22,000	22,000	
5.	合　計				323,000	

貳	自助便利區餐飲機器設備					
項次	產品名稱／型號規格／寬×深×高	單位	數量	單價	複價	
1.	自動進水開水機	台	1	14,000	14,000	
2.	桌上型製冰機／ W630×D510×H850mm，電壓 1φ110V。	台	1	80,000	80,000	
3.	桌上型汽水可樂機（五孔型）／ W428×D628×H628mm，電壓 1φ110V。	台	1	65,000	65,000	
4.	單槽雪泥機／ W330×D490×H760mm，電壓 1φ110V。	台	1	38,000	38,000	
5.	商用微波爐／ W510×D415×H335mm，電壓 1φ220V。日本 Sanyo。	台	1	35,000	35,000	
6.	逆滲透 RO 純水系統。	套	1	35,000	35,000	
7.	合　計				267,000	

參	商品展示架及周邊設備				
項次	產品名稱／型號規格／寬×深×高	單位	數量	單價	複價
1.	4 尺雙面四層展示架／W1200×D900×H1500mm。	台	5	3,800	19,000
2.	4 尺單面五層展示架／W1200×D450×H1800mm。	台	7	3,000	21,000
3.	3 尺端面四層展示架／W900×D450×H1500mm。	台	2	2,800	5,600
4.	3 尺雜誌架／W900×D430×H1350mm。	台	1	5,400	5,400
5.	前檔	支	96	20	1,920
6.	PVC 隔板 30cm	片	50	17	850
7.	PVC 隔板 35cm	片	50	18	900
8.	HPC 發票收銀機，附發票章。	台	1	30,000	30,000
9.	單排標價機	支	2	1,000	2,000
10.	單排標價紙	卷	100	12	1,200
11.	防盜鏡	面	2	1,800	3,600
12.	合　計				91,470

肆	裝潢工程				
項次	產品名稱／型號規格／寬×深×高	單位	數量	單價	複價
1.	L 型收銀櫃台（美耐板材質）／W2300 (900)×D500×H750mm。	座	1	28,000	28,000
2.	酒櫥及洗手台架（含玻璃層架）／W2200×200×H2400mm。	座	1	35,000	35,000
3.	自助便利區冷飲櫃台（美耐板材質）／W2600×D650×H750mm。	座	1	15,000	15,000
4.	自助便利區熱食櫃台（美耐板材質）／2400×D650×H750mm。	座	1	15,000	15,000
5.	展示櫃上飾板（麗光板）／W5020×H1000mm。	式	1	18,000	18,000
6.	後門及門斗	式	1	4,800	4,800
7.	騎樓及其他補修油漆	式	1	12,000	12,000
8.	賣場天花板輕鋼架 14 坪	式	1	11,200	11,200
9.	門面大玻璃櫥窗及自動門加門鈴（含拆舊工資）	座	1	48,000	48,000
10.	合　計				187,000

伍	廣告招牌及 POP 用品				
項次	產品名稱／型號規格／寬×深×高	單位	數量	單價	複價
1.	橫式招牌，軟性無接縫材質／W12.6×H4.2 台尺	座	1	32,000	32,000
2.	直式招牌，軟性無接縫材質／W5×H6 台尺	座	1	15,000	15,000
3.	卡點希得廣告飾條工程（含櫥窗、門面及賣場上飾板等部分）	式	1	15,000	15,000
4.	壓克力製品及容器（含香菸盒、紙杯盒、冷飲區和熱食區壓克力牌）	式	1	9,000	9,000
5.	賣場入口額頭廣告看板	式	1	3,500	3,500
6.	POP 促銷海報	張	30	250	7,500
7.	開幕印刷傳單	張	2000	2.5	5,000
8.	合　計				87,000

陸.	水電工程				
項次	產品名稱／型號規格／寬×深×高	單位	數量	單價	複價
1.	招牌配電 $1\phi220V$，1 迴路。	式	1	5,000	5,000
2.	冷藏配線 $1\phi220V$，1 迴路。	式	1	6,000	6,000
3.	冷凍配線 $1\phi220V$，1 迴路。	式	1	3,000	3,000
4.	賣場電燈 2 迴路，40W×2△×18 組。	式	1	16,500	16,500
5.	配 $1\phi110V$ 插座×3 組	式	1	8,000	8,000
6.	配 $1\phi220V$ 插座×2 組	式	1	6,000	6,000
7.	自助區插座×3 組	式	1	8,000	8,000
8.	櫃台裝置 $1\phi110V$ 插座，電燈開關 1 迴路。	式	1	7,000	7,000
9.	弱電音響配線	式	1	3,000	3,000
10.	冷氣配線	式	1	4,000	4,000
11.	更換大型電源開關箱，NFB 開關新設，電源 1F、2F 電錶線換新線 38mm，明線 PVC3C 電纜施工。	式	1	35,000	35,000
12.	1F 增設 $1\phi110V$ 及 $1\phi220V$	式	1	8,000	8,000
13.	自助區排水、給水、RO 水等工程施工。	式	1	5,000	5,000
14.	騎樓電燈 6 組（40W×2△）	式	1	6,000	6,000
15.	自動門配線	式	1	2,000	2,000
16.	3F 另外申請新錶（含 4F）	式	1	20,000	20,000
17.	合　計				142,500

表 9-7　便利商店設備工程總預算表

項次	設備工程分類大綱	單位	數量	總價	備註
壹	冷凍冷藏及冷氣空調工程	式	1	323,000	
貳	自助便利區餐飲機器設備	式	1	267,000	
參	商品展示架及機器設備	式	1	91,470	
肆	裝潢工程	式	1	187,000	
伍	廣告招牌及 POP 用品	式	1	87,000	
陸	水電工程	式	1	142,500	
柒	合　　計			1,097,970	

第三節　設備器具使用與保養

　　賣場裡的設備器具除了陳列器具及裝潢設施之外，大部分皆屬於機電設備，若是操作不當或保養不良，不僅會損壞設備，影響賣場營運，且容易造成災害，危及顧客和員工。所以，正確的使用方法和定期的維修保養，是提高賣場安全管理的主要條件。

壹、設備性能及用電認識

　　各種設備的功能及用途都不一樣，要能發揮其最大使用效能及確保使用安全，首要之務就是認識其性能條件。表 9-8 分別列出賣場的各種機電設備所應具備的基本性能條件，業者可依據此表的基本條件，向承製廠商查詢所使用型號的性能資料，並列冊管理。

　　供電系統分為直流及交流兩種電源，「**直流電源（DC 電）**」大都來自小型電器和電子用品所使用的乾電池和蓄電池等，其電壓值較小，有 1.5 伏特、3 伏特、6 伏特、12 伏特、24 伏特等多種。「**交流電源（AC 電）**」的供電系統都來自台灣電力公司，家庭用

直流電源（DC 電）
大都來自小型電器和電子用品所使用的乾電池和蓄電池，其電壓值較小。

🏩 表 9-8　賣場機電設備的性能條件

機電設備種類	性能條件	設備名稱
冷凍冷藏設備	型號規格尺寸（mm）、使用溫度範圍（℃）、電壓頻率（V. HZ）、內容積（L）、壓縮機出力（W）、冷凍能力（Kcal）、冷凍劑、冷凍方式、照明、棚架、淨重（kg）。	如開放式冷藏展示櫃、臥式冷凍櫃、多門式冷藏飲料櫃、密閉式生鮮食品冷凍冷藏櫃等。
冷氣空調設備	型號規格尺寸（mm）、電壓頻率（V. HZ）、冷氣能力（Kcal）、壓縮機出力（W）、冷凍劑、淨重（kg）。	如中央空調系統設備、崁入型冷氣設備、直膨吊掛式冷氣、壁掛分離式冷氣等。
食品加工機器	型號規格尺寸（mm）、用途、電壓頻率（V. HZ）、作工能力（如切斷、切片、剝皮，kg/h）、淨重（kg）。	如切菜機、球根剝皮機、自動切肉機、鋸骨機、絞肉機、切絲機等。
瓦斯爐具設備	型號規格尺寸（mm）、用途、電壓頻率（V.HZ）、火架直徑（mm）、爐口直徑（mm）、天然（Kcal）或筒裝（kg/h）瓦斯消費量、淨重（kg）。	如快速爐灶、西式爐灶、中式煎盤、快速高湯炒爐、燒烤爐、油炸機等。
食品烘焙設備	型號規格尺寸（mm）、用途、電壓頻率（V. HZ）、淨重（kg）。	如烤箱、冷凍麵糰櫃、麵粉攪拌機、打蛋器等。
大廚房設備	型號規格尺寸（mm）、用途、電壓頻率（V. HZ）、作工能力（如煮麵能力碗／時、洗碗能力）、排給水口徑、淨重（kg）。	如自動炊飯機、食物蒸煮機、自動煮麵機、洗米機、洗碗機、便當自動包裝機、排油煙機、調理工作台、冷凍冷藏庫等。
商用餐飲設備	型號規格尺寸（mm）、用途、電壓頻率（V. HZ）、作工能力（如製冰能力磅／天）、排給水口徑、淨重（kg）。	如製冰機、汽水機、果汁機、啤酒機、商用微波爐、雪泥機、熱狗機等。
管理輔助設備	型號規格尺寸（mm）、用途、電壓頻率（V. HZ）、軟體程式系統（電腦作業系統、收銀系統、監視系統）、淨重（kg）。	如收銀機、電腦設備、監視系統設備等。
基本電力設備	型號規格尺寸（mm）、用途、電壓頻率（V. HZ）、電力系統功能、控制系統功能、淨重（kg）。	如發電機、賣場主要配電盤、照明配電盤、設備分類配電盤等。

的大家電如電視、冰箱、電風扇……等等，都使用單相 110 伏特（1 φ110V）的電壓。近年來電力公司為使輸配電力減少損耗，促使商業賣場逐步使用單相 220 伏特（1φ220V）的高電壓值，中型賣場也已提高使用三相 220 伏特的電壓，甚至大型量販賣場或大樓也都配備有三相 380 伏特電壓的供電設施。然而無論使用何種電壓的設備，選購時務必確認設備的電壓值與自己賣場所申請的電壓要相吻合，才不至於損壞設備，造成安全虞慮。

貳、常用設備使用與保養

　　一般零售賣場常用的設備不外乎前場的生財設備、管理設備，以及後場的加工作業機器，例如超級市場和麵包店等賣場，其前後場的設備使用比例都很平均。然而不同的賣場經營型態，設備使用比例也都不一樣，例如餐廳的設備比例偏重於後場的餐飲廚房設備，而便利商店的設備比例卻著重在前場。以便利商店為例，主要機電設備大致分為冷凍冷藏展示櫃（如開放式冷藏櫃、臥式冷凍櫃等）、自助餐飲區設備（如汽水機、製冰機、蒸包機等）、管理輔助設備（如收銀機、監視器等）、賣場基本設備（如冷氣機、自動門、照明設備等）等四類。

　　如以上的一家賣場有幾十種的機電設備，每一種設備的使用與保養都各有差異，除了配合專業的協力廠商之外，賣場人員應需落實以下的注意事項。

一、設備使用須知

- 熟悉設備機型規格和各部位名稱。
- 瞭解設備的使用電壓、特性、配電開關位置。
- 瞭解設備的運作性能、操作方法和控制功能。
- 熟記安全維護說明及使用須知。
- 熟練設備的一級保養，如更換耗材、設備清潔消毒、機器潤滑、簡易故障排除等。

交流電源（AC 電）
供電系統都來自台灣電力公司，家庭用的大家電如電視、冰箱、電風扇……等等，都使用單相 110 伏特（1 φ110V）的電壓。

- 熟記維修廠商電話及聯絡人資料。
- 備妥相關零件及耗材的安全庫存量。
- 做好機器設備的噪音防護和散熱通風條件。
- 遵守冷凍冷藏設備的標準陳列位置，商品不可阻塞風路循環系統。
- 裝置穩壓器及接地線，防止電壓不穩及漏電。
- 定時檢視冷凍冷藏設備的溫度變化。
- 定期檢視並維持排給水系統的順暢。
- 設備安置儘量遠離熱源且避免陽光直接照射，以免降低功能效率。
- 若遇停電時，請拔開電源插頭或切斷電源開關。

二、設備保養維護要點

● 每日清理

以軟布或海綿沾濕溫和清潔液，擦淨設備外表及內面，尤其陳放食品的設備，務必將殘渣和油脂清除，以防發出異味。另外，每日應檢視冷凍冷藏設備的溫度並記錄在溫度管理表（如表 9-9 所示），檢視時如發現有溫度異常，應馬上通知專業人員維修，如此可預防保鮮保冷的商品在不知情的溫度異常情況下而損壞。

每日應檢視冷凍冷藏設備的溫度並記錄在溫度管理表，如此可預防保鮮保冷的商品在不知情的溫度異常情況下而損壞。

表 9-9　賣場機器設備溫度管理表

溫度管理表															
設備名稱：						責任者：					月份：				

	日期	1	2	3	4	5	6	7	8	9	10	11	12	13	14	15
時間‧溫度記錄	08:00															
	12:00															
	16:00															
	20:00															

● 每月保養

　　每月以一級保養為重點，更換耗材及機件潤滑。同時檢查外部結構和零配件是否運作正常，如設備門的後鈕是否鬆動、密合度是否正常、溫度顯示器是否正常顯示、電源開關及控制開關是否正常切換與調整；檢查內部結構與零配件是否正常運作，如內容積底盤是否有漏水或漏氣之現象，層板架是否有鬆動、脫勾變形。另外，檢查管線是否有破皮折損，排給水管是否順暢不漏水，如有異狀或需更換零配件，應立即通知協力廠商前來處理。

● 每季檢修

　　定期安排時間和人員，實施重點清理和檢修工作，如超市的開放式冷凍櫃需要每季配合專業的協力廠商，清理蒸發器（冷排）的結霜和冷凝器（散熱器）的灰塵，以維持良好的冷凍效率，同時檢修冷凍迴路和電路系統。餐飲設備每季應嚴格檢修瓦斯管線和烹調功能，以確保使用安全和保證飲食品質。

參、維修系統的建立

　　賣場營運所用到的機器設備，功能種類繁多又複雜。如沒有建立完整的維修系統，常導致短時間內無法排除故障，影響賣場的正常營運。正確的方法是建立各專業工程的維修協力廠制度，通常在承購外包時，及簽訂售後服務條約，在非人為及不可抗力之大自然因素之情況下，承包廠商應提供一年免費維修服務，一年以後的維修服務應建立雙方合理保障的條款，以誠信共存的共識，達成上下游的事業合作夥伴關係。

　　「**維修系統的建立**」應以書面化、表單化、數字化為執行依據，否則容易發生維修標準或維修費用認定不一，而產生售後服務糾紛。然而，制度的建立應從選擇承包商開始到各項數據及表單書面化的建立執行。以下要項可作為維修系統建立的評估依據：

每月檢查管線是否有破皮折損，排給水管是否順暢不漏水，如有異狀或需更換零配件，應立即通知協力廠商前來處理。

餐飲設備每季應嚴格檢修瓦斯管線和烹調功能，以確保使用安全和保證飲食品質。

維修系統的建立
應以書面化、表單化、數字化為執行依據，否則容易發生維修標準或維修費用認定不一，而產生售後服務糾紛。

1. 選擇誠信負責、可確保工程品質、保持良好長期合作關係的協力廠商。
2. 公司組織規模及專業實績,如果是統包方式,也應將下包商的組織及專業程度納入評估,以免工程完工後產生統包商在某些工程領域裡,專業度不夠又無法掌控下包商的服務品質,造成賣場的損失。
3. 評估技術人員的專業素質和現場施工配合度。
4. 考量路程及工程執行效率問題,如維修頻率較高或故障緊急的設備,應選擇就近賣場的協力廠商為宜,可配合及時服務。
5. 設備使用壽命及汰舊換新的效益報告,和市場趨勢的轉變分析。
6. 按裝使用及簡易維修說明書。
7. 故障機率及影響程度的考量報告。
8. 叫修及維修流程圖和資料建立。
9. 訂定合理互惠的維修價格表,並定期隨原物料價格波動作調整。同時明列雙方權責問題,如合約時間內廠商未到修或賣場人員誤叫修的責任歸屬。
10. 建立定期保養檢查表(如表9-10所示)及服務維修單(如表9-11所示)。

📖 表 9-10 冷凍設備定期保養檢查表範例

冷凍設備定期保養檢查表

表單序號：A 00001

保養日期： 年 月 日

店名：		店址：		電話：	
設備名稱：		規格型號：		按裝日期：	
保養檢查內容		是否正常		處理記錄：	
1	高低壓檢查	是□	否□		
2	電路控制開關檢查	是□	否□		
3	冷媒量檢查	是□	否□		
4	冷凝器保養	是□	否□		
5	除霜運作檢查	是□	否□		
6	排水檢查	是□	否□		
7	溫度檢查	是□	否□		
8	電壓檢查	是□	否□		
9	電流檢查	是□	否□		
10	照明檢查	是□	否□		
11	門磁條檢查	是□	否□		
12	門結構及後扭檢查	是□	否□		
13	蒸發器清理及風扇檢查	是□	否□		
14	箱體外觀檢查	是□	否□		
15	開放式出風風巢檢查	是□	否□		
16	開放式吸風風扇檢查	是□	否□		
二次維修說明					
保養檢查費用 總金額：	拾	萬	仟	佰	元整（含稅）
店家簽章	店章： 責任者簽認：		協力廠簽章	廠商章： 技術服務員簽認：	
備註說明					

📖 表 9-11　設備服務維修單範例

設備服務維修單

表單序號：B 00001

維修日期：　年　月　日

店名：	電話：	叫修人：
店址：		叫修時間：
維修廠商：	電話：	接聽人：
設備名稱：	規格型號：	按裝日期：

故障簡述：

項次	服務維修內容	材料、零配件規格	檢修	更換	單價	數量	複價
1							
2							
3							
4							
5							
6							
維修說明							

維修費用總金額：　　　　拾　　　　萬　　　　仟　　　　佰　　　　元整（含稅）

店家簽章	店章：　　責任者簽認：	協力廠簽章	廠商章：　　維修員簽認：
備註說明			

學習評量及分組討論

1. 賣場的設備器具有哪些機能？

2. 賣場的設備器具可分成哪幾大類？

3. 請簡述賣場的基本電器設備？

4. 賣場的消防安全器材可歸納為哪三大類？

5. 商品陳列設備可歸類為哪幾種？

6. 請簡述貨物架的種類用途？

7. 請簡述特販車台的種類用途？

8. 賣場的生財器具設備可歸納為哪三大類？

9. 賣場裡的食品主要重裝設備有哪些？

10. 後場的作業設備包括哪幾大類？

11. 工程發包時應注意哪些事項？

12. 請按順序說明設備工程估價的流程？

13. 常用設備的使用需知為何？

14. 請簡述設備保養的維護要點？

15. 以小組為單位，討論所選定的任一賣場所需要的陳列設備明細有哪些？

16. 以小組為單位，討論所選定的任一賣場所需要的生財器具設備明細有哪些？

17. 以小組為單位，討論並擬定一份咖啡店之工程進度控制表？

第十章

後場行政作業區規劃

各節重點

第一節　行政管理區

第二節　倉儲與加工作業區

第三節　各式賣場之後場規劃

學習評量及分組討論

學習目標

1. 瞭解後場的整體區域設施及功能。

2. 熟悉行政管理區的設施機能及規劃重點。

3. 瞭解倉儲與加工作業區的設施機能、作業流程及配置規劃重點。

4. 能夠瞭解並區分各種中小型賣場的後場規劃之重點及差異性。

　　「**後場**」就是位於賣場後方的區域設施，其主要功能在於支援前場營運時所必須進行的作業流程。後場通常包含行政管理、倉儲與加工作業等兩大區域。行政管理區有辦公室、員工休息室、化妝室、機電室等；而倉儲與加工作業區主要有倉庫及貨品加工作業區等。

後場
就是位於賣場後方的區域設施，其主要功能在於支援前場營運時所必須進行的作業流程。

第一節　行政管理區

壹、辦公室

　　「**辦公室**」主要是整個賣場營運的管理據點，其管理功能涵蓋人事行政、財務出納、進出貨品、電腦系統、賣場監控、經營策略、販促企劃等。在複合功能的辦公室裡之設備及設施大致有辦公桌椅、電腦系統設備、事務機器、保險櫃、監視系統控制設備、資料櫃、美工器材、文具器材、會客室、廠商洽談室、茶水間等。

　　辦公室區域大小及功能規劃隨著不同的賣場規模、行業別及經營型態而有所差異。例如，大型量販賣場應具備很齊全的各種管理功能之辦公設施，其辦公區域也佔較大的比例。然而，很多小型賣場或連鎖分店，基於賣場空間受限和作業流程的簡化，都僅設置簡單的辦公桌椅以供文書作業，甚至直接將辦公室的基本管理功能附屬在收銀服務區裡。

辦公室
主要是整個賣場營運的管理據點，其管理功能涵蓋人事行政、財務出納、進出貨品、電腦系統、賣場監控、經營策略、販促企劃等。

貳、員工休息區

　　「**員工休息區**」主要是提供給賣場員工用餐聯誼、放鬆心情及其他生活功能的地方。此區域的設施與設備有休息室、交談聯誼室、化妝室、更衣室、餐廳、宿舍等。由於這些設施對員工的健康

員工休息區
主要是提供給賣場員工用餐聯誼、放鬆心情及其他生活功能的地方。

及生活教育有直接關係，也影響員工在賣場的工作士氣及服務品質，所以，設備上的質量和飲食生活等環境的講究，對員工的身心都有很大的影響程度。尤其對較大的賣場來講，隨著員工人數的增加更必須設置更齊全的功能設施。例如，個別設置餐廳和宿舍，方便照料遠途通勤者，以降低缺勤率和強化員工教育訓練。若對員工人數較少的小賣場而言，基本的生活功能設施（如化妝室和休息室）也不可免。

參、機電室

機電室
即是設備的機器房和電器控制室的總稱。

所謂「**機電室**」即是設備的機器房和電器控制室的總稱。賣場裡有很多的機電設備及生財器具，其主要機組和電器控制系統都是設置在後場區域。通常小賣場的機電設備較少，規劃時都會將機組和電器控制設計在同一機電室。然而，對大賣場而言，因為機電設備和電路系統繁雜，為方便檢修及安全起見而必須將機電室分開規劃成機器房和電器控制室。不論哪一種型態的機電室都必須配置適當的消防器材，且由專人管理進出，更不可與其他設施或商品混雜在一起。然而，很多小賣場常為了利用空間，而將機電室當成小倉庫使用，形成賣場安全管理上的重大缺失。

第二節　倉儲與加工作業區

壹、倉庫

倉庫
是賣場庫存商品的地方，其作業功能有進貨、驗收、上架儲存、拆裝、打包、賣場補貨、盤點、退貨等要項。

「**倉庫**」是賣場庫存商品的地方，其作業功能有進貨、驗收、上架儲存、拆裝、打包、賣場補貨、盤點、退貨等要項。

倉庫大小規模的規劃應依照商品週轉率、銷售計畫、安全庫存

計畫及賣場整體空間而定。然而，必須注意的是商品種類與內容也是影響規劃結構的因素。例如，商品的大小、形狀、重量、類別、保存溫度、儲存架、儲存設備等都是在規劃時就應考慮的要項。

　　常見的倉庫區是分成乾貨區及濕貨區（冷凍冷藏食品）。乾貨區可依照商品的大小、形狀、重量及類別，而使用適當的多層貨物架、平台或塑膠棧板。而濕貨區則必須設置冷凍冷藏庫以保存食品品質及鮮度。

貳、加工作業區

　　所謂「**加工作業區**」是指賣場商品在販售前，必須經由加工、包裝、洗滌、調理、烹飪或烘焙等處理作業過程的區域，其通常都被規劃在後場。而後場需要設置加工作業區的大都是屬於食品賣場。例如，速食店、咖啡店、簡餐店、**餐廳**、西點麵包店、生鮮超市及其他的食品專賣店等。

　　加工作業區的大小和配置方式，隨著賣場的規模及商品種類、品項多寡而決定。例如，速食店的加工作業區僅需要簡易的廚房調理空間；而生鮮超市則需要洗滌、處理、刀切、解凍、包裝、標價、烹調、油炸，且需要將蔬果、精肉、鮮魚等分開處理，所以其加工作業區需要規劃較大且完整的空間。

加工作業區
是指賣場商品在販售前，必須經由加工、包裝、洗滌、調理、烹飪或烘焙等處理作業過程的區域，其通常都被規劃在後場。

第三節　各式賣場之後場規劃

　　後場之功能隨著行業別及經營型態的不同，其規劃上也大有差異。本節將以圖例說明麵包店、便利商店、生鮮超市、餐廳、速食店、三 C 電子專賣店、藥妝店等幾種賣場的後場規劃。

壹、麵包店之後場規劃

「**麵包店之後場規劃**」如圖 10-1 所示，其重點規劃以烘焙作業為主。後場入口之左側為麵粉置放區、原物料食材及烘焙器材（含包裝材）之存放區。右側規劃為攪拌食品機器、烘焙設備（烤爐及發酵箱）。中間位置規劃作業平台，以供麵包、西點、蛋糕等食品之製作加工之用。在後側之位置規劃為冷凍冷藏區，以儲存冷凍麵糰及冷藏食材。

此規劃要項主要考慮烘焙製作流程之順暢，首先原物料及食器材入庫上架，方便中央操作區之取得。加工作業完成後可送至後方冷凍冷藏儲存、及逕自利用右測之設備機器進行烘焙作業。等烘焙至成品時，即可取出再回到平台進行包裝作業，最後送至前場展售。

🔖 圖 10-1　麵包店之後場規劃

貳、便利商店之後場規劃

　　「**便利商店之後場規劃**」如圖 10-2 所示，此規劃以連鎖超商之簡易後場為主。前後場之間以走入式冷藏展示櫃（由後場進入冷藏櫃補貨）及冷凍展示櫃區隔開，展示櫃後方僅留一後勤通道，而靠牆處設置商品儲存架、冷凍儲存小冰櫃及行政辦公桌椅，通道末端設有員工化妝室。

　　此規劃主要考慮小賣場的空間受限，後場僅規劃基本的行政設施及儲存架。儲存架僅庫存少量的暢銷商品，其餘多數商品都經由物流系統配送至前場。

便利商店之後場規劃
此規劃以連鎖超商之簡易後場為主。

圖 10-2　便利商店之後場規劃

參、生鮮超市之後場規劃

「**生鮮超市之後場規劃**」必須考慮到行政管理、乾濕貨倉儲、加工作業、機電設施等多項功能，其規劃的困難度及重要性可說是居目前零售業之最。如圖 10-3 所示，後場之左側規劃為乾貨倉庫、行政辦公室、員工休息區（含化妝室），左後方為設備機器房及電器控制室；後場之右側規劃為冷凍冷藏（濕貨）庫存區、蔬果加工處理區、精肉加工處理區、鮮魚加工處理區。另外，此區之牆面則設置解凍、洗滌調裡、刀切、烹飪、油炸等作業設施。

此規劃尚須考慮貨品進出的空間與動線，如圖示之貨品由後門進貨，進貨區留有足夠的驗退空間，而乾貨倉庫靠近前場以方便補貨。右側濕貨區之貨品從進貨時，需先入冷凍冷藏庫保鮮儲存，然後分成蔬果類、精肉類、鮮魚類等三區分別處理加工，切勿混淆處理以免成品產生異味。

超市後場的洗滌及烹飪區靠牆設計，易於排給水和油煙排放。同時採用防滑地板，並且設計漏式水溝（參考圖 7-7），以利每天清洗排放污水。

圖 10-3　生鮮超市之後場規劃

肆、餐廳之後場規劃

「**餐廳之後場規劃**」如圖 10-4 所示，此規劃以烹飪調理作業為主要項目，俗稱為大廚房。各類食材由後門進貨區驗收後，直接保存於後場左側之冷凍冷藏區。大量裝箱或保存期限較久的鮮貨品，應存放於大型冷凍冷藏庫裡；小量且每日常用之鮮貨品及其他食材則儲存於開門式冷凍冷藏櫃，方便取拿使用。後場之中央位置規劃不鏽鋼調裡作業台，作業台應設計雙層上架方便置放器皿。後場之右側規劃為主烹飪區，設置有洗滌調理台、油炸鍋、快速爐灶、高湯鍋爐等設施。

餐廳後場的用水及油煙都比一般後場多，其洗滌及烹飪區如同超市後場，將這些設施靠牆設計易於排給水和油煙排放。同時採用防滑地板，更需要設計漏式水溝（參考圖 7-7），以利每天清洗排放污水。

餐廳之後場規劃
此規劃以烹飪調理作業為主要項目，俗稱為大廚房。

圖 10-4　餐廳之後場規劃

伍、速食店之後場規劃

「**速食店之後場規劃**」在此以小型速食店為案例，如圖 10-5 所示，中央位置規劃為原食材之處理作業區；後場右側為熱食調理區，包括快速鍋爐、油炸機及熱食調理作業台；後場左側為冷食調理區，包括製冰機和冷食調理作業台；左後方則規劃擺放器材和食材的置物架；食材架右邊設置一台六門式冷凍冷藏櫃。小型速食店的後場功能類似餐廳後場，只是設施規模較小，且功能也較簡易。

陸、三 C 電子專賣店之後場規劃

三 C 電子專賣店之後場規劃如圖 10-6 所示，此規劃考慮到行政管理、倉庫、維修、拆裝等功能均衡配置。後場右側規劃為行政辦公室及倉庫，此倉庫以存放體積較大的商品為主。而體積較小的貨品（如線材及零配件等），則規劃存放在左側的中型物料架上。

圖 10-5 速食店之後場規劃

🔖 圖 10-6　三 C 電子專賣店之後場規劃

三 C 賣場的維修服務比一般賣場重要，所以在後場的後方（即是倉庫左方），設置一維修部是此後場規劃的必須考量。

柒、藥妝店之後場規劃

　　藥妝店之後場規劃如圖 10-7 所示，此規劃分成三大部分。後場右前方（面向前場）設置藥品調劑室，調劑室後方才規劃辦公室及化妝室。後場左側之 L 型牆邊分設藥品及化妝品存放架，而左側中央設置一平台以利貨品拆裝之用。

　　「**藥妝店後場的儲存架**」規劃以多層設計為宜。因藥妝品體積較小，多層貨架易於商品分類管理，也可避免藥妝品受壓損。

藥妝店後場的儲存架規劃以多層設計為宜。因藥妝品體積較小，多層貨架易於商品分類管理，也可避免藥妝品受壓損。

圖 10-7　藥妝店之後場規劃

學習評量及分組討論

1. 何謂「後場」，其主要功能及包含區域為何？

2. 請舉例說明「辦公室」的規劃重點？

3. 請舉例說明「員工休息區」的規劃重點？

4. 針對大賣場而言，規劃「機電室」時應該注意哪些重點？

5. 倉庫的作業功能有哪些？

6. 請舉例說明「加工作業區」的規劃大小和配置方式？

7. 以小組為單位，討論規劃一「服飾精品店」的後場，繪圖並說明之？

8. 以小組為單位，討論規劃一「五金百貨行」的後場，繪圖並說明之？

9. 以小組為單位，討論規劃一「麻辣火鍋店」的後場，繪圖並說明之？

第3篇

賣場販促氣氛規劃

第11章 賣場色彩計畫

第12章 賣場照明計畫

第13章 商品陳列規劃

第14章 POP廣告運用計畫

第十一章

賣場色彩計畫

各節重點

第一節　色彩基礎理論

第二節　色彩的心理感覺

第三節　配色的類型與原則

第四節　賣場色彩計畫執行重點

學習評量及分組討論

學習目標

1. 可以定義色彩的屬性。

2. 充分理解色彩的心理感覺，並能加以運用。

3. 瞭解多種配色類型，並能掌握適當的配色原則。

4. 運用用色原理及色彩美感原理發展賣場整體的色彩計畫。

5. 配合企業識別系統強調應用在賣場的內外裝色彩計畫。

　　雖然每個人天天都會接觸到很多的色彩，也對色彩產生視覺感官上的喜好、排斥與聯想。然而，大部分人對色彩理論性的原理，仍是沒有系統性的認識，導致在運用時會有模稜兩可的問題，甚至難以規劃出完整的色彩計畫，而隨性的作變更。基於賣場的色彩負有吸引顧客第一印象的重要功能，本章將分成「色彩基礎理論」、「色彩的心理感覺」、「配色的類型與原則」及「賣場色彩計畫執行重點」等四部分來探討，希望有助大家循序漸進的學習到合理化、系統化的基礎原理，進而將色彩有條理、有組織的應用到實際需求的賣場，使賣場發揮最大的行銷績效。

第一節　色彩基礎理論

　　色彩理論對一般人來說會覺得有點吃力和乏味，然而，只要靜下心來先尋求對色彩的感覺和知覺，很快就能從中獲取樂趣而進入理性思考與分析的領域。學習色彩最大的好處，是能夠理解色彩的構成、色彩的相互調和、加強辨色能力及色彩運用的技巧。在此將要敘述的色彩基礎理論包括色彩的種類及色彩的屬性。

壹、色彩的種類

　　世界上可以辨別的色彩有數百萬種，但是這麼多的色彩卻無法一一納入人們的記憶，所以色彩學家將其簡化分成兩大種類。第一種類為「無彩色」，其中包括白色、黑色、灰色等沒有色彩的顏色；第二種類為「有彩色」，其中包括黃色、紅色、綠色等純色色彩及其他一般色彩（**太田昭雄、河原英介，1988**）。

學習色彩最大的好處，是能夠理解色彩的構成、色彩的相互調和、加強辨色能力及色彩運用的技巧。

貳、色彩的屬性

色彩學的色彩有三種屬性（亦稱色彩三要素）。「色相」屬性是在分別色彩必要的名稱；「明度」屬性就是色彩明暗的性質；「彩度」屬性是色彩的純度，也就是色彩的飽和狀態。以上三種屬性分別說明如下。

一、色相（Hue）

色相
所指的是色彩的色澤名稱，僅是區分不一樣的色彩，與色彩的明暗強度沒有關係。

「**色相**」所指的是色彩的色澤名稱，僅是區分不一樣的色彩，與色彩的明暗強度沒有關係。其可分為有彩色與無彩色兩大領域，無彩色有如白、灰、黑等色；有彩色如紅、橙、黃、黃綠、綠、藍綠、藍、紫藍、紫、紅紫等形成一個完整的色相循環。圖 11-1 為曼塞爾（Munsell）色相環，環中的英文代號分別為 R ＝紅、YR ＝黃紅（橙）、Y ＝黃、GY ＝黃綠、G ＝綠、BG ＝藍綠、B ＝藍、PB ＝紫藍、P ＝紫、RP ＝紅紫。每個色相細分成 10 等分，其中間位置代表各色相的本色，也就是純色並沒有混雜左右鄰色。以紅色為例，5R 就是真正的純紅色，左邊的色系會逐漸偏向紅紫色，右邊的色系會逐漸偏向黃紅色（橙色）。也就是說，在紅色系裡，4R 以下的色系會帶有紫色成分，而 6R 以上的色系會帶有黃色成分。

二、明度（Value）

明度
即為色彩的明暗度，也就是色光的強弱。

「**明度**」即為色彩的明暗度，也就是色光的強弱。色光量比較強時，色彩就比較亮；色光量比較弱時，色彩就比較暗。例如，綠色所反射出來的光量較強時，其色彩就是比較亮的翠綠色；若是綠色所反射出來的光量較弱時，其色彩就是比較暗的墨綠色。

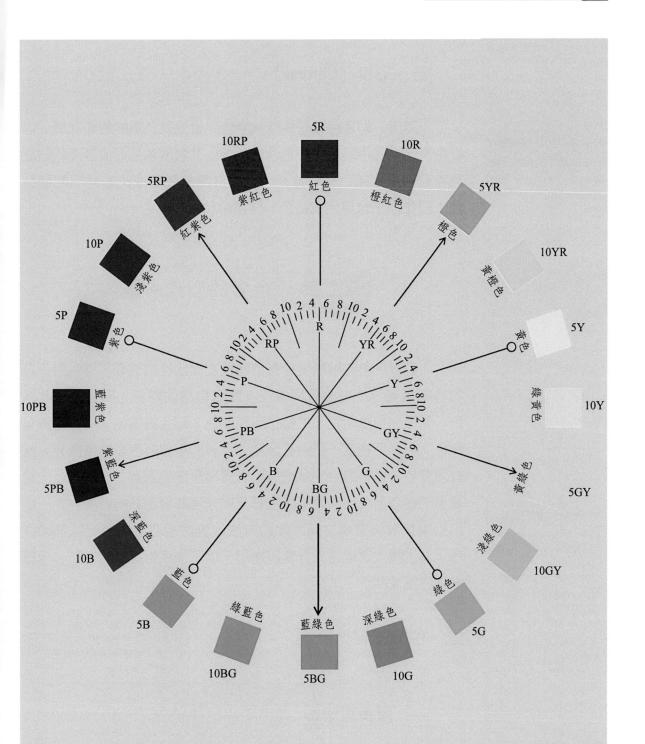

圖 11-1　曼塞爾（Munsell）色相環

三、彩度（Chroma）

「**彩度**」即是色彩的純度或濃度，也就是色彩的飽和狀態。以紅色來講，其中黑色或白色含量越多，其彩度越低而成混濁的暗紅色；若是黑色或白色含量少，其彩度越高就變成比較鮮明的鮮紅色；假如都不含黑色或白色，便是飽和的純紅色。

第二節 | 色彩的心理感覺

人們對色彩的敏感度會有情緒性及機能性的感覺，這些對色彩的心理感覺包括有暖色與寒色、興奮色與沈靜色、膨脹色與收縮色、明亮色與陰暗色、鮮豔色與鈍厚色、輕色與重色、柔和色與堅硬色、色彩明視度、色彩喜好度、色彩的聯想與色彩的象徵等。基於消費者對色彩的心理感覺是影響賣場營運的因素之一，所以，對賣場規劃者而言，學習調配色彩及充分理解對色彩的感覺方式，是拉近消費者與賣場之間距離的方法，更是塑造賣場販促氣氛的技巧。為了讓大家能夠充分理解運用，以下依序對各種的色彩心理感覺作詳細說明。

壹、色彩的對比感覺

一、暖色與寒色

色彩給人們的直接反應是冷暖的感覺，所以在色相環裡若以溫度感作區分，其色彩可分為暖色系與寒色系（如圖 11-2 所示）。「**暖色系**」的色彩容易使人有溫馨暖和的感覺，如紅色、橙色和黃

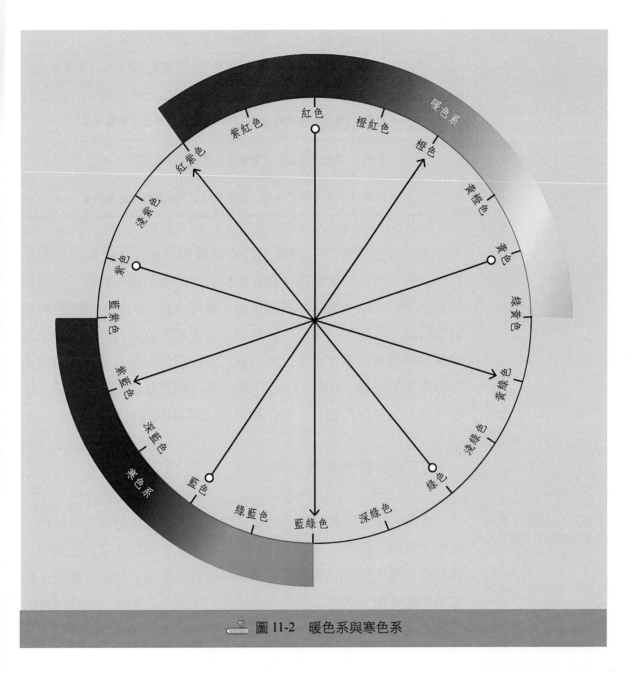

圖 11-2　暖色系與寒色系

色；而「**寒色系**」的色彩卻讓人感覺寒冷涼爽，如藍色、藍綠色和藍紫色。然而，介於暖色系與寒色系之間的中性色彩（如綠色和紫色）就沒有冷暖的感覺。但是，假如中性色彩偏重暖色時就會有暖和感，如紅紫色及綠黃色；或者傾向寒色時就會有寒冷感覺，如藍綠色及藍紫色。

　　暖色與寒色對其他的色彩心理感覺有很直接的影響，如表 11-1

寒色系
色彩讓人感覺寒冷涼爽，如藍色、藍綠色和藍紫色。

📖 表 11-1 「暖色與寒色」的心理感覺

暖色	色彩名稱	紅色、橙色、黃色、紫紅色、紅紫色、橙紅色、黃橙色、綠黃色
	心理感覺	興奮、飽滿膨脹、活潑前進、爽朗明亮、鮮豔美麗
寒色	色彩名稱	藍色、紫藍色、藍紫色、綠藍色、藍綠色
	心理感覺	沈靜、凹陷收縮、空曠後退、陰冷黯淡、鈍厚穩重

列示出「暖色與寒色」所產生的心理感覺。此外，無彩色中的黑色、白色、灰色同樣是讓人感受不到有寒冷或溫暖的感覺，但若是要嚴格歸類，則明度高的白色會使人覺得涼爽，明度低的黑色較具有溫暖感，而灰色是屬於中性色彩。在賣場的佈置設計，春夏季的商品應採用寒色系作訴求，如游泳用具以藍色海水為背景，讓消費者有清涼的感覺；相反的，秋冬季的商品則應以暖色系來襯托，如春節禮品以紅色作襯托，更能顯示出溫馨喜慶的氣氛。

二、興奮色與沈靜色

會讓人產生興奮的顏色大都是暖色系的顏色，包括有鮮紅色、紅色、橙色、黃色、紅紫色和紅綠色等，其中以鮮紅色為最強烈；相反的，讓人覺得沈靜的顏色都是寒色系的顏色，包括有藍色、藍紫色和藍綠色，尤其以藍色為最強烈的沈靜色；另外，中性色彩的紫色和綠色比較不具強烈興奮與沈靜的性質，其適中的特性讓人有柔和之感，即使長時間凝視也不覺得疲倦。

三、膨脹色與收縮色

通常暖色系會帶給人們飽滿膨脹、活潑前進的感覺，而寒色系則有凹陷收縮、空曠後退之感。所以，小賣場若搭配寒色系的設計，可使賣場空間感覺寬敞些；大賣場可儘量搭配暖色系，才不致

會讓人產生興奮的顏色大都是暖色系的顏色，包括有鮮紅色、紅色、橙色、黃色、紅紫色和紅綠色等，其中以鮮紅色為最強烈。
讓人覺得沈靜的顏色都是寒色系的顏色，包括有藍色、藍紫色和藍綠色，尤其以藍色為最強烈的沈靜色。

暖色系會帶給人們飽滿膨脹、活潑前進的感覺，而寒色系則有凹陷收縮、空曠後退之感。

使賣場覺得太過空洞，讓顧客有豐富感、活潑化，進而刺激購買慾。

四、明亮色與陰暗色

在一家賣場裡，使用高明度及高彩度的暖色系色彩作為設計訴求，會有爽朗明亮的感覺；若是採用低明度及低彩度的寒色系色彩，則會使人覺得陰冷黯淡。另外，濁色調及灰色調也會使人有灰暗的感覺。因此，賣場設計之初應慎選符合該行業及顧客需求的色彩。

五、鮮豔色與鈍厚色

一般較鮮豔美麗的顏色都是高彩度的色彩，而低彩度的色彩就顯得鈍厚穩重。一般來講，年輕人會比較喜歡鮮豔色，有活潑的感覺；而年紀較大的人比較喜歡鈍厚色，有穩重的感覺。

六、輕色與重色

色彩明度的高低會給人對色彩有輕重的感覺。明度高的色彩給人較輕薄的感覺，如白色、粉紅色、淡黃色、淺藍色等，其中以白色為最輕的色彩；明度低的色彩給人較厚重的感覺，如黑色、咖啡色、土黃色、深藍色等，其中以黑色為最重的色彩。賣場裡牆壁和櫥櫃的立面裝潢，常以重色設計下腰面，以輕色設計上身面，如此可使立面有穩固之感；反之則有頭重腳輕、搖搖欲墜的感覺。

七、柔和色與堅硬色

色彩的柔和與堅硬，主要是由明度和彩度所產生。明度較高、彩度較低的色彩使人感覺較為柔和，比較黯淡的「純色」如黑色、藍色、紫色都會使人覺得很堅硬。若是以感性作訴求的賣場如餐

廳、美容院，可以採用調和色系如粉紅色，就會使賣場產生協調柔和的氣氛。

貳、色彩明視度

「**色彩明視度**」就是色彩的可視程度。在同樣的光線、距離與大小圖形條件之下，人們對某些單色或配色感覺很明顯看得見，如「黑配黃色」，然而對某些顏色卻感到模糊不清，如「黃配白色」或「灰配綠色」。色彩明視度對賣場來講較適用於重點特販區（如海報看板的顏色）、提示或警告區（如消防逃生及停車設施警示）及遠距離視覺區（如外裝及招牌）。

表 11-2 「明度與彩度」所產生的心理感覺

資料來源：太田昭雄、河原英介，1998，《色彩與配色》。

參、色彩喜好度

　　每個人對色彩的喜好程度，不可能完全相同。然而，根據年齡層、男女性別、職業別、教育程度，甚至生理與心態狀況，可以歸納出某些群體對色彩喜好的共通性。依照色彩學與心理學專家對不同年代的群體所做的調查，發現每個時期的人對色彩的喜好有某些程度的共通性（如圖 11-3 所示）。英國心理學家 Winch 在倫敦針對2000 名 7～15 歲的學童所做的測試結果，發現男童對色彩喜好的順序為綠→紅→藍→黃→白→黑；而女童喜好的順序為綠→紅→白→藍→黃→黑。另外調查顯示，幼童所喜愛的紅色，等到他們稍長卻轉而偏愛綠色，同時女孩比男孩較喜愛白色。日本心理學家橘覺勝在日本對成年及老年人所做的測試結果，發現成年期對色彩喜好的順序為藍→紫→紅→綠→橙→黃；而老年期喜好的順序為藍→紫→綠→紅→黃→橙。另一位日本心理學家青木誠四郎以 17 種色彩對成年男性及成年女性做測試，其結果顯示藍色系頗受成年人的喜愛，再者為紅、黃色系，而橙色系反而比較不受喜愛。圖 11-3 針對此部分的測試僅列出前 6 順位色彩供參考比對。

順位	男兒童期	女兒童期	成年期	老年期	男性成年期	女性成年期
1	綠	綠	藍	藍	淺藍	紫
2	紅	紅	紫	紫	藍	紅
3	藍	白	紅	綠	綠藍	綠藍
4	黃	藍	綠	紅	紫	藍
5	白	黃	橙	黃	紫紅	淺藍
6	黑	黑	黃	橙	紅	綠

圖 11-3　不同年齡層對色彩的喜好程度

資料來源：參考自林文昌，1994，《色彩計畫》。

肆、色彩的聯想

每個人在生活中所看見的各種顏色,其所代表的意義常會累積在個人的記憶裡,這些記憶的累積使人再看到某種顏色時會思考到相關的事物,甚至想到更多的方向與範圍,這樣經由顏色記憶的思考發展稱之為「**色彩的聯想**」。例如,在一家生鮮賣場裡,紅色讓我們想到生鮮魚肉,綠色讓我們想到蔬菜水果,藍色讓我們想到冷凍食品……等等。雖然,每個人對同顏色所產生的聯想並不一定一樣,然而經由具體事物常表現在現實生活的顏色,卻也讓人們有類似的色彩聯想。圖 11-4 大致歸類出男性及女性對各種色彩的聯想。

伍、色彩的象徵

人們純粹經由想像而對各種顏色訂出所代表的意義,這些色彩想像雖沒有具體的事物,卻具有群體性的看法,所以色彩學家把這些對色彩的抽象性思考稱之為色彩的象徵(如圖 11-4 所示)。

第三節 | 配色的類型與原則

兩種或兩種以上的色彩相互配在一起,稱之為「**配色**」。配色的好壞關係到實物的生命力與價值性,例如,好的配色技巧用在賣場的內外裝,能夠使賣場顯得活潑生動、新穎華麗;反之,則使賣場顯得低俗粗糙、缺乏個性。假如運用在商品上,容易吸引消費者眼光並提升商品賣相。所以,調和的配色是用色的最後目的,更是所有色彩工作者的最終目標。以下針對配色的多種類型和配色時應該掌握的原則加以敘述。

色相	標準色	男性對各種顏色的聯想	女性對各種顏色的聯想	色彩的象徵意義
紅	●	熱情、唇、夕陽、夏日、戀情、國旗、命運、血	口紅、戀愛、喜悅、衣服、熱情、禮物、火、危險、生鮮魚肉	喜悅、熱情、愛情、誠心、熱心、童心、溫暖、火、血、危險
橙	●	橘子、柿子、胡蘿蔔、黨派、磚瓦	晚霞、秋意、幼稚園、玩具、柿子、果園	積極、朝氣、活潑、躍動、喜樂、溫情、華麗、焦躁、庸俗
黃	●	蛋黃、香蕉、奶油、光、明朗、金髮、城市	黃金、月亮、菊花、春天的陽光	忠誠、光明、希望、愉快、輕薄、平和
綠	●	和平、夏天、登山、鄉村、田園、綠葉、蔬果	草原、新鮮、安全、公園、春天	環保、和平、親愛、平實、青春、新鮮、安全
藍	●	海洋、湖水、天空、冬天、寒冷、清爽、理智	寒冷、海洋、湖水、天空、冷靜	冷靜、沈著、深遠、寒冷、誠實、虔誠
紫	●	葡萄、牽牛花、教會	紫色的花、衣服、茄子、紫菜湯	神秘、高貴、優雅、不安、權威、輕率
白	○	正義、白紙、雲、白襯衫、護士、醫生、虛無的感覺	雪、白兔、純潔、乾淨、白雲、婚紗禮服	潔淨、純真、明快、神聖、信仰、柔弱、空虛
灰	●	污染的天空、病人、憂鬱、惡夢、煙、砂石	陰天、影子、老舊房子、老鼠、水泥	寂寞、沈默、失望、平庸、病老
黑	●	黑暗、骯髒、嚴肅、絕望	悲傷、失戀、夜晚、不吉利、恐怖	堅固、穩重、肅穆、黑暗、絕望、罪惡

圖 11-4　色彩的聯想與象徵

資料來源：參考自西川好夫，1972，新・色彩の心裡。

壹、配色的類型

　　配色的類型可歸納成單色相的配色、同色系的配色、類似色的配色、對比色（補色）的配色、多色相的配色、漸層式的配色、有彩色與無彩色的配色、共同情感的配色、大自然的配色、聯想與象徵的配色等十種。圖 11-5 以圖示明列四種常用的配色類型。

圖 11-5　四種圖示配色的類型

1. 單色相的配色

單色相的配色
就是只在單一的色彩本身作明度和彩度的調和變化。

「**單色相的配色**」就是只在單一的色彩本身作明度和彩度的調和變化，例如，萊爾富便利商店的標準色就是以單一紅色作調和搭配。單色相的搭配變化比較簡潔有序，但是使用過多則會流於單調乏味。

2. 同色系的配色

同色系的配色
色相環中36度內同色的所有單色相相互的調和作用，稱之為同色系的配色。

通常色相環中 36 度內同色的所有單色相相互的調和作用，稱之為「**同色系的配色**」。但是假如同色系的色彩過多或過少，則其色相環角度會因此加大或縮小。例如，紫藍、深藍、藍、綠藍同屬於藍色系，其色相環角度為 54 度〔按：曼塞爾（*Munsell*）色相環〕。同色系配色比單色相配色來得活潑有變化，並且可利用明暗度及彩度加以發揮漸層效果，讓色調更明顯、高雅。

3. 類似色的配色

色相環中 72 度之間所有的單色相相互的調和作用，稱之為「**類似色的配色**」，如紅紫、紫紅、紅、橙紅、橙色等，或黃、綠黃、黃綠、淺綠、綠色等。類似色系的色彩本身協調性較高，所以主副色並不是很明顯。另外，由於色彩飽和度也較高，很自然的產生活潑有勁的感覺，但若是使用不當則流於輕浮俗氣，所以應考慮面積的比例與背景主題之間的重點搭配。

4. 對比色（補色）的配色

色相環中 180 度的相對色相相互的調和作用，稱之為「**對比色的配色**」，如紅色配綠色、紫色配黃綠色、藍色配橙色等。這種配色的對比最為強烈，然而不管兩色或三色的對比配色，其在明度及彩度調和上應有「高低」與「強弱」之分，或者在面積的使用有大小之別，讓此配色很明顯的呈現出賓主關係。例如，7-11 便利商店就是使用對比色搭配，使其色調呈現出明朗、活躍的感覺。

5. 多色相的配色

「**多色相的配色**」就是三種以上不同的色相相互產生調和作用。此種配色都以第一或第二色相當主色，第三色相以外當成副色，通常副色都是經由主色的類似色或對比色演變而來。另外，也有依實際需求採用多色平均搭配，如四色平均調和、五色平均調和等。

6. 漸層式的配色

「**漸層式的配色**」就是多種顏色以階段性的變化相互調和，其目的在加強色彩之間的和諧。所以當兩種或多種色彩之間無法取得協調時，可加上循序漸進的變化色，讓整個色帶顯得簡潔有序、平順和諧。漸層式的配色通常可運用色相、明度、彩度及綜合來作漸層變化。例如，以色相作漸層時，只要按照色相環的順序在主色之

類似色的配色
色相環中 72 度之間所有的單色相相互的調和作用，稱之為類似色的配色。

對比色的配色
色相環中 180 度的相對色相相互的調和作用，稱之為對比色的配色。

多色相的配色
就是三種以上不同的色相相互產生調和作用。

漸層式的配色
就是多種顏色以階段性的變化相互調和，其目的在加強色彩之間的和諧。

間加上間色，使整個色調形成有相關性、連接性的色帶，如紅、橙紅、橙、黃橙、黃、綠黃、黃綠、淺綠、綠、深綠等色，即形成一個完整的漸層式配色。

7.有彩色與無彩色的配色

此種配色的技巧，通常是有彩色的顏色（如紅、黃、綠……等色）比較鮮明而被當成主色，無彩色的顏色（如白、灰、黑……等色）比較中性而被當成輔助色。這裡所要強調的是運用無彩色的中性特點襯托出有彩色的主色，例如，以灰色當大面積的背景色來襯托紫色的優雅，或者以白色來隔開明視度較低和不協調的兩色。

8.共同情感的配色

在某特定族群或年齡層所共同喜歡的配色，稱之為「**共同情感的配色**」。例如，國情文化的配色、宗教性的配色、傳統性的配色及流行趨勢的配色。

9.大自然的配色

以大自然的實體原色作為相互搭配，或者加以延伸其他類似色，如天空、海水、花草、樹木、晚霞及月亮等色彩。

10.聯想與象徵的配色

運用對相關事物實體或抽象所記憶思考的色彩作相互搭配，稱之為「**聯想與象徵的配色**」。

貳、配色的原則

配色的原則有如下幾種：

1. 瞭解色彩的基礎理論（如色彩屬性、心理感覺、色彩的聯想與象徵），運用色票記號（如曼塞爾號碼）說明色彩。

共同情感的配色
在某特定族群或年齡層所共同喜歡的配色，稱之為共同情感的配色。

聯想與象徵的配色
運用對相關事物實體或抽象所記憶思考的色彩作相互搭配，稱之為聯想與象徵的配色。

2.瞭解使用者或需求者的偏好。

3.先決定基本色彩（主色），再規劃細部的色彩（副色及輔助色）。

4.先決定色彩的明度和彩度（如明亮、鮮豔、灰暗或肅穆），再決定色相。

5.運用分離效果強化色彩的明視度，如在紅綠之間加上白色，或在橘黃之間加上綠色，如此，可分離兩個主色及提高辨視度。

6.以無色彩或明度較淡的色彩當背景色，比較容易襯托出有色彩及彩度高的主色。

7.配色的數目不要太多，以 2～3 色最適宜。例如，一家賣場的企業標準色為 3 色，應以 1 色來決定整體的氣氛，其餘 2 色作為輔助色，因為賣場的設備器材與商品很多，若識別標準色太多，容易造成混淆，失去主體性。

8.彩度高的顏色運用在室內宜小面積使用，可增加調和感；若是運用在室外可大面積使用，以提高明視顯眼程度（如賣場的外觀及招牌）。

9.運用調和色及漸層色（如淡桃紅、鸚鵡綠、孔雀藍），塑造平靜緩和和創意的氣氛。

10.儘量不使用「不慣看」的顏色作搭配（如暗褐色、土黃色或亮紫色），因為這些不常看的顏色會令人覺得不自然而失去親切的感覺。

11.將大自然及實物的色彩應用在配色上（如藍天、綠草、木紋等自然色），給人眼熟的印象，顯得格外自然親切。

12.以流行色或慣看色為參考加以變化，再局部設計出有創意的配色，讓色相或色調顯得更有風格魅力。

第四節 | 賣場色彩計畫執行重點

執行賣場色彩計畫時要有原理和原則作依據，而且要能夠活用用色技巧，更應依照實際需求，隨時間與空間的轉換作有系統的適度調整改變，才能發揮計畫的最大效果。以下列舉當執行賣場色彩計畫時應該注意的重點事項，其中包含「依據用色原理與色彩美感原理」、「以企業識別系統為主軸」、「賣場外裝的色彩」、「賣場內裝的色彩」等四大項。

壹、依據用色原理與色彩美感原理

執行色彩計畫時雖可靈活運用用色技巧，然而必須以基礎理論為依據，才會有具體和明確的方針。這些理論基礎可歸納為色相、明度、彩度、對比及配色等五項來加以論述（如表 11-3 所示），此稱之為用色原理；另外，為能發揮出更美好的色感以吸引消費者及刺激購買慾，更應著重於色彩美感的運用原理，如表 11-4 所示。

貳、以企業識別系統為主軸

一家賣場的企業識別系統包括企業標誌、標準字體、標準色彩、企業造型、象徵圖案與版面編排模式等。這個系統有一貫性的本質在傳達企業的特性給消費者。尤其在視覺的傳達，每一個系統識別都必須經由企業色彩的訴求直接傳達給消費者，所以執行色彩計畫時，應該以此系統為主軸展開整體性的搭配，如賣場的外觀色彩與商標辨識、招牌色系與版面編排、門面色樣裝飾、賣場內的裝潢配色、器具設備配色、商品促銷包裝與廣告宣傳的色彩運用。運用時應掌握以下三個原則：

> 執行色彩計畫時雖可靈活運用用色技巧，然而必須以基礎理論為依據，才會有具體和明確的方針。

📖 表 11-3　用色原理

原理類別	細分類
色相原理	色相數目：單色、雙色與多色相等。 色彩純度：原色純色與間色等。
明度原理	色彩質分類：有彩色明度、無彩色明度。 明暗度分類：高明度、中明度與低明度。
彩度原理	高彩度、中彩度、低彩度、無彩度。
對比原理	色相對比、明度差對比、彩度高低對比、面積大小對比、寒暖色對比。
配色原理	單色配色、同色配色、類似色的配色、對比色配色、多色配色、漸層配色、有彩色與無彩色的配色、共同情感配色、大自然的配色、聯想與象徵的配色。

📖 表 11-4　色彩美感原理

原理類別	
統一性	有計畫的重複使用標準色，使賣場內外有一致的協調美感，並可表現出主色的識別意義。
平衡性	在色彩的心理感覺（如寒與暖、興奮與沈靜、輕與重）力求均衡，使色彩的質量發揮適度的對稱效果。
比例性	調整明度及彩度的份量差距、調整色彩面積搭配的大小。
單純性	用色過多有時會造成畫蛇添足的缺失，色彩簡潔明朗反而可表現賣場的個性化及強調出主題的氣氛。
韻律性	運用中間色的搭配，將色彩的色階漸層變化有規則性的使用，可使色彩連貫產生節奏感，令人感覺平順舒適。

● **色彩辨認性**

　　對於賣場色彩的運用，應能明顯強調出具有企業的獨特辨認性。要增加這色彩的辨認性，首先應作市場調查與分析，然後決定並強調主要色彩，同時搭配輔助色彩藉以區別其他業者，使主色發揮最大的辨認效果。

對於賣場色彩的運用，應能明顯強調出具有企業的獨特辨認性。

● 色彩記憶性

所運用的色彩除了要引起消費者的注意之外，更應對視覺者產生刺激作用，建立明確的印象。色彩使用上要讓視覺者產生深刻印象，除了用色的獨特性與個性化之外，應使用面積對比、補色對比、明度對比及彩度對比等技巧來強化消費者的記憶。同時，使用時應講求簡潔有力，色相數目不要太多，宜強調重點主色，方便消費者記憶。

● 色彩統一性

賣場色彩運用的範圍非常廣泛，從建築物的外觀到賣場內的裝潢、設備器材與商品包裝、管理用品與廣宣文物、促銷媒體及氣氛佈置等。這麼多的運用範圍，事先都需要統籌規劃，部門之間才不會顯得格格不入、雜亂無章。另外，為求符合潮流趨勢，在統一性的規劃中可作適度變化，同時在不同賣點區或部門的變化中也應力求統一，不失主題訴求。

參、賣場外裝的色彩

一家賣場之所以能夠吸引過往行人的注意，主要是它的外觀造型和色彩。因此，賣場外裝色彩有宣傳、誘導及吸引消費者親近的功能，其設計範圍包括賣場正面、廣告招牌及賣場外牆，而且，設計的重點必須考慮以下事項：

- 符合商品項與行業別。
- 針對顧客市場的偏好色彩。
- 凸顯賣場的個性。
- 必須有醒目效果，但是切勿過度表現而導致唐突古怪。
- 維持與商圈街景的協調性。

肆、賣場內裝的色彩

　　賣場內的色彩是表現店內氣氛的主要因素，雖然它的基本概念和外裝的情形相同，但是它所要考慮的層面比外裝還來得細膩重要，否則容易造成日後改裝的麻煩。賣場內的色彩計畫主要包括天花板、地板、牆壁面和設備器具等，表 11-5、表 11-6、表 11-7 列舉多種賣場之有關地板、天花板、牆壁面和設備器具的色彩搭配供參考。所舉例的這些色彩都是主色，當讀者執行色彩計畫時可延伸其他調和色及輔助色系，以發揮配色的最大效果。

表 11-5　賣場內裝的色彩搭配——百貨日用品類

賣場種類	便利商店	超級市場	五金百貨行	玩具禮品店	文具書局	藥　局	醫療器材行	服飾賣場	大型量販賣場
天花板	白色	白色	象牙白	象牙白	象牙白	白色	白色	鵝黃色	灰色
地　板	灰白色	鵝黃色	孔雀藍	淺綠色	鵝黃色	珍珠灰	綠藍色	灰白色	鵝黃色
牆壁面	象牙白	象牙白	象牙白	淺黃色	灰白色	象牙白	白色	象牙白	灰白色
設備器具	銀白色	銀白色	灰藍色	蘭花紅	褐色	淡青色	銀白色	灰白色	深藍色

表 11-6　賣場內裝的色彩搭配——餐飲類

賣場種類	網路咖啡店	簡餐咖啡店	西點麵包店	生機飲食專門店	水果專賣店	泡沫紅茶店	早點漢堡快餐店	中式餐館	日式料理店
天花板	灰白色	灰色	象牙白	淡黃色	象牙白	灰白色	橙黃色	金黃色	淺褐色
地　板	紫藍色	褐色	紅磚色	藍綠色	淺灰色	紅磚色	橙色	紅磚色	淺紫色
牆壁面	淺灰色	象牙白	黃灰色	淺綠色	淺灰色	淺灰色	黃色	象牙白	象牙白
設備器具	銀白色	木紋色	木紋色系	銀白色	銀白色	深咖啡	銀白色	咖啡色	木紋色

☗ 表 11-7　賣場內裝的色彩搭配──休閒飾品類

賣場種類	快速沖印店	自助洗衣店	唱片樂器行	鐘錶眼鏡行	三C電子專賣店	兒童用品服飾	珠寶店	女仕用品店	美容美髮店
天花板	白色	象牙白	灰白色	象牙白	灰白色	粉紅色	象牙白	淺黃色	象牙白
地　板	灰白色	灰白色	灰黑色	淺灰色	鵝黃色	綠色	棗紅色	紫色	淺黃色
牆壁面	象牙白	粉紅色	象牙白	純白色	象牙白	黃色	象牙白	淺黃色	粉紫色
設備器具	綠色	灰白色	銀白色	咖啡色	銀白色	褐色	褐色	銀白色	灰白色系

學習評量及分組討論

1. 請各舉三種顏色來說明色彩的種類？

2. 請簡述色彩的三要素？

3. 請以曼賽爾（Munsell）色相環來舉例說明色相的涵義？

4. 色彩的對比感覺包括哪幾項？

5. 「暖色與寒色」對人會產生什麼心理感覺？

6. 請舉例說明「輕色與重色」的運用？

7. 色彩明視度適用於哪些賣場的範圍？

8. 請舉例說明配色的價值性？

9. 配色的類型有哪幾種？

10. 請舉例說明何謂「單色相的配色」？

11. 請簡述色彩美感的五種原理？

12. 以企業識別系統發展賣場色彩計畫時應掌握哪三個原則？

13. 賣場外裝的色彩設計應考慮哪些事項？

14. 以 2 人一組，討論並繪圖表示出暖色系與寒色系？

15. 以小組為單位，討論列出每位組員對色彩的喜好度？

16. 將男女同學分成不同的小組，討論對各種顏色的聯想及色彩所象徵的意義？

17. 以小組為單位，依據曼賽爾（Munsell）色相環來討論「同色系的配色」、「類似色的配色」、「對比色的配色」？

18. 以小組為單位，討論配色的原則並模擬運用在賣場規劃上？

第十二章

賣場照明計畫

各節重點

第一節　賣場照明目的
第二節　照明設計原理
第三節　光源與燈具的種類
第四節　照明的方式
第五節　賣場照明計畫
學習評量及分組討論

學習目標

1. 能夠瞭解並描述賣場照明計畫的主要目的。
2. 對照明的單位計算及專用術語有深刻的認識。
3. 能夠區別各種光源與燈具的種類。
4. 瞭解各種常用的照明方式。
5. 依據照明設計流程發展簡略的賣場照明計畫。

賣場照明目的

　　日常生活中大家都有過停電造成黑暗的不方便經驗，同樣的道理，在昏暗的賣場裡，消費者是不可能光臨惠顧的。然而，假如只強調單一的明亮度還是不足以吸引顧客，而是需要經過各種相關理論與實務的需求規劃，才能算是完整的照明計畫。

　　很多不同行業的賣場所需要的照明種類及明亮度都不一樣，甚至在同一賣場的照明也因商品訴求的差異而有不同的設計。比如說，電子商品賣場強調的是明亮的冷光，而簡餐咖啡店需要的是柔和幽雅的氣氛燈光；在同一超級市場裡就要設計多種不同的照明，以凸顯區域效果及商品特色，如生鮮蔬果區需要用植物燈光及魚肉專用燈，促銷區則另外加強重點照明，乾貨區採用較平均的亮度等。

　　總之，「**賣場的照明設計**」是在協調空間環境，以吸引顧客，刺激消費。其功能表現從店面的招牌和櫥窗到賣場裡面的各式各樣照明，都是為了提升賣場形象和商品魅力，以及塑造商店的販賣氣氛與強化賣點的訴求力，以引起消費者的注意，刺激顧客購買慾，達到商品展售的目的。根據石曉蔚研究（*1998*）將賣場照明目的歸類為建立賣場形象（Store Image）、吸引顧客注意（Customer Attraction）、營造販賣氣氛（Merchandising Atmosphere）、商品評鑑（Commodity Appraisal）、便利銷售（Convenient for Selling）等五種，茲分述如下。

壹、建立賣場形象（Store Image）

　　照明設計在賣場規劃中扮演著整合的角色，其配合整個經營策略建立賣場形象和商品的價值定位。通常低度照明的環境氣氛比較柔和高雅，加上配合高對比的重點照明能夠凸顯商品的定位與塑造

賣場的照明設計
是在協調空間環境，以吸引顧客，刺激消費。

照明設計在賣場規劃中扮演著整合的角色，其配合整個經營策略建立賣場形象和商品的價值定位。

商品的附加價值，如金飾珠寶店以低度柔光訴求高貴的氣氛，並以重點燈光強調出商品的價值。相對的，中高度照明所表現的環境比較傾向於大眾平實的氣氛，其商品定位與價值屬於流行導向或者是一般性商品，如量販店的高度平均照明所表現的是量大便宜的形象訴求。

貳、吸引顧客注意（Customer Attraction）

賣場應用燈光的亮度對比、光影變化及色彩表現，很能夠吸引顧客的注意，從店頭的廣告招牌及展示櫥窗的視覺資訊，經由照明的效果來吸引消費者的目光，激發他們入店參觀選購的興趣；再到賣場內適當亮度的環境照明，然後以高於三倍環境照明的明亮度投射於商品陳列區，形成顧客視覺的焦點，強調出商品的特色和質感。

參、營造販賣氣氛（Merchandising Atmosphere）

假如賣場的照明只有單調的光線是激不起顧客的購買慾，而必須配合行業特色、商品組合、裝潢陳列等需要，設計出適合消費者的心理與行為的氣氛照明，才能帶動顧客的消費情緒和購買慾望。例如，在三 C 電腦賣場，高照度的冷光束可以塑造科技進步的氣氛，常是牽動消費族群買氣的環境因素。

肆、商品評鑑（Commodity Appraisal）

有些賣場除了氣氛照明之外，還需配置顯色照明供顧客檢視商品的本色、樣式規格、質感及說明。例如，金飾珠寶和服飾賣場，顧客常需藉由適當照明來還原商品的顏色、檢視商品的本質，此時商品照明的演色品質重於吸引注意的設計。

賣場應用燈光的亮度對比、光影變化及色彩表現，很能夠吸引顧客的注意。

賣場的照明必須配合行業特色、商品組合、裝潢陳列等需要，設計出適合消費者的心理與行為的氣氛照明，才能帶動顧客的消費情緒和購買慾望。

賣場除了氣氛照明之外，還需配置顯色照明供顧客檢視商品的本色、樣式規格、質感及說明。

伍、便利銷售（Convenient for Selling）

　　賣場的照明應以方便各賣點區銷售為設計原則，不一樣的商品區與賣點區都有不同的照明設計。例如，量販店的收銀區應有適當照明，方便收銀員結帳、登錄及包裝作業；又如面對面生鮮販賣區，靠顧客邊的生鮮陳列櫃以魚肉專用燈光照明，而售貨員販售位置則應有較高度的照明以方便服務作業。

> 賣場的照明應以方便各賣點區銷售為設計原則，不一樣的商品區與賣點區都有不同的照明設計。

第二節　照明設計原理

壹、常用的照明單位及術語

　　在照明領域裡常提及的專用術語有照明度、光通量（光束）、發光強度及亮度。「照明度」是光源照在物體表面的密度，「光通量」是光源放射出光能量的速率，「發光強度」則是光通量在某特定方向上的分佈密度，「亮度」是被照物體所反射的發光強度。Philips Lighting（*1993*）以簡單易懂的圖形闡明以上四者之間的關係（如圖 12-1 所示）。這些專用術語各有其不同的照明單位，包括勒克司（Lux, *lx*）、流明（Lumen, *lm*）、燭光（Candle, *cd*）和亮度（L）等四種，茲說明如下。

● 勒克司（Lux, *lx*）

　　是照明度的單位，其代表著每一單位面積（$1m^2$）所通過的光線。例如，100 瓦（*W*）的白熱裸光燈直接照射在 1 公尺×1 公尺的地方，此範圍的照明度等於 100（*lx*）。在相同光源的情況下，距離拉遠時其照明度（*lx*）會降低，反之，距離拉近時其照明度（*lx*）就會提高。

> 勒克司
> 照明度的單位，其代表著每一單位面積（$1m^2$）所通過的光線。

圖 12-1　照明度、光通量、發光強度及亮度之關係

資料來源：石曉蔚（1997），《室內照明設計原理》；Philips Lighting (1993), *"Lighting Manual"*, 5th ed.

● 流明（Lumen, *lm*）

是光通量（光束）的單位，其代表著光源所發出的光線（條數）。例如，省電燈泡發出 780（條）光線，則總光束為 780 流明（*lm*）。

● 燭光（Candle, *cd*）

是發光強度的單位，其代表著光源所發出的光通量在空間某照射方向上的分佈密度，1 發光強度（1*cd*）的光源可以放射出 12.57（*lm*）的光通量。

● 亮度（*L*）

是被照物每單位面積在某方向所反射的發光強度，以顯示被照物的明暗程度，所以亮度（*L*）＝發光強度 *cd* ／面積 *m²*。

除了以上的計算用專用術語之外，另外，還有以下三種名詞是照明規劃者需要瞭解運用，才能設計出更適合賣場的照明，讓顧客感覺舒服清爽，不至於造成刺眼或疲勞。

流明
是光通量（光束）的單位，其代表著光源所發出的光線。

燭光
是發光強度的單位，其代表著光源所發出的光通量在空間某照射方向上的分佈密度。

亮度
是被照物每單位面積在某方向所反射的發光強度，以顯示被照物的明暗程度。

● 眩光

眩光會使眼睛不舒服、看不清楚東西，且易造成眼睛疲勞，主要原因是由高於室內平均照度的光源、燈具、或窗戶反射所造成，導致讓人刺眼不舒服的感覺。

● 演色性（Rendering average, Ra）

是利用 8～14 種色板，以數字描述被照物在燈光下呈現出來的顏色比較，先求其色度座標，再計算其差異平均值。

● 色溫度

表示光源光色的尺度，單位為開（開爾文溫標的計量單位：Kelvin, °K）。色溫度越低（如 2800°K），會偏向紅色光，讓人有溫暖的感覺；色溫度如加高到 5000°K，給人平順舒服的感覺；色溫度若是偏高到 6500°K 時，光色會偏向藍色，帶給人清爽的感覺。。

貳、照明計算

「**照明計算**」主要目的是設計者在衡量作業面的照度是否能符合實際視覺的需要，其計算方法有流明法（Lumen Method）與點算法（Point Method）等兩種。

照明計算
主要目的是設計者在衡量作業面的照度是否能符合實際視覺的需要。

一、流明法（Lumen Method）

「**流明法**」大都用於快速估算一般作業面的環境照明平均度，係運用已知所有光源的初始光通量之總和（流明數 *lm*）除以被照射作業平面的總面積（*m²*），得知每平方公尺面積的光通量，再乘以光源利用係數和光源損失係數，即可獲得作業面的平均照度（*lx*）。「光源利用係數」為光源實際到達作業面的光通量與初始光通量的比值，此比值通常介於 0～1 之間，可參考原廠商所提供的各款燈

具「利用係數表」加以運算。「光源損失係數」是光源在生命週期裡的作業面平均照度與新裝置的平均照度之比值，此比值通常是介於 0～1 之間。生命週期裡的平均照度是隨著使用時間和使用狀況（如光源輸出衰減、燈具變質、被照面積厚塵等）而降低，各種損失因素的係數乘積，即為應用作業面的光源損失係數。

流明法計算公式

$$E_{wp} = \frac{\varphi_{total}}{A_{wp}} \times CU \times LLF$$

E_{wp}：作業面的平均照度（lx）

φ_{total}：光源所放射的總光通量（lm）

A_{wp}：作業平面總面積（m^2）

CU：光源利用係數（0～1）

LLF：光源損失係數（0～1）

範例說明

有一賣場空間為寬 $10m$ × 深 $12m$ × 高 $2.8m$，賣場環境照明設定在 $2000lx$，其他已知條件如下，求所需燈盞數？

已知條件：

使用燈具：旭光牌吸頂螢光燈 L40422

光源：40 瓦（W）×2

初始光通量：單支燈管 $3150lm$

光源利用係數：0.8

光源損失係數：0.8

計算過程：

$$E_{wp} = \frac{\varphi_{total}}{A_{wp}} \times CU \times LLF$$

$$2000 = \frac{x \times 2 \times 3150}{10 \times 12} \times 0.8 \times 0.8$$

$$x = \frac{2000 \times 10 \times 12}{2 \times 3150 \times 0.8 \times 0.8} = 59.5 \fallingdotseq 60 \text{ 盞燈}$$

二、點算法（Point Method）

「**點算法**」是針對特定位置作定點照度的計算，係運用已知光源在測點方向上的發光強度（單位：cd，依據原廠商所提供的配光資料），除以距離（m）的平方，然後乘以光源損失係數，即可獲得特定點的照明度（lx）。

點算法計算公式

$$E_p = \frac{I_a}{D^2} \times LLF$$

E_p：點照度（lx）

I_a：光源在測點方向上的發光強度（cd）

D：測點與燈具的距離（m）

LLF：光源損失係數（$0 \sim 1$）

壹、光源的種類

一、日光燈光源

「**日光燈的發光原理**」是管內因電子的高速撞擊而產生紫外線，透過玻璃管壁的螢光粉而發光，較常見的有普通燈管及太陽燈管，兩者都比白熾燈泡省電。太陽燈的光色是自然的陽光色，其演色性及光效率較優質於一般的普通燈管。「**日光燈光源**」在賣場的使用率極高，大都用於環境照明，尤其以零售賣場更是大量使用。此種光源常用的約可分成普通型日光燈（一般燈管及環管）、省電型日光燈、舜時型日光燈、高輸出日光燈、植物栽培燈等幾種（如圖 12-2 所示）。

「**普通型與省電型日光燈**」同樣是用於一般環境照明，如賣場的騎樓及前後場。省電型燈管因經過特殊設計，故在點燈中比一般型約可節省電力 3～7%。「**舜時型日光燈**」大都是進口貨，其色溫度為 D：6500K W：4200K，平均演色評價數：Ra＝78，Ra＝66，主要用於多點滅之場所。「**高輸出日光燈**」的設備費、電費、保養費與一般之日光燈相比，是較經濟的照明。主要原因是此光源是經過改良電極構造，增加管電流，使每一支燈管光束明顯增加，很適合用於百貨公司和大賣場等需設置很多燈源或保養花費較大的場所。「**植物栽培燈**」簡稱為植物燈，雖其主要用於植物栽培和養殖魚業，卻也非常適合於生鮮蔬果賣場及水族館的商品強調照明。

茲將各型日光燈光源性能列於表 12-1，其包括消耗電力、燈管管徑、燈管電流、初光束、壽命等性能。

日光燈的發光原理
是管內因電子的高速撞擊而產生紫外線，透過玻璃管壁的螢光粉而發光。

日光燈光源
在賣場的使用率極高，大都用於環境照明，尤其以零售賣場更是大量使用。

省電型日光燈　普通型日光燈　舜時型日光燈　普通型環管日光燈　植物栽培燈　高輸出日光燈

圖 12-2　日光燈燈係光源

圖片提供：台灣日光燈股份有限公司。

表 12-1　各型日光燈光源性能表

種　類	消耗電力(W)	燈管管徑(mm)	燈管電流(A)	初光束(Lm)		壽命(Hr.)	備　註
				畫光色(D)	白色(W)		
普通型日光燈	4~30	15.0~29.0	0.125~0.375	90~1900	110~2200	3000~5000	點燈管 1P、4P
省電型日光燈	18~38	29.0	0.350~0.415	1050~2800	1250~3200	7500~10000	
舜時型日光燈	20~40	38	0.375~0.415	1020~2800	1500~3100	7500~10000	額定電壓(V) 155~230
普通型環管日光燈	20~40	29.0	0.375~0.425	940~2500	1050~2800	5000~	點燈管 1P、4P
高輸出日光燈	110	38	0.8	8500	9500		額定電壓(V) 400
植物栽培燈	10~18	25.0~29.0	0.230~0.350	160~420 光色：紫色		5000~7500	點燈管 1P

資料來源：台灣日光燈股份有限公司。

二、白熾燈光源

「**白熾燈光源**」主要分為鎢絲燈及鹵素燈兩種。「**鎢絲燈**」是在真空玻璃球中裝入鎢絲，然後充填氮或氬氣（防止鎢絲氧化），通電時利用燈絲的電阻發熱，變成白熾狀態發光。「**鹵素燈**」是在燈泡內注入碘（鹵素）的石英發光管，碘質可防止燈絲的蒸發耗損，其效率雖與一般白熾燈泡相同，使用壽命卻比一般白熾燈泡延長約 2 倍。

白熾燈燈系光源依佈光特性分為散射性與指向性，其光色溫暖柔和、演色性佳且容易調光，但是光效率較低，而且使用壽命較短，點亮中之燈泡各部分溫度皆很高，因此使用時應避免觸及皮膚，同時要考慮有良好的通風條件。茲將鎢絲燈與鹵素燈之管功率、光效率、色溫度、演色性、壽命、點燈方向、調光性等性能，作一比較如表 12-2 所示。

表 12-2　鎢絲燈與鹵素燈性能比較表

種　類	鎢絲燈	鹵素燈
管功率（W）	40～300	20～500
光效率（Lm/w）	9～16	12～25
色溫度（K）	2700	2900～3300
演色性（Ra）	100	100
壽命（Hr.）	1000	2000～3000
點燈方向	任意	雙頭型：水平 單頭型：任意
調光性	容易調光	可調光

資料來源：DiLouie, C. 1994, "The Lighting Management Handbook".

三、高照明度氣體釋放燈燈系光源（HID）

HID 燈泡
是 高照明度氣體釋放燈
的簡稱，其特點是燈泡
效率高、相同燈數時光
束比較大、使用壽命長
、光源體積小、輝度很
高等。

「HID 燈泡」是 Hight Intensity Discharge Lamp 高照明度氣體釋放燈的簡稱，其特點是燈泡效率高、相同燈數時光束比較大、使用壽命長、光源體積小、輝度很高等，不僅可配合反射片或稜鏡控制光線的效果，其照明設備電費及維護費都比日光燈和白熾燈低。HID 光源因光度較強且屬於散射性光源，常用於天花板較高或室外的空間。此種光源燈系包括水銀燈、高壓鈉燈及複金屬燈等三種（如圖 12-3 所示），每一類有多種不同用途的規格，表 12-3 是以安定器和起動器作性能區別的歸類。

「水銀燈」有常見使用於路燈照明的一般水銀燈泡和反射型水銀燈兩種，性能區別可分成需用安定器的一般水銀燈和免用安定器的水銀燈泡，從表 12-3 得知前者各種規格的平均使用壽命比後者長。水銀燈是較早期的 HID 光源產品，被使用率也非常高，然而因水銀含量的環保問題已經漸漸被複金屬燈所取代。

「高壓鈉氣燈」的光源和色差變化性較大，起動時光色由紅光漸漸變亮度較高的白光，起動時間也較長，常見於賣場的停車場照明。從表 12-3 得知內含起動器規格的高壓鈉燈之使用壽命可達到 24000hr，而管型或橢圓形規格的高壓鈉燈之平均使用壽命都在 12000hr。

「複金屬燈」是在放電管中充填複合金屬，如早期開發的石英玻璃做成光源的放電管，或近期研究出的陶瓷放電管，尤其精巧型低瓦數燈種其配光設計更精確、發光效率高、使用壽命長、演色性佳及光色穩定，很適合設計為投光燈，用於強調對比的重點照明。複金屬燈的性能以單頭管型、雙頭型及內含起動器型作區別，其與水銀燈及高壓鈉燈的最大不同是點燈方向設置在固定的水平及燈帽向上的角度。

一般水銀燈泡

反射型水銀燈泡

高壓納燈泡

清光管型高壓鈉燈

複金屬燈泡

雙頭型複金屬燈

圖 12-3　高照明度氣體釋放燈燈系光源

圖片提供：台灣日光燈股份有限公司。

☗ 表 12-3　各型高照明度（HID）氣體釋放燈性能表

種　類	管功率(W)	管電流(A)	管電壓(V)	全光束(Lm)	光效率(Lm/w)	色溫度(K)	演色性(Ra)	壽命(Hr.)	點燈方向
一般水銀燈（需用安定器）	80～1000	0.8～7.5	115～145	3000～64000	37.5～65	4900～5500	40	12000	任意
水銀燈泡（免用安定器）	160～1000	0.8～4.73（安定電流）	120～230	1400～31000	8.8～30.7	3500	40	6000～12000	任意
高壓鈉燈泡（管型或橢圓形）適用專用安定器	70～1000	1.0～10.6	90～110	5800～13000	82.3～125	2100	25	12000	任意
高壓鈉燈泡（內含起動器）	180～940	1.90～7.50	104～140	15500～148000	85.7～157	2100	25	12000～24000	任意
複金屬燈泡（歐美系統單頭管型或橢圓形）適用專用安定器	250～2000	2.1～16.5	125～135	17000～189000	68～95	4500	70～80	10000	水平±20°；燈帽向上±15°
複金屬燈泡（進口雙頭型）適用專用安定器	70～150	0.95～1.80	95	6000～13000	80～86.7	3000～4300	75	6000	水平±45°
複金屬燈泡（內含起動器，日本進口）適用專用安定器	250～1000	2.13～7.5	130～145	16000～90000	64～83	3800	70～80	9000	燈帽向上±75°；水平±30°

資料來源：台灣日光燈股份有限公司。

四、光觸媒燈管光源

「**光觸媒燈管**」係結合奈米高科技，利用 365nm 波長之光源照射在光觸媒（TiO2）鍍膜之玻纖上，產生電子洞對使其遇空氣中的氧和水形成有殺菌和抑菌能力的氫氧自由基，可使有機物氧化分解，無機物還原沈澱，其光源不會像一般紫外線對人體皮膚有不良的效果。常用的光觸媒燈有光觸媒專用直管、光觸媒專用環管、光觸媒專用特殊管等三種，其性能規格如表 12-4 所示。

貳、燈具的種類

常用於賣場的燈具種類有俯瞰燈、吊燈、壁燈、軌道燈、室外照明燈、緊急照明燈等六種（如圖 12-4 所示）。

● **俯瞰燈**

是裝置於天花板上，又分成嵌燈和吸頂燈兩種。吸頂燈由於燈具屬於外露型，其照明度通常比嵌入燈明亮。嵌燈是將燈具嵌入天

表 12-4　各型光觸媒燈管光源性能表

種　類	耗電 (W)	燈管 管徑 (mm)	燈管電 流(A)	紫外線 出力 (W)	紫外線 強度 (UW/cm²)	壽命 (Hr.)	適合 點燈 管	廢氣分 解效率 (%)	抑菌殺 菌效率 (%)
光觸媒專用直管	4～40	15～29	0.125～ 0.415	0.2～6		3000～ 5000	1P、4P	6～80	0.95～ 12.7
光觸媒專用環管	20～40	29	0.375～ 0.425	2.3～5.8		5000	1P、4p	41～73	6.52～ 11.6
光觸媒專用特殊管	10～15	25	0.23～0.3	1.8～3	19.5～31	4000	1P	15～25	80～90

資料來源：台灣日光燈股份有限公司。

花板與天花板面切齊的形式（如管形嵌燈及輕鋼架專用燈具），另
有半嵌入式燈具是藉由露出部分彰顯燈具的造型美感。吸頂燈是將
燈具直接按裝在天花板上，適合於沒有裝潢天花板或特別強調燈具
美感的賣場，此種燈具的配線及按裝比嵌燈簡便許多，然以上每一
種都是向下照明，主要用於賣場全面的環境照明。

● 吊燈

是以纜線或鏈條作垂吊式的裝置，其本身的懸吊外型就是一種
空間的裝飾和視覺的焦點，主要用於營造賣場的販促氣氛或強調重
點商品的展示。

● 壁燈

是按裝在牆壁上向特定角度投射或以較柔和的漫射型佈光，除
了作重點照明外，更是餐飲業或精品家飾業提升賣場氣氛的最佳演
出。

● 軌道燈

是將多個燈具並列按裝在同一金屬溝槽，每一燈具在軌道的分
佈位置可活動調整，適合展示面較大且商品彈性擺設的區塊展示賣
場。

● 室外照明燈

都按裝在店頭及停車場，以高照明度的HID燈泡凸顯賣場標的
位置及方便消費者停車。

● 緊急照明燈

是按裝在賣場每一個重要區域的備用燈，當賣場發生電力事故
造成照明設備失效時，緊急照明可以自動開啟照明，其平時處於充
電備用狀態，應該定期檢修測試以備不時之需。

管形嵌燈　　　　　　　　吸頂日光燈

吊燈　　　　　　　　　　壁燈

軌道燈

室外照明燈　　　　　　　緊急照明燈

圖 12-4　賣場常用之各式燈具種類

第四節　照明的方式

照明的方式從投光的角度及方向，可區分為下投式、上投式、前投式、後投式等四種方式。

壹、下投式照明（Down Lighting）

「**下投式照明**」是光線由上向下投射，此是最普遍被採用的一種照明方式，尤其在商業空間的賣場更是最主要的基礎照明。其依照賣場機能需求，可分成整體照明、局部照明、工作照明等三種類型。

一、整體照明

「**整體照明**」是將燈具有秩序的排列在整個天花板上，使光線平均分布於環境空間，所以又稱「環境照明」，通常適用於大空間且不講究局部照明的賣場。整體照明之燈具配置方式大致分為直線排列、橫線排列、回形排列、矩形排列、星狀排列、十字形排列及棋盤式排列等七種（如圖 12-5 所示），其光源以日光燈及嵌燈燈系為主，藉由螢光束以提升賣場的明亮度。為了達到佈光均勻，燈具與燈具的間距以 1 公尺為宜，且應設置在動線通道上方，切勿置於商品架上方造成昏暗陰影；另外，燈具與牆壁的距離以 0.5 公尺為宜，可增加牆面反射率，若是牆面設有商品器材，則燈具應避開在器材上方而設於通道上方。

下投式照明
是光線由上向下投射，此是最普遍被採用的一種照明方式，尤其在商業空間的賣場更是最主要的基礎照明。

整體照明
是將燈具有秩序的排列在整個天花板上，使光線平均分布於環境空間，通常適用於大空間且不講究局部照明的賣場。

(a)直線排列（長形日光燈）

(b)橫線排列（長形日光燈）

(c)回形排列（長形日光燈）

(d)矩形排列（方形日光燈）

(e)星狀排列（嵌燈）

(f)十字排列（方形日光燈與嵌燈
並用）

(g)棋盤式排列（日光燈與白熾燈燈並用）

📖 圖 12-5　整體照明之燈具配置方式

二、局部照明

　　「**局部照明**」是針對區域機能性的需要所設置的照明，可減少非工作區或賣點區的照明浪費，如傢俱賣場的照明是直接設置在傢俱展示區，通道的照明是彙集各展示區的光線（如圖 12-6 所示）。局部照明之光源以白熾燈燈系（如石英鹵素燈）為主，藉由溫暖柔和的光色提升賣場的氣氛，如果與整體照明一起使用，必須降低周圍的環境照度，提高強調係數在 5：1（如局部照度 3000*lux*：環境照度 600*lux*）以上，才能發揮局部照明的功能。

三、工作照明

　　「**工作照明**」是提供個別作業面的照明，在賣場裡如收銀台、服務台、個別面對面販賣區及作業加工區，此光源以日光燈為主，隨個別需求可單獨控制點滅，為了在工作的範圍增加亮度以方便服務者或工作者作業，燈具可視需要按裝在近距離，並搭配環境照明的協調性以維持工作區與周圍空間的舒適亮度對比。然而，為避免因近距離反光而影響工作者的視覺能力，應加裝或選用有擋光板的燈具，以降低反射情況。

局部照明
是針對區域機能性的需要所設置的照明，可減少非工作區或賣點區的照明浪費。

工作照明
是提供個別作業面的照明，在賣場裡如收銀台、服務台、個別面對面販賣區及作業加工區。

貳、上投式照明（Up Lighting）

「**上投式照明**」是一種光線由下往上投射，然後經由上方壁板、天花板或其他遮蓋物反射的照明方式。此方式是屬於間接照明，可增加立面高度感，同時避免直接光線的眩光刺眼，塑造出柔和溫馨的環境氣氛，使用的燈具以石英鹵素燈管及螢光燈為主。上投式照明因有間接照明的特性，很適合使用在柔和環境的商業空間，如餐廳、咖啡店、珠寶店等。但是使用時需要注意以下幾點事項：

- 反射面應選用柔和材質避免光滑過亮，導致強光反射而刺眼。
- 採用淺色的反射面，提高反射效果。
- 投光角度必須調整正確，切勿直射視覺者而產生反效果。
- 經常清理燈具，以免積塵過多產生模糊光線。
- 反射高度不可太低，以免光線過度集中導致陰暗及生硬的不良效果。以天花板為例，其高度約 2.8m 左右為宜。

▲ 圖 12-6　局部照明之燈具配置方式

參、前投式照明（Front Lighting）

　　「**前投式照明**」是從被照物的前方投光的一種照明方式，其依據燈光分佈的情況又可分成牆面照明、強調照明、光束照明和陰影照明。牆面照明（Wall Lighting）的投光方式是由上而下均勻的照在整個牆面上，表現出整體的照明度。強調照明（Accent Lighting）則是加強被照物的照明度，根據石曉蔚（*1998*）研究指出，要達到視覺強調的目的，被照物的照明度至少比背景照明度高出五倍以上（參考表 12-5），而利用其明暗的對比效果，吸引視覺者對被照物的注意。光束照明（Beam Lighting）是配合各種配件變化出不同的光線顏色、形狀和圖案，利用這些多樣的光線提高戲劇性的視覺效果。使用光束照明需要注意的是，強調係數應為 15：1 以上，才可凸顯光束的特性變化（參考表 12-5）。陰影照明（Sadow Lighting）主要在塑造立體的層次效果，利用投光在被照物或背景所反射的陰影，產生三度空間的特殊變化。以上每一種的照明方式所衍生的視覺效果各不相同，將其應用在賣場的各部門也發揮出不同的功用（如表 12-6 所示）。

前投式照明
是從被照物的前方投光的一種照明方式，其依據燈光分佈的情況又可分成牆面照明、強調照明、光束照明和陰影照明。

表 12-5　強調係數與視覺效果

強調係數 （物體／背景）	視覺效果	環境照度 （*lux*）
2：1	不引起注意	500/1,000
5：1	引起低度注意	500
15：1	引起中度注意	250
30：1	引起高度注意	100/250
50：1	戲劇性效果	＜ 100

資料來源：節錄自石曉蔚，1998，《室內照明設計應用》，p.43。

🔖 表 12-6　前投式照明應用在賣場的視覺效果

照明方式	視覺效果	賣場應用範圍
牆面照明	● 使空間感覺比較寬敞 ● 使牆面上的物體或商品有視覺整合效果，不會特別突出 ● 使牆面的凹凸粗糙變得更平整	正面招牌 賣場內四周牆壁面 展示台的背牆
強調照明	● 有指引的效果 ● 凝聚視覺者的注意力 ● 提示加深視覺者的印象	停車場 賣場內轉角區 特販促銷區 收銀台及客服台
光束照明	● 提高被照物的戲劇性表演效果 ● 塑造主題活潑性 ● 增加節慶的熱鬧氣氛	展示櫥窗 展售表演台 重點商品區
陰影照明	● 立體藝術效果 ● 反射植栽盆景自然美化的佈置效果 ● 塑造溫馨及藝術的氣氛	天花板 背景牆柱

資料來源：Israel, L. J. (1994); Munn, D. (1986).

肆、後投式照明（Hind Lighting）

後投式照明
是一種光源由被照物後方投射出來的照明方式，其依據燈具裝設位置又可細分成剪影照明、背後照明、結構性照明等三種方式。

　　「**後投式照明**」是一種光源由被照物後方投射出來的照明方式，其依據燈具裝設位置又可細分成剪影照明、背後照明、結構性照明等三種方式。剪影照明（Silhouette Lighting）的燈光是直接照在背景表面，而物體本身是暗的，藉由背景光線凸顯物體的形狀。例如，泡沫紅茶店的壁櫥利用剪影照明加深視覺者對物體輪廓的印象，顯示出茶具的幽雅格調。背後照明（Back Lighting）的燈光是裝在半透明材質空間裡（如壓克力、塑膠板、玻璃），經由這些材質產生透光以表現材質上的圖文形狀，如賣場的店頭招牌及廣告燈箱。為求光線均勻分布效果，背後照明的光源都使用照明面較大的日光燈，且燈管分佈距離都設置在 30 公分以內，避免因距離過大而產生陰影。結構性照明（Structural Lighting）是藉由美觀的結構性物件遮掩燈具，使光源集中於被照區，達到投光區與被照區的整

體效果。所使用的物件如金屬片、裝潢木板、塑膠格柵及其他遮光板，賣場裡的專櫃區常使用此結構性照明，達到美觀實用的佈光目的。

第五節 | 賣場照明計畫

當今的商業環境，各種賣場的競爭非常激烈，競爭的條件從商圈地段的評估，到經營型態的定位及賣場整體規劃的設計，都是不可或缺的關鍵因素。當中，賣場規劃除了商品配置、動線規劃及內外裝潢之外，照明設計可說是扮演營造販促氣氛的重要角色，更是表現整體賣場形象的靈魂要素。

早期賣場的照明只是照亮的功能角色，現代賣場的照明設計除了照亮功能之外，更肩負吸引人潮和提升買氣的重要任務，已然成為競爭優勢的條件之一。本章節針對賣場照明整體計畫分成四部分加以探討，首先擬定照明設計流程並考慮照明計畫時應該注意的事項，接著規劃賣場實際需求的照明種類，然後依序規劃店頭照明及店內照明等各細部的設計。

壹、照明設計流程

賣場照明規劃應按有計畫性的順序流程實施，才能提高設計的準確性，符合商圈市場的需求，吸引顧客光臨惠顧。

首先，明確定位賣場的經營型態及商圈環境的訴求，然後構想賣場的照明環境，其包括每一賣點區的亮度與光色的分佈狀態；接著，構想照明的方法，如一般環境的基本照明、強調照明和專用照明等；再規劃照明的條件（包含光源性能標準、照明度標準及分布、演色及光色的穩定性、各種照明的搭配），和選擇照明器材（包括燈具設備和裝飾配件、調光控制器具等）；然後決定照明配

> 現代賣場的照明設計除了照亮功能之外，更肩負吸引人潮和提升買氣的重要任務，已然成為競爭優勢的條件之一。

置方式和計算檢討照明度的分布，最後預算整個照明計畫的成本。從構想照明方法、規劃照明條件及選擇照明器材到決定照明配置方式都需要交叉檢討分析整個計畫的正確性和必須性，然後以實物實測來計算照明度分布的精準性，方可預算出適用的設備和合理的成本。以上完整的設計流程如圖 12-7 所示。

貳、照明計畫考慮事項

賣場照明計畫過程中，應考慮整體效果與效率的因素，不只是取向於流行趨勢或依賴施工者的經驗，要符合賣場定位的照明標準、色溫及色相的類型、能源效率高及無光害的光源燈具和安全適用的施工品質，茲說明如下。

圖 12-7　賣場照明設計流程

1. 詳細規劃整個賣場的照明需求，採取整體照明與局部照明協調並用原則。

2. 照明是一家賣場耗電量最大的設施，選擇適當用途的光源與燈具，並配合有效的照明管理是節約能源的重要措施。為了得到最適切的照度，光源體與照明器具有各式各樣的組合，務必依照實際需求作選擇，尤其某些賣場全面使用鹵素燈，不僅效果不彰，高熱的燈源增加冷氣空調的負擔，造成能源浪費。

3. 賣場牆壁及天花板儘量選用反射率較高的淺色材質，可提高室內照明效率和節約照明用電，內裝材質及材料表面處理色的反射率標準如表 12-7 所示。

4. 舒適的遮光角度與亮度，不僅可避免顧客眩光刺眼，又可完全表現出商品的魅力。

5. 適度利用建築物的自然採光不僅可減少照明用電，又可降低因燈具散熱的空調負載。

6. 針對商品特性選用適當的光源，避免因光線輻射產生照明光害。例如，白熾燈的紅外線不利於生鮮蔬果等食品，應選用植物燈光源。

7. 考慮燈管更換及燈具維修問題，並排定相關人員定期檢修擦拭，以提高反射率，維持賣場的適當照度。

8. 配合燈具配件發揮更大的應用彈性，除了可達到裝飾功用，主要是在控制眩光和塑造光束的效果。

9. 將不同點滅時間及用途的照明設施，分開設計不同的迴路（線路控制）可發揮使用效率的省電功用。

10. 選擇設計良好、品質穩定的安定器，才能完全發揮光源的特性及確保光源之使用壽命，降低電氣安全威脅。雖然電子式安定器費用比傳統鐵心式安定器費用較高，但是電子式安定器因為具有省電、重量輕、防災及延長燈管使用壽命等其他優點，在國內已漸漸被許多新規劃的賣場所接受。

⬛ 表 12-7　內裝材質及材料表面處理色的反射率標準

內裝材質的反射率標準				內裝材料表面處理色的反射率標準			
材質	反射率（%）	材質	反射率（%）	顏色	平均反射率（%）	亮面處理反射率（%）	暗面處理反射率（%）
白壁	65	白色漆	65	黃	50	20	30
淺色壁	50～60	淡色漆	35～55	褐	25	50	8
濃色壁	10～30	濃色漆	10～30	紅	20	35	10
磚面壁	15	黑色塗料	5	綠	30	60	12
灰色石綿板	30	金屬漆	55	青	20	50	5
灰色壁布	40	銀	92	灰	35	60	20
水泥壁	25	銅	75	白	70	80	--
白磁磚	60	合金類	75				
白系木	40～55	鍍烙	65				
染色木質面	30～55	鋁	65				
疊蓆	40	不鏽鋼	60				
亞麻	15～30	玻璃鏡面	85				

資料來源：日本店鋪設計家協會監修，1985，《商業建築企
劃設計資料集成：設計資料篇》。

參、賣場照明需求

　　針對賣場的行業型態、賣場風格、商品定位及市場訴求，將賣場所有需要的照明歸類成「基本照明」、「強調照明」和「專用照明」等三種。基本照明為賣場整體之基本照度的基礎，目的是在構

成人員流動與賣場環境的相互關係；強調照明主要是凸顯商品周圍的亮度，提高商品的展示效果或對特定主題物表現裝飾效果；專用照明係針對某些商品的特殊性能加以維持其品質和演色性。

一、基本照明

「**基本照明**」用於賣場公共性的區塊，如停車場、休息區、收銀區、通道等一般性的照明。此種照明可選擇發光效率很高的線性光源，如 TL5 螢光燈是新一代的直管型螢光燈，其 16mm 的細管徑設計，很適合設計在賣場某些狹隘的燈槽、商品架層板等區域之基本照明。另外，PLT 螢光燈是屬於泛照性光源，其是管型螢光燈的縮小版，具有高瓦數、高亮度但體積精緻小巧的特性，很適合在賣場設計為各式嵌燈之基本照明。以上兩種螢光燈都有絕佳之演色性，同時也具備多種光色，適合內裝色調的搭配以營造賣場的氣氛。通常基本照明都會使用單一白光或冷白光的照明系統，主要以平均照度和明亮為設計原則。其環境照度依據賣場定位區分成三種：

1. 表達簡潔、效率和便宜的低階賣場以 $500 \sim 1000lux$ 的照度範圍為適合。

2. 傳達平實、中價位的中等賣場以 $250 \sim 500lux$ 的照度範圍較為理想。

3. 區隔商品及顧客訴求的高級賣場以低至 $100 \sim 250lux$ 的照度範圍，才能營造較精緻、高價位的氣氛。

二、強調照明

「**強調照明**」主要在凸顯專業服務的形象，故加強展示區燈光與周圍環境照明的明暗對比，以提高商品展示的戲劇性效果。此種照明可選擇 CDM 陶瓷複金屬燈，其利用更耐高溫的陶瓷材料來代替原本的石英玻璃做成光源的放電管，改善原本複金屬燈使用一段時間後，因充填於放電管中的複合金屬外洩而造成顏色偏移的現

基本照明
用於賣場公共性的區塊，如停車場、休息區、收銀區、通道等一般性的照明。

強調照明
主要在凸顯專業服務的形象，故加強展示區燈光與周圍環境照明的明暗對比，以提高商品展示的戲劇性效果。

象。此外，CDM 陶瓷複金屬燈有更好的演色性及光色穩定性、發光效率更高及更長的使用壽命，加上其發光體很小，近似點光源，燈具的配光設計更精確，非常適合設計為投光燈，作為賣場強調對比的重點照明之使用。強調照明的效果是以強調係數（強調照明：環境照明）高低為基準，以賣場高中低三種等別歸類常用的強調係數如下：

1. 強調係數越高越能區隔目標市場、提高商品的價值感，如高級精品店的強調係數為 30：1（3000*lux*：100*lux*）。

2. 而環境照度中等的展示區，其強調係數為 10：1（3000*lux*：300*lux*）比較能夠吸引顧客的注意，如婚紗攝影賣場和西式餐廳等。

3. 強調係數越低的賣場表示其環境照明度很高，不容易表現出強調照明的效果，尤其像量販店的高環境照度，若需要加強局部的重點展示區，務必將強調係數保持在5：1（3000*lux*：600*lux*）以上，才能發揮局部照明的功能。

三、專用照明

照明搭配得宜會提升商品的賣相，但是設計不協調也會使商品的顏色走樣，甚至使商品品質產生變化。所以有些商品應該依照其適應特性設計「**專用照明**」，才能表現商品的個性化及保持原品質。例如，在麵包店裡如使用一般環境照明的白色燈光，麵包所呈現的白晰顏色容易讓人失去口慾（如圖12-8(a)上層所示）。圖12-8(a)下層使用烘焙業專用的橘黃色燈光（俗稱麵包燈，如圖 12-8(b)所示），其光色使麵包呈現精緻好吃的視覺效果，此專用麵包燈的優點是柔和、穩定、不閃爍，其高功率、低電流的電子式安定器及隔熱鋁合金燈罩設計，不會因過熱而破壞麵包品質，更可節省30%～35%的用電量。

(a)一般白色燈與麵包燈之照明效果比較

(b)烘焙業專用的橘黃色麵包燈

♟ **圖 12-8　麵包專用照明燈**

圖片提供：川島國強有限公司。

四、賣場展示照明的要求

　　賣場展示設計照明的要求有適當的照明度、適當的照明方式、選用適當的光色及避免造成眩光等四個條件。

1. 適當的照明度

依照不同的展示內容，設計適當的照明度。

2. 適當的照明方式

依據展售商品的特性、陳列方式、展售類別，運用適當的照明方式提升展示效果。

3. 選用適當的光色

根據商品特性及品質需求，選用適當的光色，提高商品的價值。

4. 避免造成眩光

在賣場裡必須避免照明的直接眩光和反射眩光，直接對消費者的眼睛產生刺激。如圖 12-9(a)所示，光源的角度若設計不當，直接對玻璃的反射眩光會刺激到顧客的眼睛，影響展售效果。而圖 12-9(b)所示，將照明配置在櫥櫃內，光源就不會經由玻璃的反射而產生眩光，刺激到眼睛。

肆、店頭照明計畫

依照店頭的機能設施可將其照明區域分成外觀照明、招牌照明、櫥窗照明、騎樓照明等四大部分來加以設計。

一、外觀照明

賣場外觀是接近消費群的最前線，其照明的主要功能在吸引消費群的注意，引領他們進入賣場，另一方面也是將明確的企業識別建立在消費者的印象裡，以顯示賣場的經營特色和風格。外觀照明除了在夜間使用之外，平常視線不良的區域都應保持其可視度，考慮的範圍包括賣場建築物正面、入口處及停車場，主要是指引行人

(a)不當的光源會產生反射眩光，刺激到顧客的眼睛。

(b)適當的光源可避免產生反射眩光，刺激到顧客的眼睛。

📖 圖12-9　光源的角度設計對反射眩光的影響

和開車的消費者清楚辨識及進出賣場，其照明設計大都以簡單明亮為原則。總之，外觀照明設計應考慮照度充足和分佈均勻，光色宜人，避免眩光刺眼，誘導行車及節約能源等條件。

二、招牌照明

招牌照明的形式大致有霓虹燈、燈箱及正面投光等三種。

「霓虹燈」隨著不同的字樣及燈色，表現出活潑、年輕、跳躍

的氣氛,很適合娛樂場;其利用夜間與周圍環境的強烈對比,使立體字的背襯霓虹營造出高貴帶有點隱私、寧靜又不失柔和的感覺,常是餐飲業的設計主流。

「燈箱」是賣場使用最普遍的招牌照明,其利用透光性壓克力或軟性面材製作成箱型招牌,照明從燈箱內直射面板產生亮度效果。燈箱內之燈管以白色光日光燈較為理想,其規格以 40W 與 30W 最通用。為求招牌明亮度平均和美觀,燈箱內的燈管排列是主要重點,排列平均,其招牌的光線分佈就很均勻明亮,反之則會使招牌產生陰影現象。排列時燈管不宜交叉,最適當的設計為直式排列或橫式排列,其標準行距為 30 公分(如圖 12-10 及圖 12-11 所示),直式排列時,兩燈管之間的燈頭(鋁頭)需要重疊 5 公分左右。有些燈箱使用鏤空字塑鋼板或金屬鋼板當面材,燈光在透光與非透光之間形成有層次的照明效果,提升賣場的格調與精緻形象。

「正面投光」都用於較大篇幅的外觀看板上,看板本身以帆布、木質及其他面材製作而成,燈光以外伸懸掛從正面投射,或由看板的下方投射,此種照明都選擇高照度的燈光較適合。

行距 30 公分

　　　圖 12-10　招牌燈管直式排列

行距 30 公分

🔖 圖 12-11　招牌燈管橫式排列

三、櫥窗照明

　　櫥窗是顧客接觸店面時最先感受到明亮的地方，除了講究整體性照度外，更常利用其他輔助照明妝點出櫥窗的魅力，將顧客的視線吸引到所展示的商品上。櫥窗以背景結構來區分成開放式（Open-back Windows）和封閉式（Closed-back Windows）兩種，前者沒有設計背景牆，直接透視賣場內的景物，形成開放的展示空間，其照明位置設置在櫥窗的上方及兩側（如圖 12-12 所示）；後者設計有背景牆，形成一個獨立展示空間，其照明位置設置在櫥窗的上下方、兩側及背景牆的上下方（如圖 12-13 所示）。

沒有設計背景牆，直接透視賣場
內的景物，形成開放的展示空間

🔖 圖 12-12　開放式櫥窗之照明位置設置在櫥窗的上方及兩側

　　　　　（俯視圖）

頂板上方位置為基本照明

櫥窗正前面上下方及左右兩側為強調照明

背景牆上下位置為背景基本照明

活動輔助照明

(a)封閉式櫥窗之照明設計（立體側邊透視圖）

背景牆

懸吊燈

活動輔助照明

(b)封閉式櫥窗設計有背景牆，形成一個獨立展示空間，其照明位置設置
在櫥窗的上方、前下方、兩側及背景牆的上下方（俯視圖及前視圖）

🔒 圖 12-13　封閉式櫥窗照明設計

　　展示櫥窗的照明以散射性和指向性光源相互搭配使用的效果最好，以下用封閉式櫥窗為例作說明。「散射性光源」大都利用櫥窗的頂板上方及背景的上下位置，設計為櫥窗的基本照明，如圖 12-13 所示，此光源都採用螢光燈和白熾燈居多，裝置角度不可向外或加裝適當的遮光板以避免光線直射觀看者。「指向性光源」都利用櫥窗的前上下方或左右兩側，設計為櫥窗的強調照明或局部照明，如圖 12-13 所示。櫥窗的前上方以單獨投射燈或軌道燈營造視覺的焦點，前下方利用嵌入底板燈槽的腳燈照明來消除基本照明投射展示品所產生的陰影；至於櫥窗的左右側可按裝立式螢光燈或軌道燈，以塑造生動的立體感或利用兩邊不同的演色性強化戲劇性的視覺效果。另外，設置活動立式的照明燈以輔助固定燈照不到的位置。

四、騎樓照明

　　大部分賣場的騎樓照明以明亮為原則，除了方便顧客走動，也彌補店內與街道之間距所產生的昏暗。騎樓照明之燈管排列以橫式設計為宜，既是與街道平行而固定在騎樓天花板。無論單店面、多店面或三角窗店面的騎樓，燈管橫式排列可加大照度面積及節省燈管排列數量，也降低顧客進入店面的眩光刺激。

🔦 圖 12-14　騎樓照明之燈管排列以橫式設計為宜

伍、店內照明計畫

賣場空間的照明設計，需符合顧客訴求對象，針對其心理差異和喜好，規劃不同的照明方式，譬如青年學生喜歡活潑刺激及有平衡感的聚光燈，中年人需要輕鬆柔和的嵌燈，藍領階層喜好耀眼的基本照明，女性朋友愛好藝術造型的白熾燈，每一種不同的需求照度與擺設位置都有一定的相互關係。除此之外，再根據顧客的消費行為，著重在商品陳列、動線通道、壁面及服務特區等區隔照明，並協調相互之間的照明效果，才能發揮賣場整體的販促氣氛，有效提升商品的展示效果，刺激誘發顧客的消費慾望。

一、商品陳列照明

賣場裡的商品不外乎陳列於貨架、櫥櫃、層板或平台，這些陳列器具涵蓋各種展示面，如高架多層展示面、低櫃平型面、單邊展示面、雙邊展示面、直線展示面或斜線展示面等等。各種不同的陳列方式和展示面，直接影響照明方法的運用。以下將陳列方式歸類幾種形式加以說明照明規劃的方式。

㈠雙面直立多層商品架之照明設計

雙面型商品架都為縱高多層的設計，其展示面有平線和斜線兩種，前者如超級市場和便利商店的乾貨架，後者如書局和影音店的雙邊斜面架。此型陳列架大都密集排列在賣場中央區域，照明應設計雙管螢光燈固定在天花板向下投射。

以上所談的照明方式，其燈具排列有直式與橫式兩種。「**直式排列**」是按裝在通道上方（如圖 12-15 所示），其雙燈管向下左右兩側散光（如圖 12-17 所示），此排列方式不可固定在商品架的正上方，否則會因上層高架的遮光形成中下層的商品照度不足。「**橫式排列**」為燈具與陳列架垂直，連結按裝在天花板上並橫跨通道與商品架（如圖 12-16 所示），採用的燈管固定面應為平型，使光線直接下投（如圖 12-18 所示），不會偏射產生眩光而刺激顧客的眼睛。

直式燈具排列
是按裝在通道上方，其雙燈管向下左右兩側散光。

橫式燈具排列
為燈具與陳列架垂直，連結按裝在天花板上並橫跨通道與商品架。

圖 12-15　雙面直立多層商品架之照明──直式排列

圖 12-16　雙面直立多層商品架之照明──橫式排列

🖱 圖 12-17　雙面直立多層商品架之照明──直式排列，
　　　　　其雙燈管向下左右兩側散光。

🖱 圖 12-18　雙面直立多層商品架之照明──橫式排列，其採用的燈管
　　　　　固定面應為平型，使光線直接下投，不會偏射致使顧客產
　　　　　生眩光。

(二)單面直立多層牆櫃之照明設計

單面直立多層牆櫃是指沿靠賣場四周牆面而設計的單面商品展售架，此牆櫃通常由木製裝潢、鐵製組合架、玻璃展示櫥等設計而成，其展示面大都是面向通道。為顯示商品的特色，這些櫥櫃的照明設計大致可分成外伸前照式、裝置在櫥櫃與通道中間之上方、裝置在櫥櫃內等三種方式。

外伸前照式的設計如圖 12-19 所示，燈具固定在櫥櫃天花板的外側，同時燈管的外側加裝遮光板，使光線集中由上向下照射在內側的商品上。第二種為裝置在櫥櫃與通道中間之上方的設計，如圖 12-20 所示，燈具以橫式排列固定在天花板上，所採用的燈管固定面應為平型，使光線直接下投（參考圖 12-18 所示），不會偏射產生眩光而刺激顧客眼睛。另外一種為裝置在櫥櫃內的設計，如圖 12-21 所示，燈具都加裝在櫥櫃外側內角，除了可緩和賣場照明對玻璃的反射之外，尚可強調櫥櫃內商品的展示效果。此種照明適宜採用螢光燈或光纖照明，避免櫃內高溫損及商品或因玻璃傳熱燙傷顧客。

　　圖 12-19　單面直立多層牆櫃之照明——外伸前照式

🍎 圖 12-20 單面直立多層牆櫃之照明——裝置在櫥櫃與通道中間之上方

(三)平型櫥櫃之照明設計

賣場常見的平型櫥櫃有密閉型玻璃櫥櫃、四邊展售平台及雙邊展售平台等。雖然三種都是屬於水平展示面，但是下投照明照射在密閉型玻璃櫥櫃時，會因玻璃鏡射產生反光，所以櫥櫃內需加裝櫃內照明燈以緩和反射的情況（參照圖 12-21 所示），櫃內照明適宜採用螢光燈或光纖照明，避免櫃內高溫損及商品或因玻璃傳熱燙傷顧客。四邊展售平台通常為木製設計陳列台，照明設計直接採用下投式照明是很理想的方式，不會有反光現象，又可直接襯托商品質

🍎 圖 12-21 單面直立多層牆櫃之照明——裝置在櫥櫃內

圖 12-22　平型櫥櫃——雙邊展售平台之照明設計

感。圖 12-22 所示為雙邊展售平台，其照明設計在高度 150cm 的上架底板，此高度為一般成人的眼睛水平以下，可避開下投式照明對人所產生的陰影。

二、動線通道照明

動線通道依照主要動線、次要動線、等候動線及收銀動線等都有不同的照明設計方式。主要動線的通道照明如圖 12-23 的①所示，因其通道寬幅較寬且是主力商品的陳列區，其燈具排列以橫式固定在通道天花板由上向下直接照射，強調明亮為原則，採用的燈管固定面應為平型，使光線直接下投（參考圖 12-18 所示），不會偏射產生眩光而刺激顧客眼睛。另外，左側的商品櫥櫃外沿，可視需要加裝強調照明（如虛線所示），增加商品展示效果。

次要動線的通道照明如圖 12-23 的②所示，因其通道較窄且多條平行排列於賣場中間，通常都陳列較次要且多項的商品，其照明設計以直式排列固定在通道上方天花板，以雙燈管向下左右兩側散光（參考圖 12-17 所示），光線可均勻分布在兩邊商品架上。

等候動線及收銀動線的通道照明如圖 12-23 的③和④所示，其設計以橫式排列的基本照明為主，通常都使用單一白光或冷白光的明系統，主要以平面直接照射來達到收銀區的明亮度為原則。

圖 12-23　動線通道照明設計

三、壁面及柱子的照明設計

牆壁面的照明通常是為了強調某種商品的特色風格或主題訴求,而設計出比較有創意的氣氛效果。如圖 12-24 所示是為了凸顯歐式麵包的風格,特別在牆壁面裝飾精緻的歐式圖案,然後配合管形嵌燈聚焦照明,更能營造北歐的特殊氣氛。當然隨著不同的商品別,壁面照明設計表現出的氣氛都各有特色,其所選擇的燈具大都是嵌燈與聚光燈居多,再依據商品的演出特性強調不同演色性的光源。

賣場柱子的照明設計以聚光燈向上投及向下投方式最適合,主要以增加賣場的氣氛為主,同時也降低柱子在賣場的障礙感。圖 12-25 所示就是為了增加賣場的藝術氣氛,先在柱子的上半段裝潢具親和力與藝術感的飾品(高度以不妨礙顧客走動為原則),然後配合飾品板的下投式聚光燈營造柔和的溫馨氣氛,以平衡賣場基本照明的生澀感,也緩和柱子在賣場突兀的不適感。

🔖 圖 12-24　牆壁面的照明

🔖 圖 12-25　柱子的照明設計

學習評量及分組討論

1. 賣場照明的主要目的可歸類為哪五種？

2. 請舉例說明照明對營造販賣氣氛的影響？

3. 請說明常用的照明專用術語有哪四個，其照明單位為何？

4. 何謂「色溫度」？

5. 請說明照明計算方法中的「流明法」？

6. 光源的種類有哪幾種？

7. 「日光燈燈系」常用的光源有哪幾種？

8. 何謂「鎢絲燈」？

9. 何謂「鹵素燈」？

10. 「HID 燈泡」有何特點？

11. 常用於賣場的燈具有哪幾種？

12. 照明的方式從投光的角度及方向，可區分為哪幾種？

13. 何謂「整體照明」，其燈具配置方式可分成哪幾種？

14. 採用「上投式照明」時需要注意哪幾點事項？

15. 「基本照明」的環境照度依據賣場定位可區分成哪三種？

16. 以小組為單位，討論賣場照明計畫所應該考慮的事項，並繪製其設計流程？

17. 以小組為單位，討論「強調照明」如何運用於小組所選定的賣場？

第十三章

商品陳列規劃

各節重點

第一節　商品陳列的概念

第二節　商品陳列的類型

第三節　商品陳列的配置分類

第四節　商品陳列的方式

第五節　商品陳列應掌握之原則

學習評量及分組討論

學習目標

1. 具有商品陳列的概念。

2. 瞭解商品陳列的類型。

3. 學習商品陳列時如何配置分類。

4. 知道並能運用商品陳列的各種方式。

5. 能夠掌握商品陳列的原則與要領。

第一節 ｜ 商品陳列的概念

　　商品排列的好壞不僅會影響賣場的視覺效果，更會直接影響消費者的購買意願。適當的商品陳列可以吸引顧客注意、誘導其購買，而展示陳列的方式是依照販促計畫，挑選代表性商品配合有視覺創意的陳列技巧，達到促進販賣的目的。

　　商品排列設計的概念步驟如圖 13-1 所示，1→4 為「**展示演出階段**」，主要目的為使商品更生動及戲劇化以吸引消費者注意；2→5 著重於「**正面陳列階段**」，主要功能在告知商品的特色與價值，讓消費者能正面觀賞，產生慾望；4→7 則強調在「**橫向陳列階段**」，主要功能是讓消費者可以選擇比較，獲取其信賴（如圖 13-2所示）。陳列設計時只要善加運用此「A-I-T-D-C-T-A」的顧客心理階段，都能發揮出很好的陳列功效。

展示演出階段
主要目的為使商品更生動及戲劇化以吸引消費者注意。

正面陳列階段
主要功能在告知商品的特色與價值，讓消費者能正面觀賞，產生慾望。

橫向陳列階段
主要功能是讓消費者可以選擇比較，獲取其信賴。

📖 圖 13-1　商品陳列設計的階梯概念圖

圖 13-2　商品陳列面的位置功能

資料來源：張輝明，1998，《展示設計實務》，p.84。

● A-注意（Attention）

分析消費者的行為並針對顧客訴求，構想出最能夠引起消費者特別注意的陳列位置和演出設計。

● I-興趣（Interent）

抓住消費者的第一視線後，以色彩和裝飾搭配商品組合陳列，告知消費者商品的特徵與購買的好處，提高消費者進一步對商品的興趣。

● T-聯想（Thinking）

當消費者對商品有興趣後，會產生多方面的聯想，如需求性、實用性、消費預算……等等。

● D-慾望（Desire）

陳列在顧客面前的商品，應能夠塑造良好的商品形象與附加價

值，以強化消費者聯想的肯定性，才能讓消費者產生對商品的擁有慾望。

● C-比較（Compare）

消費者對商品有慾望後，就會採取品牌、品質、價格、樣式等多方面的比較。

● T-信賴（Trust）

當比較後有了優勢的結果，自然對該賣場的陳列商品產生信賴與記憶。

● A-行動（Action）

消費者對商品產生信賴的下一個步驟，很快就會決定做出購買的行動。

第二節　商品陳列的類型

商品陳列依照商品特性和訴求對象可分成以下五種基本型態：

1. 重點展示陳列

將主要訴求商品以特別陳列方式展示，表現出創意、新穎、生動、戲劇化，使特定商品引人注目，達到販促效果。通常高級服飾、精品、新產品或換季代表性商品等，最常使用重點展示陳列（如圖 13-3 所示）。

2. 一般陳列

日常性的共通商品或流通性較強的一般商品，都陳列在開放性的規格貨架上販賣。此陳列雖然沒有特殊創意，卻應長期固定在同

重點展示陳列
將主要訴求商品以特別陳列方式展示，表現出創意、新穎、生動、戲劇化，使特定商品引人注目，達到販促效果。

一般陳列
日常性的共通商品或流通性較強的一般商品，都陳列在開放性的規格貨架上販賣。

一位置且擺設整齊有序，方便顧客輕易取拿，如超市的一般乾貨區（如圖13-4所示）。

3.強調陳列

於某商品群之中挑選較具賣相的單一商品，在重點陳列與一般陳列之外的活動空間或角落進行定期定量的強調性展示陳列，以凸顯單項商品的特色，進而帶動周邊商品的販促（如圖13-5所示）。

4.量感陳列

節慶換季或特販促銷時，以多量的商品陳列在一起，可表現出商品的量販氣氛和價廉形象，如水果店和超市的堆積陳列及割箱陳列（如圖13-6所示）。

5.複合陳列

量感陳列與重點陳列或強調陳列技巧合併使用，稱為複合陳列。此方式可發揮多方面的販促功能，但是若設計不良或訴求不分明，則會導致反效果。

圖13-3　高級服飾店的重點展示陳列

📖 圖 13-4 超市日用品的一般陳列

📖 圖 13-5 休閒服飾的強調陳列

📖 圖 13-6 飲料特販的量感陳列

圖片提供：扶桑產業株式會社；安勝商店設備股份有限公司。

第三節　商品陳列的配置分類

運用商品的配置分類來陳列，是將商品特色介紹給消費者之最經濟簡便的方法。經過分類配置後的商品，不僅可降低賣場的商品管理費用，更能加深消費者的商品印象，促進選購。商品陳列的配置有以下十二種分類：

1. 商品種類別

依照賣場所有的商品種類區分陳列，如超級市場的生鮮食品、家庭日常食品、清潔用品、五金百貨、冷凍冷藏食品等，再從以上大分類區分成中小分類來陳列，此種類別也是最基礎的陳列區分方式。

2. 原料別分類

在同一商品種的中分類裡，有多種不同的製造原料時，就可依此原料來區分陳列，如飲料類可分成果汁飲料、運動飲料、碳酸飲料、茶品飲料及礦泉水等。

3. 用途分類

按照商品的不同功能用途來區分陳列，如家庭五金類可分成塑膠用品、廚房用具、修繕工具、管線材料等，從這裡再分成細部功能陳列，如廚房用具又分成切、洗、煮、烤等。

4. 尺寸規格分類

依照商品的尺碼規格來陳列，使消費者能一目了然，挑選適合自己的尺寸，如服飾的 S、M、L 等尺寸。

5. 價格分類

依照商品本身的定價高低來陳列，以較大型商品或量販品最能發揮效果，如洋酒、禮盒、運動休閒鞋或其他的特價品。

6. 品牌分類

依照品牌和廠牌來陳列，大都強調在同性質不同廠商的產品，如鮮乳、洗髮精、沐浴乳等。

7. 對象別分類

依照不同的使用者將商品分開陳列，如鞋子可分類成幼兒、學齡兒童、青少年、成年人等使用對象。

8. 節慶別分類

依照固定節日、特別紀念日和換季時來作陳列，不僅可營造賣場的氣氛，又可達到特販促銷的效果。

9. 男女老幼性別分類

依照性別樣式分開陳列，可明顯區隔訴求市場，表現訴求區塊各自的風格。

10. 款式分類

將同款式的商品集中陳列在一起，方便消費者作比較，挑選自己所需要的款式。

11. 品質分類

按照商品品質的高低來陳列，如鐘錶行的高貴手錶集中陳列靠近服務櫃台，次要商品則擺設在一般櫥櫃裡。

12. 色彩別分類

　　將商品本身的色彩加以搭配組合，也可以陳列出具有視覺創意、刺激購買的效果。例如，將顏色較明亮的商品陳列在前面，暗色商品陳列在後面；或者明亮商品擺置上層，暗色商品擺置下層，有穩重之感覺；也可由暖色系依序排列到寒色系，方便消費者選購。

第四節　商品陳列的方式

　　依照各行各業不同商品的需求演出，各種陳列的方式也都表現出具有特色的格調，以下針對賣場裡常見的十四種陳列方式加以詳述。雖然每一種陳列都有其各自的功能效益，但共同的目的卻都是在極盡表現商品、吸引消費者的青睞與惠顧。

1. 正面與橫掛陳列

　　以服飾掛架為例，將商品正面展示，把衣服的特徵明顯表現給消費者清楚知道，稱之為「**正面陳列**」；將正面展示的同款式商品，以數量、顏色、尺寸等變化橫掛在正面樣品後面的衣架上供消費者挑選，稱之為「**橫掛陳列**」（如圖 13-7 所示）。

2. 壁面陳列

　　利用牆壁面配合商品的特色、外型規格、保存條件及固定方式作陳列，可發揮立體展示的效果，此稱之為「**壁面陳列**」。依照商品的特徵需求，壁面陳列設計方式大至可分成吊掛、開放櫃及貨架、活動層板架、玻璃櫥櫃、冷凍冷藏展示櫃等幾種方式陳列，每一種都有其不同風格的展示效果（如圖 13-8 所示）。

正面陳列
以服飾掛架為例，將商品正面展示，把衣服的特徵明顯表現給消費者清楚知道，稱之為「正面陳列」。

橫掛陳列
將正面展示的同款式商品，以數量、顏色、尺寸等變化橫掛在正面樣品後面的衣架上供消費者挑選，稱之為「橫掛陳列」。

壁面陳列
利用牆壁面配合商品的特色、外型規格、保存條件及固定方式作陳列，可發揮立體展示的效果，此稱之為「壁面陳列」。

3. 柱子陳列

「**柱子陳列**」是利用賣場裡的柱子作商品陳列，可消弭柱子在賣場的阻礙性，也可營造特殊的販賣氣氛。例如，以柱子設計為不同的主題陳列，也可設計柱面當掛勾陳列（如圖 13-9 所示）。

4. 端架陳列

將商品陳列在整排貨架的前後端正面，是為「**端架陳列**」（又稱檔頭架陳列）。端架陳列通常是在強調該整排貨品的主題或該商品線的新產品，以具有高週轉率、高毛利之重點商品為主。陳列演出時，以新穎、量感、特價等販促技巧吸引消費者購買（如圖 13-10 所示）。

5. 一般陳列

賣場裡流通性較高、較普遍的商品都陳列在共通性的規格商品架上，稱之為一般陳列，陳列時以整齊有序、易於取拿為原則（如圖 13-11 所示）。

6. 平台陳列

具有小量多樣、高級精美、文化藝術等特性的商品，都會搭配有創意的平台，結合空間理念來陳列展示，營造特殊氣氛，表現商品的特徵和質感（如圖 13-12 所示）。

7. 櫥櫃陳列

將商品擺置在玻璃櫥或其他功能、材質等櫥櫃裡，配合照明及飾品用具展示給消費者，稱之為「**櫥櫃陳列**」。通常專賣店裡屬於價值性和保全性較高的商品，或者需要保濕、保溫等特殊條件的商品，其使用櫥櫃陳列的機率較高（如圖 13-13 所示）。櫥櫃陳列雖然可營造個性販促氣氛和保全商品質感，但是需要配合服務員的解說，否則會降低消費者的購買意願。

8. 掛勾陳列

掛勾陳列適合於細長輕薄等缺乏立體感的商品,如襪子、牙刷、小五金、文具等,也適合容易被擠壓受損的商品,如軟片、球拍等(如圖 13-14 所示)。另外,圓形和不規則形狀的商品應配合專用掛勾陳列,可提高展售效果和節省陳列空間(如圖 13-15 所示)。

9. 掛籃陳列

賣場裡有一些外型膨鬆、重量輕、且需要陳列多種品牌的商品,如包裝麵條與碗麵,可使用單層或雙層掛籃將不同品牌區分放置籃子,方便顧客挑選(如圖 13-16 所示)。

10. 堆量陳列

大型商店及批發賣場為了創造業績,常將某些商品加以量化、堆積陳列,以營造量販價廉的購買氣氛(如圖 13-17 所示)。一般堆量陳列應該注意安全性,避免商品翻倒掉落造成反效果。

11. 突出陳列

在明顯寬敞的主通道上刻意突出擺放有代表性的少量商品,以阻擋效果引起消費者特別注意此區的商品,稱之為「**突出陳列**」(如圖 13-18 所示)。

12. 書報陳列

通常書報雜誌都陳列在固定規格的書報架上,分為上下兩層,上層擺放暢銷的報刊雜誌,下層則放置流通性較低的書籍。此種書報陳列架大都擺設在賣場出入口附近,故又稱之為「**店頭陳列**」(如圖 13-19 所示)。

13. 收銀台陳列

收銀櫃台除了結帳服務之外,還另外設計有陳列功能。其陳列技巧隨著不同業種而有差異,然其陳列方式通常以桌上、櫃台後的

堆量陳列
大型商店及批發賣場為了創造業績,常將某些商品加以量化、堆積陳列,以營造量販價廉的購買氣氛。

突出陳列
在明顯寬敞的主通道上刻意突出擺放有代表性的少量商品,以阻擋效果引起消費者特別注意此區的商品,稱之為突出陳列。

壁櫥及櫃台正前方的展示為主，其目的在於刺激正等待結帳的顧客之衝動性購買慾（如圖 13-20 所示）。因此區所陳列的都是小商品或保全性高的商品，所以收銀員可就近方便管理及服務顧客。

14.特殊陳列

當某些商品的外型及陳列性能無法適用於一般陳列櫥櫃時，或者此商品具有特殊的展售機能和目的，其必須配合專用之陳列設備，才能達到展售的效果。如圖 13-21 所示之葡萄酒陳列架，除了特殊設計的酒瓶固定托架之外，整座陳列架的安全結構及創意外觀都表現十足的商品風味。

圖 13-7　以正面樣品為主訴求、橫掛商品供挑選的陳列方式

圖 13-8　壁面陳列方式

🔲 圖 13-9　柱子陳列方式

資料來源：中日販賣株式會社，1988，"*Chunichi: Foods & Variety System*".

🔲 圖 13-10　端架陳列

🔲 圖 13-11　一般陳列

圖 13-12　平台陳列

資料來源：三采文化出版事業有限公司提供。

圖 13-13　櫥櫃陳列

資料來源：三采文化出版事業有限公司提供。

圖 13-14　各式掛勾陳列

👐 圖 13-16　掛籃陳列

👐 圖 13-17　堆量陳列

👐 圖 13-18　突出陳列

圖 13-19 書報陳列

圖 13-20 收銀台陳列

圖 13-21 特殊陳列

第五節 商品陳列應掌握之原則

在賣場裡執行商品陳列時應該掌握空間的運用、視覺的表現、商品的自我表現、陳列的關係位置、展示與演出的差異、陳列器具的運用等原則，以及有效使用隔物板、一致性的商品標價，陳列具有差異化、高利潤及有特色的商品等多項陳列要領。

壹、空間的運用

配合賣場經營的理念和定位，善加運用賣場中的牆壁面、柱面、陳列器具、展示台，使每一個空間在整體協調性下，都能發揮最有效的利用價值，表現出商品陳列的生命力。如圖 13-22 所示為小型服飾賣場，首先利用寬敞的壁面陳列共通性商品，並且在牆上沿裱裝相關圖片，襯托商品的美感；在牆柱上設計小型櫥櫃，擺置服飾配件等精緻商品；門面角落位置將重點商品強調在展示台上演出；賣場中間以服飾吊架及雙層木製台等器具，陳列流通性較大的商品。

貳、視覺的表現

商品陳列需要依靠照明與色彩的視覺搭配，才能完全發揮商品展示效果。商品藉由照明的直接或間接投射，產生陰暗的立體變化，凸顯商品的存在感。另外，運用色彩給人不同的感覺，配合光的物理作用來決定色彩的特徵，以控制商品的顏色變化，產生各種不同的展示陳列效果，這便是照明與色彩的視覺表現關係。

商品陳列需要依靠照明與色彩的視覺搭配，才能完全發揮商品展示效果。

柱面

壁面

MORFAN

展示台

陳列器具上

📖 圖 13-22　服飾賣場之商品陳列的空間運用

參、商品的自我表現

商品本身是不具有生命力，必須藉由陳列的關係位置、演出的程度、器具與飾品的運用，才能自我表現，告知消費者商品的存在與價值。

肆、陳列的關係位置

將高毛利和週轉率較高的商品陳列於重點位置，而相關性商品應陳列在相互鄰近區域，且暢銷商品應平均配置在所有通道上，使每一條動線都有吸引顧客的商品。另外，立體陳列位置如圖 13-23 所示：

(a)男性消費者的立體陳列位置　　(b)女性消費者的立體陳列

📖 圖 13-23　商品立體陳列位置圖

● 黃金陳列高度

男性為 85～140cm；女性為 75～130cm。

● 次要陳列高度

男性為 65～85cm 及 140～155cm；女性為 55～75cm 及 130～145cm。

● 再次要陳列高度

男性為 50～65cm 及 155～175cm；女性為 40～55cm 及 145～165cm。

● **存貨陳列高度**

男性為 50cm 以下；女性為 40cm 以下。

● **標題樣品陳列位置**

男性為 175cm 以上；女性為 165cm 以上。

　　陳列的關係位置除了注意高度機能之外，陳列的深度及角度也是關係展售效果的重要技巧。如圖 13-24 所示係針對家庭主婦消費的生鮮食品適當陳列深度及角度，最上層之陳列深度為 35cm、角度為 25°；第二層深度為 40cm、角度為 18°；第三層深度為 45cm、角度為 15°；第四層深度為 50cm、角度為 10°。

1400mm

商品陳列深度	商品陳列角度
35cm	25°
40cm	18°
45cm	15°
50cm	10°

圖 13-24　生鮮食品陳列深度及角度

伍、展示與演出的差異

商品表現的方法有展示與演出兩種，前者為將商品原有的價值與型態，不需任何的裝飾搭配直接表現給消費者知道；後者為運用裝飾、配色及照明等技巧，特別是將商品的利用價值有計畫性的告知消費者，強化販促效果。

陸、陳列器具的運用

為了豐富消費者的視覺效果，運用陳列配件和器具，可強調商品的實用特色與生活化特徵。陳列器具的涵蓋範圍包括材料配件、裝飾用品、應用道具、吊架、櫥櫃及專用設備等，根據商品的特色及商店的性質加以妥善運用，必能表現出有效益的演出功能。

柒、其他陳列要領

有效使用隔物板
可使商品整齊陳列，不僅方便顧客選購，又可防止現場缺貨問題。

「**有效使用隔物板**」可使商品整齊陳列，不僅方便顧客選購，又可防止現場缺貨問題。商品陳列定位後，應一致性立即在右上角貼上原價和特價並防止脫落。另外，在立體貨物架的黃金段應陳列具有差異化、高利潤及有特色的商品；上段以陳列希望顧客注意的商品為主；下段以陳列週轉率高、體積較大、較重的商品為主。大部分商品的陳列順序都採由小而大、由左而右、由淺而深、由上而下等之原則。

學習評量及分組討論

1. 商品陳列概念可分成哪幾個階梯概念？

2. 商品陳列有哪幾種基本型態？

3. 請舉例說明「量感陳列」？

4. 商品陳列的配置有哪幾種分類？

5. 賣場常見的商品陳列方式有哪幾種？

6. 何謂「端架陳列」，其陳列重點為何？

7. 以小組為單位，討論課本以外的五種具有創意的陳列方式？

8. 以小組為單位，討論說明「文具圖書廣場」商品陳列時，所應掌握的重要原則？

第十四章

POP 廣告運用計畫

各節重點

第一節　賣場企業識別系統
第二節　標示指引計畫
第三節　販賣促進的 POP 廣告
第四節　其他賣場氣氛要點
學習評量及分組討論

學習目標

1. 能夠定義企業識別系統，並應用在賣場規劃上。
2. 清楚區分賣場應該標示的項目類別。
3. 瞭解 POP 廣告在賣場所扮演的角色。
4. 定義 POP 廣告在賣場的主要目的與訴求。
5. 認識各種賣場 POP 廣告的販促用品。
6. 學會賣場實用的手繪式 POP 小型海報。
7. 掌握其他賣場販促氣氛的要點。

「**賣場販促氣氛**」除了必須由外而內掌握：整體色調與潔淨的美感、配置與陳列的富裕感、溫馨創意的親切感、明亮舒適的寬闊感等四個主要原則之外，再運用有系統性的賣場廣告計畫，更能完全牽動消費者的購買意願。這些動靜態的販促氣氛技巧包含有賣場企業識別系統、標示指引、販賣促進的POP廣告等計畫，以及適當的音樂、適溫的冷氣空調、試吃活動、得宜的服務等有效的賣場氣氛要領，更是顧客再次光臨的關鍵。

第一節　賣場企業識別系統

「**企業識別系統**」的英文全名為 Corporate Identification System，簡稱 CIS。此系統是企業為了明確表達其經營的屬性，而將比較抽象的企業價值觀和經營理念，規劃設計成具體可見的傳達符號，然後透過多種不同的媒體管道塑造理想的企業形象，進而提升企業競爭能力。換句話說，它是綜合了企業的屬性、價值觀，經由視覺符號的應用，以推廣企業的目標和傳遞品牌承諾。

早在 1980 年代台灣各型製造產業紛紛導入企業識別系統的規劃設計，作為經營戰略的主要利器，更是提升國際市場形象的必備條件，如統一企業公司、宏碁電腦、捷安特等知名企業。1990 年代隨著經濟產業結構的改變，零售與服務產業發展走向連鎖化、專業化，各型各式的賣場如雨後春筍般的矗立在我們生活的每一個角落。緊接著市場自由化、國際化更隨著千禧年的來臨，使跨國企業的生產技術、經營管理、行銷實力、商品情報等資訊，強烈明顯的出現在台灣市場，讓本土企業倍感競爭壓力。然而仔細觀察這些跨國企業及新起的本土企業，為讓顧客有耳目一新的感覺及創造一致的形象，在他們的行銷體系都有一套完整的企業識別系統，這系統充分的運用到實體通路，以應付目前的市場競爭和追求企業未來的發展。

本節針對企業識別系統運用在實體通路的賣場，分別介紹「企業識別系統的構成要素」與「企業識別在賣場的應用範圍」兩大部分。第一部分著重於視覺識別的基本要素，包括企業標誌、標準字體、標準色、企業造型設計、裝飾圖案等。第二部分則強調企業識別應用在賣場的外場、內場及行政管理等方面。

壹、企業識別系統的構成要素

企業識別系統的基本構成因素包括理念識別（Mind Identity，簡稱 MI）、行為識別（Behaviour Identity，簡稱 BI）與視覺識別（Visual Identity，簡稱 VI）等三種（如表 14-1 所示）。

「理念識別」是企業識別系統的基本精神，就像是企業的心，如企業使命、企業願景、經營理念、精神標語、經營策略及方針等。

「行為識別」好比企業的手，將經營的理念方針藉由管理、制度、教育及活動表現出來，如商品研發、營運管理制服、服務作業流程、員工教育訓練、公益活動、廣告宣傳、市場調查及促銷活動等動態的具體行為。

「視覺識別」有如企業的臉，是一套有系統化、標準化的視覺傳播符號及文案。企業無形的經營理念就經由這些規劃設計過的文案符號，直接明顯的傳播給社會大眾。另外，當進行動態的行為識別時，也應運用視覺識別的文案符號，使整個動態和靜態的企業活動更有組織化，達到吸引、識別、記憶、認同的目的。

根據心理學家的研究報告，視覺器官接收外界刺激所獲得的訊息比率約佔所有知覺器官的83%以上，可見視覺識別的設計是多麼重要。有鑑於此重要性，視覺識別更應完整地展現於零售及經銷實體通路的賣場。

以下將分項說明這些構成完整視覺識別的基本要素，包括企業標誌、企業標準字體、企業標準色、企業造型設計、企業裝飾圖案。

理念識別
是企業識別系統的基本精神，就像是企業的心，如企業使命、企業願景、經營理念、精神標語、經營策略及方針等。

行為識別
好比企業的手，將經營的理念方針藉由管理、制度、教育及活動表現出來。

視覺識別
有如企業的臉，是一套有系統化、標準化的視覺傳播符號及文案。企業無形的經營理念就經由這些規劃設計過的文案符號，直接明顯的傳播給社會大眾。

♟ 表 14-1　企業識別系統三要素

構成要素	說　明
理念識別 （Mind Identity）	它是企業識別的原動力，藉由共同理念的建立，來塑造特有的企業文化，如企業使命、企業願景、經營理念、精神標語。
行為識別 （Behaviour Identity）	將企業的經營理念運用於企業內部與外部的活動，激發員工共識，展現企業魅力，如商品研發、營運管理制服、服務作業流程、員工教育訓練、公益活動、廣告宣傳、市場調查及促銷活動。
視覺識別 （Visual Identity）	視覺識別是將企業無形的經營理念藉由文案符號具體直接的傳播給社會大眾，如企業標誌、標準字體、標準色、企業造型設計、象徵圖案。

一、企業標誌

「**企業標誌**」就是以特定的圖形來代表一家企業的總體事物，透過這個具體明確的文案造型表達出企業的精神內容與經營性質。

通常，企業標誌所應具有的特性是強烈的識別性、行業的領導性、造型系統化與長久性、使用的延展與運用的延伸性、時代創新的必須性等。由於企業標誌所歸屬的特性對企業經營有重要的指標性，故在設計標誌時首先要考慮到哪一種設計要素才是真正符合企業所需。表 14-2 所列舉九項標誌種類是依名稱主題素材和幾何造型要素來作分類，並舉多家公司的企業標誌闡明種類的涵義。

企業標誌
就是以特定的圖形來代表一家企業的總體事物，透過這個具體明確的文案造型表達出企業的精神內容與經營性質。

表 14-2　企業標誌設計的種類

標誌種類	標誌涵義	標誌範例
企業名稱的標誌	直接以企業的名稱作傳達訴求，可強化視覺者對文字的衝擊性，提升大眾對公司的認識度，如三洋公司（SANYO）。	SANYO
企業文化、精神和理念的標誌	以抽象或具象的符號圖案表達出企業的精神文化和經營理念，如太平洋房屋公司以創造房屋市場流通為經營理念。	Pacific Rehouse 太平洋房屋
將公司名稱涵義圖形化的標誌	用具象化圖案代表企業名稱的涵義所表達出來的標誌，可讓視覺者一目了然知道行業別和公司名。例如，寶島鐘錶公司以台灣圖形及手錶為標誌，提升了消費大眾對企業的記憶和瞬間的聯想。	
名稱與圖案組合的標誌	以文字和圖形組合設計的標誌，可兼顧文字表達的直接性和圖案的美感親和性，如義美食品公司。	義美
產品內容的標誌	以企業所經營的產品內容或服務業別為象徵符號的標誌，如香吉士飲料公司以柳橙圖形作為企業標誌。	
地域環境的標誌	以能夠代表地區性和特殊環境的圖形當成企業標誌，通常以地域環境為設計訴求的大都是大企業或跨國公司。例如，澳洲 Qantas 航空公司就以袋鼠為其企業的標誌。	QANTAS
點線標誌	以點或線作單獨延伸或搭配組合而成的標誌。點的造型可以由形狀大小差異、位置排列組合、距離遠近疏密而構成；線的造型可以由長短粗細、寬窄排列、箭頭指引、速度表現及彎曲轉折而構成。例如，味全公司以五個圓形組合出 W 造型（味全的英文字首），象徵五味俱全的行業意義。	
幾何圖形標誌	以簡明創新的幾何平面或立體圖形作為標誌，以表現企業的精神意志。如台糖公司的新企業標誌圖，其圖案簡單，內涵豐富，係以表現「飛騰的台糖」為創意原由，以類似「飛梭」造型為主要的設計基礎，用以呈現公司「方向」、「飛躍」、「創新」、「速度」之經營理念。同時外觀以圓形美化，是圓滑、柔和與包容的感覺，以凸顯公司「開創未來營運新局」之新氣象。	
綜合造型的標誌	綜合多項設計要素，如企業名稱、象徵圖案和幾何圖形所表現出來的標誌。此設計可豐富標誌的表現力，增添活潑生動的造型，強調識別的親和力。如麒麟啤酒公司以橢圓當外框，襯托彩帶條形的主題名稱（公司及產品）與麒麟圖案。	KIRIN BEER

二、企業標準字體

「**企業標準字體**」是將企業、品牌及活動的名稱加以精心創作出個性化的造型外觀，使這些有代表性的字樣在視覺感官上有別於一般的印刷字體和書寫體。由於標準字的筆劃配置、線條粗細、字間寬幅、字組的編排都是經過細密規劃和嚴謹的製作，所以表現出來的文字整體性都很平衡，也達到標準字體該有的特性。

標準字體的特性包括有強烈的識別性、獨特的個性化、明確易讀性、字義變化性、親切美感造型化、系統延展性等。標準字體具有明確的說明性，凡是代表企業的各種經營主題名稱都可將其標準化，直接傳達給視覺者。所以，企業標準字體的範圍非常廣泛，表 14-3 敘述六種不同性質的企業標準字體。

表 14-3　企業標準字體的種類

標準字體種類	標準字體涵義	標準字範例
企業名稱標準字	公司全銜都以標準化字體對外呈現，以建立品格與信譽的形象，如宏碁股份有限公司。	**宏碁股份有限公司**
公司品牌標準字	品牌是為因應企業形象的保護、多角化及國際化的經營，而其標準字體則有強化識別度的效果，如松下電器公司的國際牌。	**國際牌**
產品或服務品名標準字	在同一品牌下有多種不同的產品，為強調不同產品機種的特性和行銷通路訴求，所設計的品名標準字，如國際牌的花束電冰箱。	**國際牌全自動電冰箱－花束**
活動主題標準字	賣場促銷活動或產品展示發表活動所設計的主題標準字，有強烈印象特色，可收短期重點行銷效果，如 SOGO 歡樂嘉年華。	**SOGO** 歡樂嘉年華
字體標誌	將企業的名稱設計成有獨特風格造型和經營理念涵義的標誌，呈現出識別的直接性與統一性的優點，如 IBM 企業。	**IBM**

企業標準色
是指企業選定單一或一組有系列性的色彩，運用於視覺識別的傳播媒體上，以塑造企業形象、凸顯經營理念與精神文化，及傳達商品特質情報等。

設計企業標準色時，主觀的因素有代表行業別的顏色、產品別的顏色、經營者或設計者偏好的顏色。客觀的因素有市場調查分析、員工提議票選、消費流行趨勢。

三、企業標準色

「**企業標準色**」是指企業選定單一或一組有系列性的色彩，運用於視覺識別的傳播媒體上，以塑造企業形象、凸顯經營理念與精神文化，及傳達商品特質情報等。

設計企業標準色時，考慮的觀點有主觀與客觀兩方面。主觀的因素有代表行業別的顏色、產品別的顏色、經營者或設計者偏好的顏色；客觀的因素有市場調查分析、員工提議票選、消費流行趨勢。通常結合主觀與客觀的因素加以研究分析，然後再經過市場測試所選定的標準色比較符合需求，對企業形象也較具有代表性與完整性。目前企業常設定的標準色型態大致分為三種：

1. 單色相標準色

企業選定單一純色相的標準色，有強烈醒目、記憶深刻的效果，如味全公司及可口可樂的紅色。

2. 多色相標準色

企業選定兩種或兩種以上的顏色搭配，有強化色彩組合的美感效果，表現完整的企業特質，如全家便利商店的藍、綠色搭配，及統一便利商店的紅、綠、橘色搭配。通常選用多種標準色都有主副色之分，如中華郵政以綠色為主色，藍、紅、白三色為副色，具有陪襯輔助之用。

3. 多色系統標準色

大型企業體比較會採用「多色系統標準色」，其主要分為主標準色與輔助色，主標準色大都代表母公司、主要品牌、主要產品，而輔助色則用於代表子公司、不同的事業部門、其他品牌與產品的分類。

四、企業造型

企業為了增強文化性格、理念特質與產品特性的訴求，選定一種具象化的圖形，加以修飾設計成符合企業實態的造型，以達到吸引、親近消費者的效果，此具象化的圖案造型即稱之為「**企業造型**」。國內外知名的企業造型有如「大同寶寶」及「麥當勞叔叔」。

企業造型通常是選取人物、動物或植物的特質與個性，然後藉由平易近人、和氣溫馨、親切可愛的造型，使消費者喜歡親近及容易瞭解企業所要表達的經營理念與產品特性。它具備以下三種不同的特性：

1. 直接說明性

具象化的圖案造型會比抽象性的企業標誌和標準文字更有說明力，能夠直接表達出企業的訴求。

2. 親切吸引力

經過設計的具象題材，往往表現出活潑可愛、親切溫馨的感覺，容易吸引消費者的注意和記憶。

3. 流暢變化性

企業造型可隨著經營理念和產品活動的需要，變換不同的姿勢或表情，適時地傳達不同的意境，使活動理念更有說明力。

五、企業裝飾圖案

「**企業裝飾圖案**」包含有花邊、點線圖案、色條及色塊等，在企業識別系統中屬於配角地位，有陪襯、補強、凸顯主題等功能，使標誌、標準字和企業造型更有彈性變化的完整表現。它有以下的特性：

企業造型
企業為了增強文化性格、理念特質與產品特性的訴求，選定一種具象化的圖形，加以修飾設計成符合企業實態的造型，以達到吸引、親近消費者的效果，此具象化的圖案造型即稱之為「企業造型」。

企業造型通常是選取人物、動物或植物的特質與個性，然後藉由平易近人、和氣溫馨、親切可愛的造型，使消費者喜歡親近及容易瞭解企業所要表達的經營理念與產品特性。

企業裝飾圖案
包含有花邊、點線圖案、色條及色塊等，在企業識別系統中屬於配角地位，有陪襯、補強、凸顯主題等功能，使標誌、標準字和企業造型更有彈性變化的完整表現。

1. 豐富識別系統的設計要素

藉由裝飾圖案可以豐富設計的要素,使識別系統的設計表現更有深度與廣度。

2. 提高企業形象訴求的完整性

企業裝飾圖案可結合單一或較單調的標誌、標準字和企業造型,形成一致性的視覺效果,使企業形象有更完整的訴求力。

3. 強化視覺衝擊力

企業裝飾圖案表現出的視覺衝擊力包括有視覺引導效果、襯托與凸顯主題功能、製造協調美感,讓整個視覺畫面主副分明。

貳、企業識別在賣場的應用範圍

企業識別的運用是整體性與系統性,必須透過完善的規劃與設計,依賣場的經營理念及方向來建立各項系統。企業識別在賣場應用的範圍甚廣,通常賣場在識別系統設定上,從外場到內場及行政管理都可應用在動態和靜態的物體上。

外場的應用範圍涵蓋賣場外觀造型、建築物外觀色系、廣告招牌、指引標示、宣傳旗幟、櫥窗門面、外場特販區等。

內場的應用範圍有內部裝潢、生財設備及器具、展示櫥櫃、商品標示、包裝器皿、購物袋、購物車籃、贈品系統、**POP**促銷用品等。

行政管理方面可將識別系統運用在員工制服、證件系統(如員工識別證、出入證、停車證等)、文書事務用品、管理設備及器具、促銷宣傳及媒體廣告、賣場車輛系統等。

以上賣場所有可運用的範圍,皆應依據賣場既定的企業標誌、企業標準字體、企業標準色、企業造型設計、企業裝飾圖案等視覺

識別系統來設計應用，才能發揮賣場整體的協調性，達到企業經營的識別效果。

第二節｜標示指引計畫

　　舉凡賣場內外有很多不同的空間格局機能、流通資訊和商品種類訴求，必須透過標示才能發揮指引、告知、明示與宣傳等功能，直接傳達給消費者，使消費者能明確知道賣場佈局及商品分類位置。賣場標示計畫依其功能性大致分成引導告知標示、消防安全標示、商品標示、服務管理標示等四類。

　　標示製作的應用材質範圍很廣泛，標示板面有塑膠板、壓克力板、保麗龍板、金屬板、木板、塑膠帆布、LED電子顯示幕及霓虹燈管等。圖文標誌的表現材質最常使用的有廣告貼紙（卡點西得）、平版印刷、噴漆製作等。標示牌架通常的固定方式以立地式、懸掛式及直接固定在牆壁上或噴貼地板上最為常見。

壹、引導告知標示

　　「引導告知標示」大都使用在賣場外，主要設置在停車場，包括有停車場標誌、車輛導行方向、空位及滿位標示、樓層標示、計程車等候區標示等。這些標示的目的在指引行駛方向，使顧客有順序的安全進出賣場，也告知停車位狀況和賣場各個樓層的進出位置（如圖 14-1 所示）。同時也標明一些安全提醒標語及關懷用語，如「施工中、請勿靠近」、「小心行車高度」、「請小心駕駛、謝謝惠顧！」等。假如賣場有工程進行中，除以警示語提醒外，還需設置工事警示燈和安全欄架（如圖 14-1 所示）。

引導告知標示
目的在指引行駛方向，使顧客有順序的安全進出賣場，也告知停車位狀況和賣場各個樓層的進出位置。

🛇 圖 14-1　停車場和工地的引導告知及警示標誌

另外，設置在賣場門口的標示除了招牌和櫥窗廣告之外，還包括有各樓層的營業項目介紹、開店和打烊的告示牌（如圖 14-2 所示），還有賣場活動相關訊息告知，如商品發表會或舉辦促銷活動。

貳、消防安全標示

賣場使用時，應依照建築相關法規設置消防安全等標示，這些標示設備包括避難系統圖、消防及避難設備位置標示、出口標示燈及逃生口引導指標等。

1. 避難系統圖

將各樓層的安全逃生路線繪製成平面圖，張貼在賣場明顯位置及逃生門處，此圖的避難路線務必要正確、清楚、易懂，才能發揮避難效果，確保安全。

2. 消防及避難設備位置標示

在每一種消防及避難設備上方或左右側，以明顯易懂的圖文標示名稱，同時以簡單正確的圖文示範說明該項設備的使用及操作流程（如圖 14-3 所示）。此消防設備的標示如消防栓、滅火器、急救袋、救護箱、逃生安全梯等之標示和使用說明。

圖 14-2　賣場開店和打烊的告示牌

圖 14-3　消防及避難設備位置標示

3.出口標示燈

各樓層通往戶外及安全梯或另一防火區的安全門上方應設置逃生門標示燈（如圖 14-4 所示）。

4.逃生口引導指標

在通往逃生門的走廊或通道的明顯位置、轉彎處和樓梯口應標示固定的避難方向指標（如圖 14-5 所示）。

5.其他安全標示

當賣場裡進行工程施工或局部改裝時，除了需設置固定的安全標示之外，仍須配置相關管理員配戴職責臂章，維護工地安全。若賣場有意外發生時，應立即派出避難輔導員應變處理災難，輔導員應配戴容易辨識的臂章（以紅色為宜），以協助所有賣場人員安全避難。另外，營業中的賣場若有通道濕滑或正在清理，可放置警示立錐提醒顧客小心，避免發生意外（如圖 14-6 所示）。

圖 14-4 出口標示燈

圖 14-5 逃生口引導指標

圖 14-6 安全管理臂章及警示立錐

參、商品標示

　　常用的商品標示大致可分成壁面標示、陳列櫃標示、懸掛標示、POP 架標示等四類。

1. 壁面標示

　　「**壁面標示**」大都用於分別商品的大分類，如區分生鮮區、乾貨區、冷凍食品區等。此標示的篇幅較大，都直接繪製或以廣告材質固定在牆壁（如圖 14-7 及圖 14-8 所示）。

壁面標示
大都用於分別商品的大分類，如區分生鮮區、乾貨區、冷凍食品區等。

🏆 圖 14-7　直接繪製在牆壁上的商品標示

🏆 圖 14-8　以廣告壓克力板固定牆上的商品標示牌

2.陳列櫃標示

圖 14-9 是直接將商品名稱標示在冷凍冷藏展示櫃上方，消費者可以很輕易的選擇所要的商品。另一種是將商品名稱與價格標示在陳列架的前飾板上，顧客很清楚的知道每一欄排列的細分商品明細（如圖 14-10 所示）。

3.懸掛標示

賣場的天花板是最好利用來區別商品的中分類，將商品標示牌懸掛在各賣點區的上方天花板（如圖 14-11 所示）。

賣場的天花板是最好利用來區別商品的中分類，將商品標示牌懸掛在各賣點區的上方天花板。

圖 14-9　固定在冷凍冷藏櫃上方的商品標示牌

圖 14-10　嵌入陳列架飾板的商品標示牌

圖 14-11　懸掛在賣場天花板的商品中分類標示牌

4. POP 架標示

配合各式的POP架將標示牌擺置在商品周圍，此種標示大都用於凸顯單項商品的特色（如圖 14-12 所示）。

肆、服務管理標示

賣場的服務管理標示使用範圍非常廣泛，舉凡公共設施標示、賣場服務標示、行政管理標示等。這些標示的版面較小，大都以特徵符號表示，讓消費者近距離一眼就可識別。

1. 公共設施標示

賣場內外的公共設施標示牌，如化妝室標誌牌、公共電話牌、殘障人士服務標誌，或者禁止攜帶動物進入賣場標誌、禁止卡車進入、禁止吸煙區等警示標誌（如圖 14-13 所示）。

2. 賣場服務標示

在賣點區裡標示咖啡飲茶區、用餐區、電梯位置、吸煙區、顧客服務區、收銀結帳區等標示（如圖 14-14 所示）。

🐄 圖 14-12　配合 POP 架標示單項商品的特色

🐄 圖 14-13　公共設施標示

🐄 圖 14-14　賣場服務標示

3.行政管理標示

此種標示在於提醒員工內部自我管理，如請隨手關燈、節約用水用電、請保持走道暢通、進貨區、驗貨處、廠商洽談室等標示牌，這些管理標示都使用在辦公室、加工作業區、倉庫儲存區、機電室等（如圖 14-15 所示）。

第三節　販賣促進的 POP 廣告

當今繁榮進步的工商社會，使商品的流通已從傳統的製造→零售→消費者之單向買賣模式，演變成賣場與顧客的雙向互動消費行為，而在這交易平台擔當媒介角色的就是所謂店頭廣告的 POP。

POP 是 Point of Purchase Advertising 的前三個單字縮寫，所代表的意義為「購買據點的廣告」。廣義來講，就是在賣場所有能夠促進販賣的廣告物體，都可以稱之為 POP 廣告。現在的消費者不喜歡店員的跟催糾纏或討價還價，而喜歡藉由 POP 廣告來得知商品的相關資訊，享受自由購物的樂趣。所以，賣場裡的 POP 扮演著無聲銷售員及營造販賣氣氛的功能。

POP 廣告
就是在賣場所有能夠促進販賣的廣告物體，其扮演著無聲銷售員及營造販賣氣氛的功能。

| 請隨手關燈 | 進貨區 | 驗貨處 | 廠商洽談室 |

圖 14-15　行政管理標示

壹、POP 廣告的目的與功能

賣場的POP是最直接、最能促進販賣的最終廣告,其主要目的是將完整的商品資訊傳達給消費者,幫助消費者在購物時的比較選擇。除此之外,它還附有多種不同的功能,茲列舉如下:

1. POP廣告就好像無聲的銷售員,可以彌補賣場人員的不足。
2. POP廣告可以搭配廠商的整體性推廣活動及賣場本身的促銷活動,提高商品形象和增加營業額。
3. POP 廣告隨時為消費者作商品資訊的傳達,獲取顧客的信賴,爭取市場競爭力。
4. POP廣告可搭配中長期的商品計畫和廣告計畫,以達成賣場的營運目標。
5. POP 廣告可以使消費者瞭解賣場特有風格和經營理念。
6. POP廣告促使消費者對商品的注目與理解性,提高購買慾。
7. POP廣告傳達商品的品牌、價格、材質、特點與內容,並詳述商品的使用方法。
8. POP廣告營造出賣場的氣氛、表現出季節感,同時也增加商品的演出效果和物美價廉的訴求。

貳、POP 廣告的種類與訴求型態

一、POP 廣告的種類

POP廣告隨著視覺距離的遠近和被訴求對象的差異,在內容企劃、設計手法、製作材質及方法都有不同的廣告屬性。換言之,POP廣告的種類非常多,運用時應以訴求對象來設計適當的廣告訴諸消費者。在繁多的種類當中,賣場裡常見的 POP 廣告有櫃台式POP、垂吊式POP、櫥窗POP、動態POP、布條旗幟POP、立地式

POP、印刷 POP、手繪式 POP 等八種（如圖 14-16 所示），茲分述如下。

1. 櫃台式 POP

此種POP通常是擺置在收銀台的小型廣告牌或桌上型置物架，以廣告牌或置物架的特殊造型配合文字圖案的標示，吸引等待結帳顧客的注意，激發顧客的臨時衝動購買動機。例如，便利商店櫃台上所擺置的電池、底片、口香糖等展售架。

2. 垂吊式 POP

此種POP大都固定在賣場的天花板垂直而下，其有營造主題氣氛的功能。例如，開幕期間或換季時，在天花板佈置大量相同的POP，使整個賣場呈現主題訴求。

3. 櫥窗 POP

此種POP是在櫥窗裡面擺置立體廣告物或商品，配合櫥窗玻璃上的文字和圖案來訴求賣場形象或商品宣傳，以引起店頭來往的消費者注意，進而入店參觀選購。

4. 動態 POP

此種POP都是屬於立體結構組合的廣告物，運用機電等原理將廣告物設計成局部可動式，以製造趣味性吸引顧客注意。例如，餐廳門口擺設的創意財神爺造型，設計成自動蹲下和站立，站立時雙手打開恭喜發財的布條，向過往消費者道賀。又如火鍋店常在店頭放置假爐火POP道具，其布條製的爐火經由小風扇向上吹，達到生動好奇的主題廣告效果。

5. 布條旗幟 POP

此種POP有立式旗幟和懸掛式旗幟兩種。「**立式旗幟**」大都佈置在外場，以塑造店頭的販賣氣氛或宣傳賣場的主題活動。「**懸掛**

式旗幟」若使用在賣場內都設計成小型精緻樣，以裝飾點綴為主要功能；若是使用在賣場外則以大而醒目的標題為廣告訴求，如開幕旗幟和大拍賣旗幟。

6. 立地式 POP

此種POP如設置在店門口的立地店招看板及價格看板。另外，如大型商品看板，是按商品實際比例放大製作成立式看板，設置在特販區商品旁邊，藉由物大化及立體感的廣告效果，凸顯新商品的展示宣傳。

7. 印刷 POP

此種為經由製版印刷而成的POP廣告，通常用於賣場需要量較多且使用時間較長時，可節省成本和確保廣告內容的製作品質。尤其當上游廠商或總公司在推展商品專案活動，都會統一製作印刷POP，提供給零售賣場或分店使用。

8. 手繪式 POP

此種POP是每個賣場針對自家商店需要、符合賣場主張及商品個體訴求所設計出來的廣告。「**手繪式POP廣告**」具有機動性、經濟性及親切感的特性，適合量小變化多且有速效性的製作限制，不需花很多的時間和費用就可現場完成的一種廣告。

二、POP 廣告的訴求型態

隨著不同的POP種類，其廣告訴求型態也有所差異，這些差異都有其不同的廣告意義和價值，如下段詳述。然而，無論哪一種訴求型態，都必須考慮如何使POP廣告在短短幾秒鐘，能夠讓消費者注意吸收並且印象深刻，所掌握的原則應為簡單易懂、清楚美觀。

櫃台式 POP

垂吊式 POP

樹窗 POP

動態 POP

布條旗幟 POP

立地式 POP

印刷 POP

手繪式 POP

圖 14-16　賣場 POP 廣告種類

1. 說明性廣告

如促銷活動時間表、價目表、商品性能或品質說明、統計圖表等。說明性廣告的內容比較繁複,需要以條列式的文字敘述清楚,文字、格式及圖案力求詳細簡潔,不宜花俏複雜,目的在於使消費者閱覽時清楚分明,不會造成消費者猜疑或一知半解,需要服務員另加講解。

2. 促銷性廣告

如特價折扣、換季清倉拍賣、新產品展售及節慶促銷等活動所使用的廣告,目的在於刺激消費者的衝動性購買慾。這種廣告的內容著重於價格與數量的超值性訴求,文案表現以商品名及價格數字為醒目的標題,再以相關生動的圖案或插畫作點綴裝飾,增加廣告的可看性,達到促銷目的。

3. 傳達性廣告

如賣場內的廣告口號、精神標語及標示牌,目的在於提高消費者與服務人員的共識及傳達指引人員的行走。此廣告儘量以單色的明顯字樣或特殊符號標誌,標示在賣場內行人易見之處。

4. 形象廣告

以企業識別系統(如企業標誌、標準字體、標準色)作基礎,或響應公益活動作訴求所設計的廣告,其內容沒有促銷活動等商業行為,主要目的在強化企業的形象。

5. 感性訴求廣告

配合特殊節慶或議題,以感性的內容向消費者表達關懷,同時以間接方式達到促銷宣傳效果。例如,在母親節期間的廣告,以親情關懷作訴求內容,達到母親節商品促銷之目的。

6. 氣氛營造廣告

如開幕期間以喜氣隆重之內容及廣告素材，將整個賣場點綴出新開張的歡樂氣氛。又如秋天換季期間以中秋月圓或楓葉為廣告題材，在賣場的重點區營造出秋天的氣息，傳達秋季產品的訊息給消費者。

參、賣場 POP 販促用品

賣場的 POP 廣告如果只是靠著單一的廣告素材或平面促銷海報，是無法豐富賣場的販促氣氛，容易失去顧客對賣場的新鮮感和好奇心。所以，賣場企劃人員必須懂得運用POP用品，搭配商品的陳列演出，才能牽動顧客的消費意向。這些用品從平面到立體、從小裝飾品到大型廣告用品，各式各樣都有其不同的廣告效果。以下按照體積大小和用途，分成裝飾POP、海報及標示POP、看板POP、販促道具、設備用品等五大類。

1. 裝飾 POP

常用於點綴商品，襯托出商品的美感和價值。如圖 14-17 所示依照商品屬性，選擇適合的食品用人工草皮墊或竹墊鋪陳在食品底部，並且以仕切板將食品分列隔開。另外一種裝飾POP是在佈置賣場格局的氣氛，如圖 14-18 所示的樹葉水果POP可裝飾在局部賣點區的上方，表現出綠意盎然的氣息。還有在開幕期間可選用布旗，懸掛在賣場天花板營造出隆重開張之喜（如圖 14-19 所示）。

2. 海報及標示 POP

如圖 14-20 除了有現成的週年慶、季節及開幕海報外，還有空白的特賣品海報，供業者自由發揮廣告內容。另外，海報佈置及標示用品也是不可或缺的利器，如海報固定夾、顏色裝飾條、價格牌、各式POP架、立地標示牌架，如能善加利用這些用具，就能將

> 賣場企劃人員必須懂得運用 POP 用品，搭配商品的陳列演出，才能牽動顧客的消費意向。

> 裝飾 POP
> 常用於點綴商品，襯托出商品的美感和價值。

🔖 **圖 14-17　食品竹墊及仕切板**

🔖 **圖 14-18　水果裝飾 POP**

🔖 **圖 14-19　開幕懸掛式布旗**

圖 14-20　現成及空白海報

海報和標示發揮出最大廣告效果。反之，則會使海報貼錯位置或錯
置方向產生反效果，所以賣場人員常稱這些POP用具有小兵立大功
之效用（如圖 14-21 所示）。特別要說明的海報固定夾，其使用方
法是先將海報夾固定在天花板，然後將海報從夾子的側邊插入（如
圖 14-22 所示），快速方便又保持海報的乾淨平整，可簡單的替換
海報，可改善傳統張貼法的麻煩費時又污損天花板。

3. 看板 POP

此種POP大致分成文字看板和圖案看板兩種（如圖 14-23 所示），
文字看板都扮演著標明指示的功能，而圖案看板則有美化賣場、營
造氣氛及襯托商品的效果。例如，將水果圖案的看板裝置在水果展
售櫃上，可製造較豐富的視覺效果，讓消費者感覺所陳列的水果更
加甜美好吃。

(a)顏色裝飾圖條

(b)各式 POP 架及標價卡

圖 14-21　POP 用具

圖 14-22　海報固定夾

(a)文字看板

(b)圖案看板

📖 圖 14-23　看板 POP

4.販促道具

　　「**販促道具**」種類及樣式非常多，如能配合促銷活動、商品屬性、季節變化及賣場特性靈活運用，將會有很好的促進販賣效果。例如，利用試吃盒達到與消費者的互動，並取得消費者對該商品品質的認同（如圖 14-24 所示）；又如利用凸出端台將部分商品刻意形成通道障礙，引起消費者特別注意該商品（如圖 14-25 所示）。另外，**餐飲類賣場**可使用假料理道具以吸引顧客入店消費。例如便當速食店，可將主力商品訂製成假料理，陳列於店頭櫥窗內，讓消費者可一目了然便當的菜色，此種廣告效果比平面的照片料理好很多（如圖 14-26 所示）。

販促道具
種類及樣式非常多，如能配合促銷活動、商品屬性、季節變化及賣場特性靈活運用，將會有很好的促進販賣效果。

🔖 圖 14-24　試吃盒

🔖 圖 14-25　凸出端台

🔖 圖 14-26　料理販促道具

5.容器設備用品

　　容器雖然只是裝置商品，但是若能選用符合商品屬性、精緻美觀又實用的容器，可提升商品形象與賣相。例如，精緻美食的餐點可選用如圖 14-27 所示的木製容器；又如醃漬食品可裝置在圖 14-28 中的樹脂圓桶，陳列於賣場中表現出日本的風味。另外，特販設備的設計和選用是不同於一般賣場設備，其需具有特殊的商品文化和有創意的外觀造型，才能形成賣場焦點達到特販效果。圖 14-29 所示為木製加玻璃的特販商品櫃，木製屋型有傳統的風格，玻璃層板架又能表現商品的現代感，獨立的造型及活動輪設計可機動性的舉辦促銷活動。

圖 14-27　木製容器

🔖 圖 14-28　樹脂容器

🔖 圖 14-29　特販商品櫃

肆、實用的手繪式 POP 廣告

　　「**手繪式 POP 廣告**」是所有 POP 廣告中最經濟實用和具有機動時效性的一種，其可利用簡單工具和材料在短時間完成使用，是商店現場宣傳促銷不可或缺的利器。手繪式 POP 廣告的發展應用源自日本，尤其零售賣場更將此發揮得淋漓盡致，已成賣場經營重要的一環。

　　早在 1985 年期間，台灣的超級市場正處蓬勃發展時，許多經營業者紛紛赴日考察超市經營管理，其中手繪式 POP 廣告製作應用更是營造賣場販促氣氛之必修課程。經由業者及專家們的用心推廣，各地文教中心（如救國團和企管公司）及連鎖賣場機構（如超市連鎖企業和農會超市系統），都不遺餘力的開班授課，將手繪式 POP 廣告推廣到今日的普遍性和實用性（如圖 14-30 所示）。

一、手繪式 POP 廣告的特性

　　手繪式 POP 廣告不需要精美的印刷和刻意的裝飾，也不需花費很大的製作成本和數量。簡單的商品訴求、資訊提供及情報傳達，

手繪式 POP 廣告
是所有 POP 廣告中最經濟實用和具有機動時效性的一種，其可利用簡單工具和材料在短時間完成使用，是商店現場宣傳促銷不可或缺的利器。

🖐 圖 14-30　各地文教機構及連鎖賣場紛紛開班推廣手繪式 POP 廣告

都能表現出賣場格調及商品的訴求重點，其傳達的即時性和生動的親和性，是成為賣場與消費者之間互動溝通的主要平台，它的主要特性如下。

1. 符合賣場和商品的特性需要

手繪POP可依自己的促銷計劃、訴求對象、企劃文案及特殊空間，設計製作有吸引力的POP，標示於適當的位置，達到賣場所要的廣告效果。

如和上游廠商所提供的 POP 相比較，手繪 POP 較能夠表達出賣場自己的廣告主張。因為廠商的POP都是在統一的廣告策略下，針對多數賣場而設計的，無法考慮單一賣場的特販方式、氣氛與空間問題，不能一一滿足個體店的實際需求。手繪POP可依自己的促銷計畫、訴求對象、企劃文案及特殊空間，設計製作有吸引力的POP，標示於適當的位置，達到賣場所要的廣告效果。

2. 具備機動性和時效性

手繪POP是隨時一抓到銷售契機點，就能現場快速簡便的繪製，掌握市場先機的行銷時效性。

現在商業的競爭非常激烈，賣場的促銷計畫已從長期對抗，激烈到時刻都在變化的短兵相接，所以，單靠廠商提供的POP常有緩不濟急的缺失，其從情報收集→企劃設計→製版印刷→分裝配送到賣場佈置的流程，常錯過銷售時機點。而手繪POP則是隨時一抓到銷售契機點，就能現場快速簡便的繪製，掌握市場先機的行銷時效性。

3. 製作簡單、經濟實用

手繪POP的主要繪製技巧以字法為主、插圖為輔。此技巧不需要非常專業的美工廣告訓練，只要經過短期練習，依照訴求特點，都可運用麥克筆及其他現成素材，繪製出經濟實用、有販促效果的POP。

4. 生動活潑具有親切感

賣場個體針對訴求對象的消費行為及購買心態、競爭環境、賣場空間等各種需要所設計的內容，配合手繪的文字與插圖，所富有的親切感是賣場與消費者資訊與情感溝通的最佳橋樑。

二、基本工具與材料

對於專業美工設計者而言，要創造好的廣告作品，均要瞭解善用各種工具材料的特性和技法，才能表現作品的最佳效果。然而，對從事手繪POP基礎練習者而言，要能夠對繁多的廣告工具與美工材料完全運用得宜，實非短時間可以達成的。所以，為了使賣場人員也可以達到「工欲善其事、必先利其器」的程度，以下將針對手繪POP經常使用的基本工具材料詳加介紹，讓非專業人員在瞭解其功能特性之後，配合 POP 字法與插圖技巧，也能得心應手的繪製POP 廣告。

(一)麥克筆

麥克筆是手繪POP最重要、使用率最高、最普遍的畫材，它的顏色和規格種類很多，依據顏料特性分為油性和水性兩種（如圖14-31 及圖 14-32 所示）。

「**油性麥克筆**」的筆桿上會標示著「油性」、「快乾」、「耐水性」等字樣，此筆可添加同色墨水重複使用。本身的特色是直接著色，不需再次混合其他溶劑和顏料，書寫後色料即乾，不會污損作品，很適合快速描繪工作。另外，按照筆蕊形狀可分成平頭（又稱角頭狀）及圓頭，平頭筆依據筆蕊寬細又分成角 30、角 20、角

油性麥克筆
本身的特色是直接著色，不需再次混合其他溶劑和顏料，書寫後色料即乾，不會污損作品，很適合快速描繪工作。

🖌 圖 14-31　油性麥克筆

🔖 圖 14-32　水性麥克筆

🔖 圖 14-33　麥克筆的筆頭寬細規格（mm）

角 30 及角 20 麥克筆
用於書寫主標題文字和促銷單價的數字。

角 12 及角 6 麥克筆
用於書寫副標題的廣告詞及說明文。

圓頭麥克筆
大都使用於畫線條、書寫小型圓體字、敘述說明文及小型數字。

水性麥克筆
乾燥時間較久，且乾燥後遇水仍然會有溶解污損之虞。適合繪製插圖套色之用。

12、角 6 等四種（如圖 14-33 所示），前兩項 30mm 及 20mm 等較寬的筆用於書寫主標題文字和促銷單價的數字，較細規格的後兩項筆頭又另設計有角頭狀，此種筆都用於書寫副標題的廣告詞及說明文。圓頭筆的寬細有丸 10、丸 5、丸 3、丸 2 等四種，大都使用於畫線條、書寫小型圓體字、敘述說明文及小型數字。

「**水性麥克筆**」的筆桿上會標示著「水性」或「可溶性」等字樣，此筆的乾燥時間較久，且乾燥後遇水仍然會有溶解污損之虞。水性麥克筆的筆蕊形狀與規格種類比油性麥克筆還多，除了有以上如油性筆的各種規格之外，還有整套 72 色的角 5 水性筆，適合繪製插圖套色之用。

麥克筆的筆蕊屬於硬筆，只要掌握運筆及字法技巧，很容易描繪出工整的字調。但是，在運筆及使用時還是需要注意以下事項：

● 麥克筆都是圓形的筆桿，握筆時應以三隻手指穩住筆桿，拇指在左邊、食指在上面、中指撐住下方，然後筆與紙面成 45

度，以筆蕊內側的稜邊完全接觸紙面，使成一橫線而非一點或一個面。

- 描繪時應隨著直橫線換邊使用，避免單邊筆蕊乾涸。
- 使用油性麥克筆時，應考慮是否會滲透紙張。
- 下筆前應用鉛筆描字，再以麥克筆上色以避免畫錯。
- 不要重複更改筆畫或錯字，應換紙或另貼補字。
- 久用之後若起毛鬚，可用打火機在筆蕊處微燒兩三秒，切勿過久損及筆蕊。
- 停頓休息或完成不用時，應立刻蓋緊筆套，避免筆蕊乾涸。

(二)平塗筆

「**平塗筆**」又稱平筆或圖案筆，其筆頭成扁平狀，筆毛排列整齊，適合於塗色、寫字之用（如圖 14-34 所示）。平筆與麥克筆最大不同在於筆蕊的軟硬度，平筆筆蕊以動物毛和尼龍毛兩種依不同用途製作而成（分成設計、水彩、油畫、油漆等專用筆），筆性柔軟，使用技術度較高，然而只要能掌握其特性和描繪要領，更能畫出比硬筆（麥克筆）有創意的變化字體。

使用平筆手繪 POP 時，如能掌握以下幾項原則，必能得心應手，將平筆的功能發揮得淋漓盡致。

- 選擇筆穗整齊富有彈性適中的設計專用平筆，不宜選用筆性過軟的水彩專用筆或筆性過硬的油畫及油漆專用筆。

角頭麥克筆　　　　平頭麥克筆　　　　平筆筆頭

🔖 圖 14-34　各型 POP 用筆之筆頭比較

● 先將筆穗浸水軟化,再以刀片修齊筆毛。

● 使用前將浸濕筆毛的水擠出再沾顏料,以筆穗的中腰部分繪製。

● 平筆繪製前先在紙稿上以鉛筆打方格子並畫出字形,可描繪出正確及穩定的字體。

● 描繪時先將顏料調到適當濃度並試繪,以深刻掌握顏料的濃度。

● 以畫字的手法技巧來運筆,保持與紙面接觸的均衡力道與平穩的速度。

● 將小指接觸紙面,輔助運筆手腕畫動的平穩度。

● 當描繪範圍較大時,運筆須以移動整個手肘。

● 描繪完成後,以筆尖修飾參差不齊的筆劃,並檢視字間關係和整體平衡感。

(三)其他筆具與材料

繪製手繪POP除了常用的麥克筆和平筆之外,尚有其他用於描繪較小字型、裝飾圖案線條或特殊表現效果的筆具。例如,簽字筆用於書寫小型說明文及框線;粉彩筆是一種可表現畫面效果廣泛變化的畫筆;彩色鉛筆可與其他材料混搭,當成繪製精細插圖的輔助性材料工具;奇異筆可輔助麥克筆的規格不足;其他如毛筆、粉蠟筆、油蠟筆和彩色筆等等,只要運用得宜,都可豐富、生動整個畫面。

另外,還有其他常用的工具和材料,如美工刀和切割墊板是製作POP時不可獲缺的工具;各式各樣的稿紙,如POP專用紙、壁報紙、西卡紙、道林紙、色卡紙、雲彩紙、粉彩紙、布紋紙、素描紙、浮雕紙與美術紙等等;頗受歡迎的彩色轉印紙具有自黏性,可以直接覆蓋在完稿紙上切割出所要的圖形,使用上非常方便;還有其他素材和廣告材質,如棉紙、布料、棉花、軟木塞皮、相片、紗網、繩子、刊物圖片、珍珠板、保麗龍板、廣告顏料、彩色廣告膠膜等等,只要瞭解素材特性和配合POP主題訴求,都可創作出特殊風格的效果。

彩色轉印紙　　　　　　　　　　　廣告顏料

彩色鉛筆　　　　　　　　　　　彩色廣告膠膜

📖 圖 14-35　其他各式 POP 應用材質

三、POP 字法與插圖技巧

(一) POP 字法技巧

製作 POP 廣告首重時效和機動性，手繪字體應掌握並熟練字法技巧，才不至於耗時太多。手繪 POP 字體比較活潑有變化，不流於一般印刷字的刻板，雖然字型變化較大，其筆劃安排卻也應合乎視覺美感的原則。POP 字體種類非常多，然針對賣場海報內容，大致歸類為以下幾種字法加以詳述。

1. 標題字畫法

「**標題字**」的字數不宜太多，字體的大小、造型變化、字距、行距應力求一致，以免影響可讀性。假如標題在五個字以內，可加

製作 POP 廣告首重時效和機動性，手繪字體應掌握並熟練字法技巧，才不至於耗時太多。

標題字
字數不宜太多，字體的大小、造型變化、字距、行距應力求一致，以免影響可讀性。

強字型上較大的變化,且著重於字組結構的整體感和平衡性,凸顯標題的訴求。標題字通常都採用較粗寬的硬筆(麥克筆)和軟筆(平筆)來描繪。使用麥克筆的規格如角12、角20及角30等,而使用平筆則以筆寬10mm以上為宜。

(1)麥克筆標題字技巧

- 三隻手指頭握住圓筆桿,拇指在筆桿的左邊、食指在筆桿的上方、中指撐在筆桿的下方。
- 以鉛筆先畫正確的基礎字骨,再以麥克筆描繪,可確保字體的完美性。
- 因標題字描繪範圍較大,故需站立並以手肘騰空運筆繪製。
- 橫線和直線的粗細一樣(故又稱粗型字體),筆劃要均勻、墨色要飽和:以角 12 麥克筆為例,畫橫線時,筆的斜角在上,右邊筆蕊稜線應與紙面密切吻合、保持 60°,以平穩緩慢的速度向右畫線;畫直線時,只要換邊改變持筆角度,使筆的斜角在左邊,向下畫線即可(如圖 14-36 所示)。
- 筆劃相接時應重疊切齊,不要有缺角、超出或未相接(如圖 14-37 所示)。
- 筆劃小轉彎時,以筆之內角為圓心、外角畫弧轉彎;筆劃大轉彎時,直接提筆騰空畫弧轉彎。
- 畫標題字時,手肘要跟著筆劃一起移動,以加大書寫範圍。
- 時常換邊書寫,避免筆的單一邊墨水乾涸。
- POP字體本身是一種有變化的畫字,為避免降低字意的理解性,儘可能不要寫簡體字。
- 配合商品特性,畫出字的個性,如代表化妝品的標題字,可選用較具女性化的纖細字體。
- 完成標題字時,可在字體上或字旁畫一些輔助線條,以增加立體感或重疊的效果。惟需注意,不可畫蛇添足,過於複雜,徒增辨讀困難度。

🔖 **圖 14-36　標題字橫直線筆劃畫法**

正確　　　　　　不正確

🔖 **圖 14-37　標題字筆劃正確相接法**

🔖 圖 14-38　麥克筆之標題字範例

(2)平筆標題字技巧

平筆因屬於軟性筆，繪製的困難度和技術度都比麥克筆高，然而所畫出的字體變化也相對的比較有創意。以平筆畫標題字的原則，除了有與麥克筆相同技巧之外，尚應注意如下要點：

- 下筆之前要先體認是在「畫字」，而不是在「寫字」。
- 描繪中以平順適中的力道移動，不可隨意加重或減輕力量。
- 鉛筆字骨是描繪的基礎依據，但遇有筆劃可能重疊或比例不良之處，應該隨即作適當的筆劃調整，力求畫字的完整性。
- 顏料的濃度與量，應一次調合備妥，避免中途補添，造成色澤、明暗不一。
- 不同顏色料應分別使用不同的平筆，以免字體產生混濁色。
- 在字末筆劃的尾端以 90°左右的方向順手勾筆，使字體產生

輕鬆的變化（如圖 14-39 所示）。

- 可使用另一種軟性圓頭筆（通稱為圓筆），描繪出比較活潑、更富創意變化的字體（如圖 14-40 所示）。

2. 說明文字體的畫法

「POP 廣告的說明文」是在陳述廣告活動的細節，內容字數較多，所以字體的表現不僅是單獨字的工整及特色，更須考慮到字組群化的整體構成畫面之美感。說明文的字體大都以角 6 以下的麥克筆描畫為主，其所掌握的畫法技巧和原則如下：

- 三隻手指頭握住圓筆桿，拇指在筆桿的左邊、食指在筆桿的上方、中指撐在筆桿的下方。
- 以鉛筆先畫正確的基礎字骨，再以麥克筆描繪，可確保字體的完美性。
- 說明文的單獨字描繪範圍較小，故坐著即可運筆繪製。
- 橫線為細、直線為粗（又稱中型字體），筆劃要均勻，墨色要飽和：以角 6 麥克筆為例，畫橫線和直線時，筆的斜角在

POP 廣告的說明文
是在陳述廣告活動的細節，內容字數較多，所以字體的表現不僅是單獨字的工整及特色，更須考慮到字組群化的整體構成畫面之美感。

🖱 圖 14-39　使用平筆描畫標題字時，可在筆劃尾端作勾筆變化，表現出輕鬆的感覺。

🖱 圖 14-40　使用軟性圓筆描繪出活潑有創意的字體

左邊，同樣使用筆的左邊稜線與紙面密切吻合，保持 60°，以平穩緩慢的速度向右和向下畫線即可，無須換邊（如圖14-41 所示）。

- 筆劃相接時依然重疊切齊，不要有缺角、超出或未相接。
- 中型字體因筆寬較小，易於直接轉彎。
- 畫中型字體時，手肘依然要跟著筆劃一起移動，增加描繪的靈活度。
- 說明文的中型字體本身是一種有變化的中小字體，為避免降低字意的理解性和易讀性，不可寫簡體字和增加其他的輔助線條。
- 字骨結構以「頂天立地、鼓鼓滿滿」為原則，字骨比例以「縮短字頸與字頭」為原則（如圖 14-42 所示）。
- 為使消費者易讀易懂，字群表現應掌握字距小於行距、行距小於段距之排列原則（如圖 14-43 所示）。
- 太冗長的說明文句子，消費者不喜歡讀看，應適當修辭配置，或者以不同顏色來區分、或以顏色作重點表現。

圖 14-41　說明文之中型字體的橫直線筆劃畫法

🏛 圖 14-42-a　中型字的字骨結構

🏛 圖 14-42-b　中型字的字骨比例

🏛 圖 14-43　說明文內容的距離安排配置

POP 廣告裡的數字通常用來標示商品的價格和說明文的順序題號。

3.數字畫法

　　POP廣告裡的數字通常用來標示商品的價格和說明文的順序題號。使用於價格標示的數字，應選用較寬平的麥克筆（如角 12、角 20、角 30），以標題字（粗型字體）的基本畫法，按照圖 14-44 所示的筆劃順序練習，即可畫出明顯有力的粗型數字。當數字使用在

　　　　🔖 圖 14-44　用於標示商品價格的粗型數字之畫法

資料來源：三采文化出版事業有限公司。

說明文的順序題號或內文數據時，可選用角 6 以下的麥克筆，以說明文字體（中型字體）的基本畫法，按照圖 14-45 所示的筆劃順序練習，即可畫出輕鬆便捷的中型數字。

🖋 圖 14-45　用於表示說明文的順序題號和內文數據的中型數字之畫法

資料來源：三采文化出版事業有限公司。

4.價格數字組合的印象及畫法

價格對消費者來講是很敏感的數字，標示定價之前應先瞭解消費者對價格數字的印象。如圖 14-46 所示 1、2、3、4 等數字，會使消費者產生較貴的印象；數字 0 和 5 屬於價格適中的感覺；數字 6、7、8、9 比較容易產生價格便宜的印象。另外，以單價的尾數，被使用頻率最高的為 8 和 9，其次為 7、0、6，接著為 5 和 3，而 2、1、4 是被使用率最低的數字（如圖 14-47 所示）。

當數字用於表示商品價格時，除了優惠折扣的數字是個位數之外，大部分的價格數目都是十位數以上的數字組合。組合數字的表現特別要注意整體的結構性，使多個數字能結合為一個數字，讓消費者在瞬間就能一目了然。因此，數字之間的局部相連是重要的技巧，然而數字 1 的下一位數是 4、5、7 時，不可與 1 相連在一起，

圖 14-46　消費者對價格數字的印象

圖 14-47　單價尾數被使用頻率的高低

以免重疊部分造成數字混淆，不易辨識（如圖 14-48 所示）。如果
價格數字表現過於複雜，會直接影響消費者的購買意願，所以字組
的上下線應力求切齊，才不會破壞數字的清晰度和可讀性。數字中
若需有大小變化時，則應考量整組數字的辨讀順暢與排列均衡，始
可達到更好的視覺效果。

5.英文字母畫法

　　雖然英文字母在POP廣告裡用到的機率較低，但如果描畫不當
會破壞海報的整體美感，只要依照下列畫法練習，很快就能描繪一
手好的英文字母。POP的英文字母和數字一樣，分成標題用的粗型
字體和說明文順序題號及內文字母的中型字體。粗型英文字體使用
角 12 以上的麥克筆描畫，中型英文字體以角 6 以下的麥克筆或角
頭彩色筆書寫（如圖 14-49 及圖 14-50 所示）。

・1 的下面數字如果是 2，3，6，
　8，9 的話，請連起來寫。

・1 的下面數字如果是 4，5，7 的
　話，畫的時候要和 1 分開。

圖 14-48　價格數字組合的畫法

ABCDEF
GHIJKL
MNOPQ
RSTUV
WXYZ

🔖 圖 14-49　以角 12 麥克筆描畫標題用之粗型英文字母

資料來源：三采文化出版事業有限公司。

📖 圖 14-50　以角 6 麥克筆描繪說明文題號及內文字母的中型英文字母

6.強調記號的運用

「**強調記號**」在POP廣告裡的角色具有重點提示、點綴裝飾、彌補畫面構成不足和提高畫面造型等效果。記號的標示以日常看慣的造型簡單、線條俐落之符號較容易產生親切感。通常以星形、圓點、爆炸、閃電、箭頭、方形、括弧、心狀、彩帶、拋物線、三角形、折彎線、快速刷筆劃線等最常使用，這些記號有的只單純使用符號，很有新鮮感；有的則配合文字使用，具有強調驚嘆之意（如圖 14-51 所示）。

🔖 圖 14-51　各式強調記號運用於 POP 廣告中可發揮重點提示和點綴裝飾之效果

(二) POP 插圖技巧

在完成手繪POP文字稿之後，增加些許插圖可使整個畫面更生動活潑，平添內容真實感，使消費者更容易瞭解廣告內容，提高廣告說服力。POP插圖畫法，除了專業的美工技藝之外，對一般非專業美工人士來講可採以下常用的技法，這些技巧繪製簡單、素材容易取得、訴求效果很鮮明。

1. 平塗法

手繪POP插圖要求簡潔有力、快速有效，太細緻描繪的插圖反而不適合。因此簡單的「**平塗畫法**」將運筆方向的紋理減到最少，色彩均勻規律，非常適用於POP的插畫。首先以鉛筆描繪圖案的輪廓線，再以麥克筆由上而下或由左而右依順序平塗著色，最後以黑色簽字筆勾勒出線條。如果要提高圖案的立體變化，可用由淺到深的色澤平塗，達到光線的明暗效果。

2. 錶貼法

錶貼法的製作非常簡單快速，素材取得容易又具有真實感的廣告效果。通常都利用商品的實物目錄、報章雜誌的景物圖片、質佳的進口色紙或彩色轉印紙，加以裁剪合成、拼貼出有獨創性或幽默感的畫面。惟需注意的是，所選擇的素材圖案與拼貼出的畫面，必須要符合主題訴求。

3. 紙張特殊用法

利用各種不同紙張的特殊加工處理，可創造出強烈視覺的獨特插圖效果。例如，撕裂後的紙張表現出紙纖維的特性和粗獷畫面的感覺；以搓揉的手法將紙張貼在平面稿紙上，有浮雕的強烈視覺效果。

平塗畫法
將運筆方向的紋理減到最少，色彩均勻規律，非常適用於 POP 的插畫。

4.紙雕技法

利用多種不同性質的彩色紙，裁剪成不同的形狀，然後依照剪下的各部分型態製作成各種摺痕（如波浪型、V字型、卷曲型等），最後按照原稿圖形依序以黏膠固定在畫紙上，表現出立體生動的親和力。製作紙雕以選用雲彩紙、粉彩紙、插畫紙板等質感較美、紙質較硬的材質為佳。

麥克筆平塗法插圖範例

撕紙及錶貼法插圖範例

紙雕技法插圖範例

🖾 圖 14-52　各式 POP 插圖技巧

圖片提供：三采文化出版事業有限公司。

四、賣場手繪式 POP 海報繪製步驟

1. 確定海報標題，以簡要易懂為原則。標題最主要目的是要在瞬間引起消費者的注意，所以字數應精簡到 8 字以內，且有震撼吸引的詞義。
2. 構思廣告詞句及說明文內容。廣告詞句在於輔助標題的不足，其詞義可表現感性、聳動、誇張、誘導等魅力；說明文內容應有所依據，如參考商品說明書、目錄、包裝文稿、相關廣告媒體、銷售企劃文案等。
3. 設計版面編排構成之草稿。
4. 選擇稿紙規格及其他相關素材。
5. 決定各型字體與所需之筆具。
6. 決定字體配色及插圖技法。
7. 以鉛筆描繪各型字的字骨和插圖輪廓線。
8. 依序繪畫標題字（含促銷價格數字）、廣告用語、說明文等。
9. 繪製插圖及裝飾用點線。
10. 去鉛筆線，完成海報。

範例說明一 🖊

▊ 對開直式手繪 POP 海報繪製流程

1. 確定主題為「家常便飯」，及構思比較感性的說明文內容，並訂定商品價格為「350 元」。
2. 設計版面構成草稿。
3. 選擇對開粉彩紙（淡土黃色）一張、現有菜單彩色精緻圖片一張。
4. 依照版面草稿，先以鉛筆在粉彩紙上淡畫編排構成區及文字格子。
5. 選用黑色之角 12 麥克筆描畫標題字（粗型字體）、以深咖啡色細字筆描寫說明內容（基本字型）、用深紅色角 12 麥克筆描畫價格數字。
6. 最後將裁剪好的圖片平貼稿紙，然後以黑色簽字筆畫線條（有區隔及裝飾效果），擦拭所有鉛筆線即完成 POP 海報。

★完成作品→
質感高級的粉彩紙與土黃色色調，加上簡單整齊的書面格局，皆表現出典雅素淨、精緻又帶有家鄉味的親切感。

範例說明二

▍對開橫式手繪 POP 海報繪製流程

1. 確定主題為「港式茶點」，及構思能凸顯
   商品魅力的廣告用語——「風味獨特／美
   味可口／營養簡便」，說明文內容為各種
   茶點品名，並訂定商品價一律為「50 元」。
2. 設計版面構成草稿。
3. 選擇對開白色壁報紙一張。
4. 依照版面草稿，先以鉛筆在壁報紙上淡畫
   編排構成區域及文字格子。
5. 選用圓頭圖案筆沾黑色廣告顏料描畫標題
   字（具有傳統風格的創意字體）、廣告用
   語（咖啡漸層色）及茶點名稱（漸層綠色
   ），皆以角 6 麥克筆描繪加粗深紅色之價
   格數字。
6. 接著以黃、橘、綠、紫等麥克筆平塗插畫
   ，然後以黑色簽字筆勾勒出圖形線條，最
   後描繪傳統風格的圖騰符號（咖啡色及紅
   色），擦拭所有鉛筆線即完成 POP 海報。

★完成作品→
　黑色大方的創意字體，加上咖啡色的傳統
　圖騰和紅色印章符號，很自然的表現出中
　國風味。另外，豐富的菜色標示配合一律
　50 元的單價，營造出物美價廉之販促魅力
　。

第四節 其他賣場氣氛要點

「**音樂**」會直接影響消費者的購物行為，所以針對主要訴求對象播放適當的音樂並控制好適當的音量，且避免廣告性的音樂節目，是可以緩和消費者情緒，促進消費量。例如，在比較有氣氛的**餐廳**播放慢拍音樂時，可緩和顧客心情，提高用餐能量和食慾。

另外，賣場「**冷氣空調溫度**」宜控制在 25±3℃，若遇人潮尖峰時段可調到 20±3℃。為減少賣場噪音及溫度均衡考量，冷氣空調設備宜選用分離式的中央控制型、崁入型或壁掛式，將主機的噪音隔離在賣場外。

還有，「**嗅覺設計**」也是關係到賣場氣氛的重要感官行為。在營造氣氛所運用的賣場氣味，通常都依據消費者族群喜好而設計，尤其女性消費者對氣味的敏感度都會比男性高。

在賣場裡時常「**舉辦試吃活動**」或「**商品講解示範**」，都可以活絡賣場氣氛，帶動買氣（如圖 14-53 所示）。最後的要點是「**店員服務態度**」要適當得宜，親切有禮，其為最重要和最有效的賣場氣氛要領，更是顧客再次光臨的關鍵。

📖 圖 14-53 商品試吃及講解示範可營造賣場氣氛，帶動買氣。

學習評量及分組討論

1. 賣場販促氣氛必須由外而內掌握哪四個主要原則？

2. 賣場動靜態的販促氣氛技巧包括哪些計畫與要領？

3. 何謂「企業識別系統」？

4. 企業識別系統有哪三種基本構成因素？

5. 構成完整「視覺識別」的基本要素有哪些？

6. 賣場標示計畫依其功能性大致可分成哪四大類？

7. 賣場的消防安全標示包括哪些項目？

8. 常用的商品標示大致可分成哪四類？

9. 賣場的 POP 廣告之主要目的與功能為何？

10. 賣場裡常見的 POP 廣告有哪幾種？

11. 請說明「促銷性廣告」與「說明性廣告」的差異？

12. 請說明「傳達性廣告」與「形象廣告」的差異？

13. 賣場 POP 販促用品，按照體積大小和用途可分成哪五大類？

14. 手繪式 POP 廣告有哪些特性？

15. 以小組為單位，討論說明小組所選的賣場，模擬開幕時必須運用到的 POP 廣告有哪些？

16. 以小組為單位，討論小組所選賣場的開幕海報內容，並完成海報草稿的內容構成？

17. 2 人一組，討論賣場手繪式 POP 海報繪製的步驟？

18. 2 人一組，討論並繪製一張賣場全面 8 折的小型促銷海報，海報的內容構成包括店名、促銷主題、說明文（產品類別）、商品彩色插圖（剪貼）等？

第4篇

賣場管理

第15章 賣場商品管理

第16章 賣場服務管理

第17章 賣場安全管理

第十五章

賣場商品管理

各節重點

第一節　商品分類管理

第二節　商品進貨管理

第三節　商品銷售管理

第四節　商品存貨與盤點管理

學習評量及分組討論

學習目標

1. 從國家及企業的觀點來分析瞭解商品分類的真正意義。

2. 學會賣場常用的商品大中小分類原則。

3. 學習商品編碼與條碼編碼原則。

4. 學會有計畫性的商品進貨與驗收管理。

5. 熟悉訂標價與陳列上架的商品銷售管理。

6. 能夠運用賣場的存貨管制及盤點方法。

第一節　商品分類管理

壹、商品分類的意義及功能

「**商品分類的用意**」，在於將所有不同商品的內容、特性、處理技術、保存條件，和運輸、陳列、銷售等方式，按其用途功能、商品性質、銷售對象或批購方式等，來加以分門別類並編號，使有系統化的管理運作。商品若沒有完整的分類，除了不易管理之外，更難將商品展現給消費者，影響整個經濟活動。所以，商品分類的真正意義，應從國家與企業兩方面的觀點來分析，其結果分別可獲得的功能效益如下。

一、藉由商品分類的分析，國家可獲得的效益

1. 可測定人民的經濟福利之水平與其發展的趨向，藉此來決定國家的經濟發展政策。
2. 可確立關稅及對外貿易政策，以調整市場實虛，穩定民生物價。
3. 可藉以調整財稅政策，使社會達到均富水準，國家經費充裕。
4. 可藉以訂定國家資源開發政策，使國家資源達到最有效的運用。
5. 可藉以統計國民經濟，以發現經濟變動的規律性，避免經濟景氣的異樣循環。

商品分類的用意
在於將所有不同商品的內容、特性、處理技術、保存條件，和運輸、陳列、銷售等方式，按其用途功能、商品性質、銷售對象或批購方式等，來加以分門別類並編號，使有系統化的管理運作。

二、企業界經由商品分類，可獲得的功能效益

1. 從商品分類的統計分析中，企業可以得知其商品在市場上的供需情況，以作為投資方向的決定條件。
2. 製造商從商品分類的分析中，可推測商品生產條件的變化，藉以訂定適當的生產計畫。
3. 貿易商從商品分類統計中，可預測進出口的變化情形，及時作因應調整策略，避免損失及掌握最佳商機。
4. 商品的分類可以幫助企業降低配送管理成本，提高商品流通效益。
5. 賣場藉由商品分類的統計，可清楚掌握商品銷售動態，以擬定合理的進貨及銷貨計畫。

貳、商品的動態與分類概念

　　商品在社會上的動態，常因其生產量、消費量、流通量、價格變動及品質差異等各種變化現象，影響經濟制度的均衡度。為維持市場經濟平衡，必須瞭解商品的分類原則，並以統計的方法加以整理統合商品的動態結構，如生產統計、銷售統計、存量統計和價格統計等，才能發揮商品管理效果，符合良性社會經濟的健全商品政策。

　　從生產的觀點來分析，可將商品分類為三種（如表15-1所示）。此三種產業的商品大致可將第一次產業和第二次產業歸類為有形的商品，其商品項分類很容易被明確訂定。第三次產業的商品則屬於流通領域，分類的範圍除了將前兩項的分類基準，配合集貨配送和機能用途，作為分類標準的有形商品之外，尚包含無形商品的分類，如服務提供、金融證券、商標著作、專業顧問、媒體廣告、勞務及仲介等。

🔖 表 15-1　生產觀點的商品分類

項次	產業別	產　　業
1	第一次產業	如農業、畜牧業、林木業、水殖產業等。
2	第二次產業	如製造業、建築業、礦產業等。
3	第三次產業	如服務業、零售業、金融業、電子通訊及運輸業等。

　　另外，從消費的觀點來分析，應清楚瞭解並掌握商品的機能、消費支出比率、消費者行為、使用期限和消費傾向等變化的指標，才是商品分類的重要基礎。

參、商品分類的體系與原則

一、基本分類體系

　　商品的基本分類，是以使用時的狀態來加以區分為「消費性商品」和「製造性商品」兩種型態，涵蓋的商品範圍比較廣，某些商品的分類定位難免較不明確（如表 15-2 所示）。此兩種型態又都可區分成消耗性商品和耐久性商品，「**消耗性商品**」為使用一次或少次就失去使用價值的商品，如食品；而「**耐久性商品**」則為可多次或重複使用的商品，如家電用品。

　　在基本分類裡的同一商品可能會同時出現在消費性與製造性兩大類，此為商品本身具有雙重使用特性。另外，由於市場激烈競爭及流行趨勢使然，很多耐久性商品的使用週期已被視為消耗性商品在使用，所以在此情況的基本分類，當探究其差異程度並調整分類的適當位置。

消耗性商品
為使用一次或少次就失去使用價值的商品。

耐久性商品
為可多次或重複使用的商品。

表 15-2　商品的基本分類

		消耗性商品	如食品、文具耗材、藥妝品、清潔衛生用品等。
全商品	消費性商品	耐久性商品	如五金百貨、服飾、傢俱、家電設備等。
	製造性商品	消耗性商品	如鋼板、鐵材、木料、礦石、塑料、食材等。
		耐久性商品	如生產機械、實驗儀器、輔助工具、生財器具及加工設備等。

二、一般常用的分類體系

　　一般常用的商品分類，係在多數的商品中求得某種共同性當成分類的基準，其有具體的限定標準來歸納商品的範圍（如表 15-3 所示）。

表 15-3　一般常用的商品分類原則

分類別	商品別
產源	如動物性商品、植物性商品、礦物性商品等。
產業	如農產品、畜產品、水產品、工業產品、電子科技產品、金融保險商品、服務性商品等。
商品用途	如工業用品、商業用品、家庭用品、民生用品等。
商品印象	如品牌、知名度、服務口碑、高級品、廉價品等。
商品區域性	如地方性商品、全國性商品、全球性商品等。
商品使用期限	如消耗性商品、耐久性商品等。
商品生命週期	如萌芽期商品、成長期商品、成熟期商品、衰退期商品等。
商品原料屬性	如鐵製品、鋼製品、木製品、陶瓷製品、農產製品、漁產製品、皮製品、化學製品、塑膠製品等。
商品製造方式	如機器製造品、傳統製造品、手工製造品等。
商品型態	如液態品、氣態品、固態品、膠狀品等。
商品製造階段	如原料品、素材品、半製品、成品等。
商品供應地	如本國產品、出口產品、進口產品等。

三、批發零售業常用的分類原則

批發零售業常用的商品分類主要以市場導向為原則,最常用的是以商品的性質及按照銷售對象來區分,還有以公司銷售政策和進貨方式作為分類的基準(如表 15-4 所示)。

表 15-4　批發零售業常用的商品分類原則

按照商品的性質	按照銷售的對象	按照公司的銷售政策	按照公司的進貨方式
商品機能別 商品用途別 商品尺寸別 商品顏色別 商品型態別 商品生命週期別 商品製造廠商別 商品品牌及商標別 商品品質別	顧客性別(如男性與女性) 顧客層級別(如藍領級或白領級) 顧客年齡別 等級價格別 顧客的喜好別 顧客的用途別	賣場的主力商品 賣場的輔助商品 賣場的重點推廣商品 賣場特販商品 賣場季節性商品 賣場流行性商品 賣場清倉促銷商品	進貨短中長期計畫別 委託寄賣進貨別 合約買斷進貨別 進貨廠商別 進貨時期別 聯合採購別

四、賣場常用的分類原則

賣場常用的商品分類,通常以劃分成大分類、中分類、小分類等三個層級為原則,或再加上細分類等四個層級。首先將所有商品歸為同一屬性的大類,每一大類再分成若干中類,然後由每一中類再分成多項小類,每一小類又可詳加細分成多個單樣品項,此種方法稱之為「大中小分類」。大中小分類法有直式和橫式兩種架構圖(如圖 15-1 及圖 15-2 所示),其機能效用沒有任何差異,完全取決於業主的使用習慣。

賣場常用的商品分類,通常以劃分成大分類、中分類、小分類等三個層級為原則,或再加上細分類等四個層級。

㈠大分類原則

「**大分類的分類原則**」通常都依照商品的特性來加以判別,如
商品的生產來源和方式、保鮮和保存方式等,屬性相類似的商品即
可歸納在同一大類。例如,同樣屬於保存零下 18°C 的食品,都可
歸納在冷凍食品類;又如,各種清潔用品或盥洗用具,皆可歸納在
清潔用品類。大分類的編碼以不超過 2 位數為原則,以方便電腦資
訊系統的處理。

㈡中分類原則

「**中分類的分類原則**」大都依照商品的功能或用途、製造加工
方法、產地來源等順序加以區別分類。

1. 首先依照商品的功能或用途,從大分類中劃分出不同的中分
   類。例如,在清潔用品的大分類當中,區分出個人衛生用
   品、家庭清潔用品用具等中分類商品,顧客從類目分明的標
   示中很快就可以找到所要的商品。

🏛 圖 15-1　直式大中小分類架構圖

圖 15-2　橫式大中小分類架構圖

2. 接著依照製造或加工方法來區分。當某些商品不易以功能或
   用途作分類時，則可以商品的製造或加工方式來區別分類。
   例如，在食品區的大分類中，可劃分出烘焙食品的中分類，
   將麵包、蛋糕、西點等食品歸納於此類。

3. 再來依商品的產地來源區別中分類，以凸顯商品原產地的價
   值性，或方便進貨及銷售統計管理。例如，從生鮮食品大分
   類中，強調進口肉品的中分類，當然此類中又可分出澳洲牛
   肉、阪神牛排等小分類，才能凸顯此商品的價值。

㈢小分類原則

「**小分類的分類原則**」是依照商品規格、尺寸、包裝、型態、商品的成分與口味等標準加以細分，其分類模式與中分類相同。倘若商品在小分類中尚無法成為單樣品項，則可再劃分成細分類。

㈣細分類原則

「**細分類的分類原則**」是依照商品名稱、包裝形式、商品售價、販賣數量單位、商品容量、大小規格、材質差異、口味差異、組合商品的差異等方式，由小分類再細分至可上架販售的單品項。

肆、商品編碼與條碼編碼原則

一、商品編號原則

商品編號除了上游供貨商已設定完成的標準碼之外，賣場通常使用的店內條碼之商品號碼，則需由商店自行設定。編號時雖沒有限制碼數，然業者應依實際規模與商品需求，並考慮未來擴充之需為設定之原則。表 15-5 以 5 碼、6 碼、7 碼、8 碼為例，並運用大中小分類原則來設定商品編號。

商品編號完成後的使用管理需著重於新商品的導入與舊商品的淘汰等兩方面。

● 新商品的導入

當加入新商品時，其新的號碼不可隨意替代插入或新編，應考慮號碼的連貫性和完整性，以及號碼取代的類別適應性，以避免破壞原編號系統，徒增使用管理的不便。

表 15-5　商品編號原則說明

編號種類	編號原則	編號說明
5 碼的編號原則	① ② ③ ④ ⑤ 流水號	當單項商品比較多的時候，可用此流水號來編碼，從 00000～99999 共可編 100000 個單品項。此方法雖然簡單，但因只有單一序號，不易分類是其缺點。
6 碼的編號原則	① ② ③ ④ ⑤ ⑥ 細分類　流水號	為避免如上述的流水號缺點，可運用本項原則以增加分類項目，較易於歸類管理。前 2 碼為細分類，從 00～99 共可分成 100 個類別。後 4 碼為流水號，從 0000～9999 共可編 10000 個單品項。
7 碼的編號原則	① ② ③ ④ ⑤ ⑥ ⑦ 大分類　中分類　小分類　商品品項　檢查碼	使用 7 碼編號時，第 1 碼為大分類，從 0～9 共可分成 10 大類；第 2 碼為中分類，從 00～99 共可分成 100 個中分類（每一個大分類有 10 個中分類，十個大分類共有 100 個中分類）；第 3、4 碼為小分類，從 0000～9999 共可分成 10000 個小分類（每一個中分類有 100 個小分類，一佰個中分類共有 10000 個小分類）。
8 碼的編號原則	① ② ③ ④ ⑤ ⑥ ⑦ ⑧ 大分類　中分類　小分類　商品品項　檢查碼	使用 8 碼編號時，第 1 碼為大分類，從 0～9 共可分成 10 大類；第 2、3 碼為中分類，從 000～999 共可分成 1000 個中分類（每一個大分類有 100 個中分類，十個大分類共有 1000 個中分類）；第 4、5 碼為小分類，從 00000～99999 共可分成 100000 個小分類（每一個中分類有 100 個小分類，一仟個中分類共有 100000 個小分類）。

● 舊商品的淘汰

當要淘汰一些舊商品時，不可任意刪除其編號，應固定時間作業（如每月、每季或每年定期處理一次），並登錄被刪除的編號，以免混亂原編號系統。若有同類別的新商品引進，可從登錄資料取得這些編號加以優先套用。

二、商品條碼編碼原則

所謂「**商品條碼**」（bar-code），是以平行線條符號代替商品的編號數字，然後透過掃瞄器的閱讀，再經由電腦軟體資訊將線條符號解譯為數字號碼的一種自動化編碼作業方式。此種作業方式主

商品條碼
是以平行線條符號代替商品的編號數字，然後透過掃瞄器的閱讀，再經由電腦軟體資訊將線條符號解譯為數字號碼的一種自動化編碼作業方式。

要的功用，在解決商品從生產製造、批發到零售一連貫過程的符號及編碼作業管理問題。

國際商品條碼協會（International Article Numbering Association, IANA）於 1977 年成立，初期以歐洲國家為主體，故其所發展之條碼系統泛稱為 EAN（European Article Number）System，世界各國之代碼如表 15-6 所示。我國在 1984 年成立「中華民國商品條碼策進會（Article Numbering Association of R.O.C.，簡稱 CAN）」，並於 1986 年申請加入 EAN，取得 EAN 會員國資格，以「471」為中華民國之國家代碼，獲得授權核發廠商代號及 EAN System 應用推廣。EAN System 可以促使商業交易更具效率、快速回應客戶需求，其識別代碼被設計為無意義的編號，以識別商品、服務、資產和位址。同時，對補充性的資料也提供讓業界共用的編號標準規範，如有效日期、批號、序號、尺寸、容量、重量等。換言之，導入 EAN System 可使工商買賣的方法變得更簡單、快速。

EAN System
可以促使商業交易更具效率、快速回應客戶需求，其識別代碼被設計為無意義的編號，以識別商品、服務、資產和位址。

表 15-6 商品條碼世界各國代號

國家	代碼	國家	代碼	國家	代碼
美國、加拿大	00-09	波蘭	590	巴西	789
法國	30-37	匈牙利	599	義大利	80-83
保加利亞	380	南非	600-601	西班牙	84
斯洛凡尼亞	383	突尼西亞	619	古巴	850
克羅埃西亞	385	芬蘭	64	捷克	859
德國	400-440	中國大陸	690	南斯拉夫	860
日本	45、49	挪威	70	土耳其	869
俄國	460-469	以色列	729	荷蘭	87
中華民國	471	瑞典	73	南韓	880
香港	489	中美洲	740-745	泰國	885
英國	50	墨西哥	750	新加坡	888
希臘	520	委內瑞拉	759	奧地利	90-91

塞普路斯	529	瑞士	76	澳大利亞	93
馬爾他	535	哥倫比亞	770	紐西蘭	94
愛爾蘭	539	烏拉圭	773	馬來西亞	955
比盧	54	秘魯	775	店內碼	20-29
葡萄牙	560	阿根廷	779	期刊	977
冰島	569	智利	780	書碼	978-979
丹麥	57	厄瓜多爾	786	禮券、贈券	98-99

㈠ EAN 條碼系統（EAN System）的應用效益

EAN 條碼系統（EAN System）包含編號體系、條碼符號、訊息標準等三個單元（如表 15-7 所示）。其提供工商企業在經營改善及提高生產力的方法，如在物流作業過程可縮短訂單及運送前置時間、減少紙上作業、增進作業正確性，提升整個供應鏈的管理效益（如表 15-8 所示）。

表 15-7　EAN 條碼系統

		識別代號：包含有交易、包裝、物流包裝、服務性商品、客戶代號、資產、位址等全球獨一無二的識別代號。
EAN System（編號體系、條碼符號、訊息標準）	編號體系	補充性資料：此為附屬在主要識別代號之後的資訊，如有效日期批號序號尺寸、容量、重量等的編號標準。
	條碼符號	條碼符號是將識別代號和補充性代號轉換成條碼的符號標準，目前國際標準的條碼符號有 EAN-8、EAN-13、EAN-14、EAN-128 等幾種。
	訊息標準	供 EDI 應用的訊息標準集合—EAN COM，包含有訂單、訂單回覆、出貨單、出貨單回覆等 42 種訊息標準。

表 15-8　條碼系統的應用效益

受益者	應用效益
批發業者	1.精確快速處理訂出貨作業，提升對下游廠商的服務品質。 2.精準掌控庫存明細，防止管理不當，造成資金積壓。 3.可應用於顧客分級和信用管理，降低經營風險。 4.有效掌握商品資訊和商業情報，提升市場競爭力。
零售業者	1.降低店內條碼的不利因素。 2.強化收銀效率，杜絕舞弊和錯誤損失。 3.彙整商品流動資料，掌握商品銷售動態。 4.方便商品的汰舊換新及價格的變動調整。 5.有效管理賣場的訂出貨、庫存和營業分析。 6.增進供銷關係，提升服務品質。 7.快速獲得商情，反應市場所需，贏得顧客滿意度。
製造業者	1.改善作業流程，提升作業效率。 2.強化物流作業的訂出貨及配送效率。 3.降低管理成本，提高獲利能力。 4.提高庫存管理的工作效率。 5.迅速收集和分析市場情報，以利訂價策略和產品計畫。 6.統一商品標籤作業，節省人工成本。 7.符合國際趨勢，掌握進入全球化市場的契機。
從業人員	1.作業簡易、快速、精確，提高工作士氣。 2.自動化系統簡化了作業流程，降低傳統作業的煩躁。 3.培養資訊應用能力，提升員工素質。
消費者	1.排除價格計算錯誤的顧慮，可盡情享受購物樂趣。 2.結帳快速有秩序，獲得滿意的服務。 3.商品項豐富，快速補充，降低缺貨情形，增加選購機會。 4.可以塑膠貨幣結帳，降低現金失竊風險。 5.方便退貨及換貨之作業。

原印條碼
適合於量產的商品，是由製造廠商申請，並在商品出廠前印妥。

店內條碼
是商家根據實際需求，設定並印製適合自己賣場的商品條碼，此條碼僅供在店內使用而不對外流通。

(二)條碼編號原則

　　我國所使用的條碼系統種類有原印條碼（Source bar-code）、店內條碼（In-store bar code）及配銷條碼（Distribution bar-code）等三種。「**原印條碼**」適合於量產的商品，是由製造廠商申請，並在商品出廠前印妥。「**店內條碼**」是商家根據實際需求，設定並印製適合自己賣場的商品條碼，此條碼僅供在店內使用而不對外流通。「**配銷條碼**」通常是印製在包裝外箱上面，以供掃瞄辨識商品種類

及數量的條碼符號，此符號應用在商品裝卸、倉儲、運輸等配送過程。配銷條碼的組成是在 EAN-13 碼前附加 1 位數或 3 位數的配銷識別碼，使構成 14 或 16 碼的條碼符號。

1. 標準碼與縮短碼的編碼原則

現有國際標準條碼符號有EAN-13、EAN-8、EAN-14、EAN-128等幾種，茲就常用的標準碼與縮短碼說明如下。

● 標準碼

又稱 EAN-13 碼，是商品條碼系統中常用的標準符號，普遍用在一般商品上。標準碼由 13 碼所組成，其結構包括 3 位數的國家碼、4 位數的廠商號碼、5 位數的單項商品號碼及 1 位數的檢核碼，共計 13 位數。其號碼排列如下：

● 縮短碼

又稱EAN-8 碼，通常使用在體積較小的商品上。當商品包裝面積小於 120 平方公分時，可申請使用縮短碼。縮短碼由 8 碼所組成，其結構包括 3 位數的國家碼、4 位數的單項商品號碼及 1 位數的檢核碼，共計 8 位數。其號碼排列如下：

配銷條碼
通常是印製在包裝外箱上面，以供掃瞄辨識商品種類及數量的條碼符號，此符號應用在商品裝卸、倉儲、運輸等配送過程。

標準碼
又稱 EAN-13 碼，是商品條碼系統中常用的標準符號，普遍用在一般商品上。

縮短碼
又稱EAN-8 碼，通常使用在體積較小的商品上。當商品包裝面積小於 120 平方公分時，可申請使用縮短碼。

2.檢核碼的編碼原則

EAN規定在條碼最後附加一個1位數的檢核碼（Check code），主要是減低機器的誤讀率，提高掃瞄的正確性。檢核碼是按照一定的計算公式得來的，標準碼與縮短碼之檢核碼都用一樣的計算方法。茲以標準碼為例，將其檢核碼計算步驟示範如下：

範例

條碼結構名稱→		國家代碼			廠商號碼				單項商品號碼			檢核碼
順序欄	欄位項目											
1	字碼位數	13	12	11	10	9	8	7	6	5	4	3	2	1
2	條碼設定	4	7	1	2	1	6	5	1	2	3	4	5	? = 1
3	偶位數		7	+	2	+	6	+	1	+	3	+	5	24×3＝72
4	奇位數	4	+	1	+	1	+	5	+	2	+	4		17
5	計算	步驟四：72＋17＝89 所求檢核碼為：10－9＝1											

步驟一：按照字碼位數在第2列（條碼設定）填上國家代碼及已設定的廠商碼與商品碼。

步驟二：將偶數位的數值填入第3列（偶位數），取所有字碼之和乘以3，得值24×3＝72。

步驟三：將奇數位的數值填入第4列（奇位數），取所有字碼之和，得值17。

步驟四：取步驟二與步驟三之和，得值72＋17＝89。

步驟五：以「10」減去步驟四所得值之個位數值，所得差值即為所求之檢核碼的數值，得值10－9＝1。

3.賣場條碼應用所面臨的問題與解決方法

當賣場導入條碼系統作業時，經常會面臨到很多問題而影響賣場的經營管理，更直接降低前場的服務品質。這些常見的問題可從上游供貨廠商、賣場執行、軟硬體設備商等三方面加以探討（如表15-9所示），賣場經營者和執行幹部當深入瞭解、預防解決，使讓賣場經營更加順利，顧客能得到更高的服務滿意。

表 15-9　賣場導入條碼所面臨的問題與解決方法

	上游供貨廠商方面	賣場執行方面	軟硬體設備商方面
所面臨的問題	1. 上游廠商提供的商品和號碼相關資料正確度不足。 2. 上游廠商重新包裝時將條碼蓋住，或將中文標示貼在原印碼上。 3. 上游廠商因不瞭解而使用錯誤的編號。 4. 同一條碼不同商品或同一商品不同條碼。 5. 條碼編號錯誤、印刷不良、顏色配置不當或黏貼錯誤。 6. 商品資料建檔過程發生錯誤。	1. 經費預算不足，導入受阻。 2. 部門之間在溝通上無法取得適當協調。 3. 執行者怕增加工作負擔，形成排斥的心理障礙而影響進度推動。 4. 員工對於商業自動化及條碼作業等知識的不足，影響工作效率。 5. 無法與上游廠商隨時針對問題溝通解決。	1. 軟體系統不符合實際作業的需求。 2. 硬體設備功能與賣場規模不適用。 3. 設備廠商欠缺完整的專業度。 4. 設備廠商欠缺支援服務的能力。
解決方法	1. 賣場內部執行人員應隨時向廠商反應問題，尋求解決方法。 2. 定期安排相關單位與人員的座談會，加強溝通協商與教育。 3. 召開廠商會議，進行自動化政策宣導。 4. 落實從業員的執行力，改善進貨與銷貨的系統作業。 5. 主動提供 POS 系統所分析出的資料給廠商參考，以提高供貨效率和彼此的配合度。	1. 編列自動化預算，成立專責部門，建立導入系統。 2. 實施職前及在職訓練，宣導公司自動化政策和培訓相關知識技能。 3. 賣場上線之前，先與廠商進行條碼化模擬作業。 4. 尋求政府相關單位的輔導。	1. 審慎評估賣場的實際需求與未來的擴充性。 2. 審慎評估設備廠商的專業度及售後服務能力。

第二節　商品進貨管理

　　台灣有句俗語「會買勝過會賣」，意指著進貨管理的重要性。買到適當適量又具有競爭力的商品，陳列出來自然就容易賣出去，為賣場創造利潤。相反的，所進的商品若不合顧客所求，即會形成滯銷，不利賣場營運。所以，為確保賣場營運順利、貨源供應正常，商品的進貨管理著實應包括訂貨計畫、進貨與驗收作業、進貨退回作業等過程。

壹、訂貨計畫

訂貨計畫的適當與否，不僅關係著賣場的營運順利，更直接影響庫存管理和資金的運用。

　　訂貨計畫的適當與否，不僅關係著賣場的營運順利，更直接影響庫存管理和資金的運用。商品的訂存貨數量是隨著商圈差異、季節變化、假日節慶促銷、其他銷售政策等而有所調整，所以，完善的訂貨計畫應確實掌握商圈動態、顧客需求及商品的銷售情況與迴轉率等資訊，才能使賣場的貨源供應順暢，不致造成缺貨或存貨過多等問題。為達到訂貨作業的效率化，訂貨計畫應該包含建立訂貨管制表、商品安全庫存量、商品別訂貨週期、廠商配送週期、廠商別訂貨簿、商品最小訂貨量、訂貨方式等。

1. 訂貨管制表

　　為確保訂貨的正確性，訂貨管制表可瞭解銷售情形，方便賣場相關人員能立即掌握訂貨數量。

2. 商品安全庫存量

　　依據商品銷售及供貨狀況，設定主力和次要商品的安全存量。

3.商品別訂貨週期

隨機性的訂貨過於匆促慌亂，常無法得到滿意的供貨服務。應建立各商品別的訂貨週期，配合廠商的運送時間，才能如期供貨。

4.廠商配送週期

依據商品訂貨週期與供貨廠商協調，訂定合理適當的配送週期。

5.廠商別訂貨簿

設置此訂貨簿，以明確掌握向廠商訂貨的明細。

6.商品最小訂貨量

瞭解廠商的最小送貨量，並與之協調訂定適合賣場的最小訂貨量。

7.訂貨方式

考慮運用何種訂貨方式最適合，如廠商鋪貨、業務員抄貨方式、電話訂貨、傳真訂貨、電子郵件訂貨（E-mail）、電子訂貨系統等，以時效性和正確性為原則。表 15-10 茲就各種訂貨方式作優缺點說明，以供參考。

不適當的訂貨計畫容易導致「該進的貨不到，不該進的貨過多」，形成賣場缺貨又積壓資金的情況。訂貨計畫不夠周詳，常衍生以下三種情況：

> 訂貨計畫不夠周詳，常衍生三種情況：
> 1.減少賣場品項
> 2.滯銷品過多
> 3.浪費作業時間

1.減少賣場品項

由於該進的貨沒有訂、來不及訂，或者過多的存貨佔據陳列空間，導致顧客買不到所要的，及沒有足夠空間陳列新商品以滿足市場所需，如此的缺貨情況將使賣場經營失去競爭力。

📖 表 15-10　各種訂貨方式的優缺點說明

訂貨方式	優缺點說明
廠商鋪貨	供貨廠商每天按照既定路線，將貨品直接送到賣場。此方式最有效率，可降低賣場缺貨率，很適合迴轉率快的商品，但是不適合迴轉率較慢的商品。
業務員抄貨方式	各廠商都派有業務人員到賣場幫忙整理該公司的商品陳列，同時記錄缺貨數量並於隔天送達上架。此方式之缺點是容易造成業務人員任意塞貨，影響賣場營運。
電話訂貨	賣場主動整理出缺貨商品明細表，以電話直接向廠商訂貨，快速但錯誤率高。
傳真訂貨	賣場主動整理出缺貨商品明細表，以傳真直接向廠商訂貨，快速正確但傳真費用高且有字跡模糊之誤。
電子郵件訂貨（E-mail）	賣場主動整理出缺貨商品明細表，以 E-mail 直接向廠商訂貨，快速正確但怕廠商未及時開啟電子信箱而延誤時效。
電子訂貨系統	訂貨人員利用已登錄商品種類和條碼的電子訂貨簿和手持終端機，直接巡視賣場並將商品的缺貨數量輸入終端機即可完成訂貨。另外，可搭配貨架標示卡（附有品名、貨號、條碼、售價、上下限訂貨量），在賣場同時完成巡貨和訂貨的作業。此訂貨系統可縮短訂貨、檢貨、送貨流程的時間，大幅降低成本。

2.滯銷品過多

滯銷品過多不僅影響賣場的商品流通，更使庫存積壓、加重利息負擔，同時降低商品的品質和鮮度，影響賣場信譽，造成顧客流失。

3.浪費作業時間

不周詳的訂貨計畫容易產生重複訂貨、倉促催貨、先進後出、不良庫存盤點和補貨、滯銷品整理等不合理的作業，常使員工疲於奔命、士氣低落，影響整體賣場的營運效率。

貳、進貨與驗收作業

一、進貨作業

依照訂貨作業，由供貨商或物流中心將商品配送到賣場的過程，是為進貨作業。茲將作業過程及注意事項說明如下：

1. 供貨商或物流中心依照訂貨明細配送到賣場。然而，有些商品必須由賣場自行到批發場或產地採買。例如，到水果產地、果菜批發市場、魚市場、公賣局等場所現場採購所需商品。自行採購的商品大都是自行運載，某些供貨商有配送服務，採買前需事先瞭解並談妥相關條件。
2. 進貨時應事先規劃好進貨區設施及輔助器材，如等候區、卸貨區、進貨平台、運送台車、堆高機、堆貨棧板、昇降機及輸送帶等。
3. 雙方遵照約定時間進行作業，進貨前應該先辦理退貨作業，並將貨品按照分類配送至驗收區。
4. 驗收完成的商品先建檔標價，然後依實際需要可直接進入賣場販售，或進入倉庫等待補貨上架。

二、驗收作業

採購的最終目的在於確保貨品正確、安全的送抵賣場，並符合所要求的品質、數量及其他相關條件，以進入賣場販售給消費者。為了達成此目的，就必須藉由具體的驗收作業才能確認出合乎所求的商品，也避免買賣雙方發生不必要的紛爭，建立長期合作關係。

採購的最終目的在於確保貨品正確、安全的送抵賣場，並符合所要求的品質、數量及其他相關條件，以進入賣場販售給消費者。

(一)驗收的基本原則

1. 設立專責的驗收單位

遴選操守良好的人員，培訓驗收的專業知識與技能，才能發揮嚴密的驗收功用。另外，專責的驗收單位能與採購工作明顯區隔，防止發生舞弊現象，損及雙方利益，破壞合作關係。

2. 合理訂定標準化規格

商品規格一定要有標準化明細，收貨時才有明確的依據。規格內容的涵蓋範圍甚廣，如品牌、品質、尺寸、包裝……等等，訂定時須考慮廠商的供應能力與賣場的驗收能力，一切以合理化和標準化為原則。

3. 明確訂定合約條款

訂貨之前，應該明訂買賣合約條款，經雙方同意確認簽章，於交貨時按合約內容驗收，應事先讓供應商瞭解驗收的風險存在，才不致引起糾紛。

4. 講求效率與效益

驗收作業應力求迅速確實，減少不必要的流程，提高作業效率與買賣雙方的合作效益。

(二)驗收的準備條件

1. 預定驗收時間、地點、數量

於訂貨採購時即應預定交貨日期與數量，並排定驗收時間和地點。一般零售業者皆將交貨驗收地點同設在賣場，有些連鎖賣場會將交貨地點設在統一的倉庫，待驗收完再配送到各賣場。如有交貨時間延誤或地點變更之慮，應事先預測並及時通知驗收部門，以便

因應配合。

2.驗收應辦理的手續

交貨前或當日由廠商備妥貨品驗收紀錄表交付驗收單位，紀錄表上應列明廠商名稱、收貨及驗收單位、配送公司、交貨日、交貨地點等。另外，載明商品明細，如品名、品牌、數量、編號等。

3.驗收職責與實際驗收時間

通常賣場的驗收作業都由驗收單位會同供應商代表一起辦理，如有爭議則報請雙方主管單位進一步協商處理。另外，依實際需要明訂驗收時間，儘速完成驗收，以免影響其他作業。

4.廠商的交貨責任

從訂貨到驗收前的全部交貨履行責任皆應由廠商負責，如在驗收確認後發生短缺或損毀，其屬於偶發事件或賣場過失時，則廠商可不負此責。

5.驗收證明與拒收貨品處理

買賣雙方於完成驗收作業後，應確認並簽章驗收證明書，雙方各執一份以資憑證。如有不符標準規格，應拒收該貨品並依合約規定辦理退貨或換貨手續。

(三)驗收的方法

1.一般驗收

一般驗收就是所謂的目視驗收，凡是比較單純的商品，皆可用此方法按合約規定驗收其包裝、數量，以利快速完成交貨入庫作業。

2.技術性驗收

有些商品具有特別的性能，非一般目視所能鑑定，則需藉由度

量或化驗儀器檢測者，稱之為技術性驗收。

3.試驗性驗收

在技術性驗收時，有些商品必須經由物理或化學變化的分析，才能鑑定是否符合品質性能之要求，此方法稱之為試驗性驗收。

4.抽樣檢驗法

當使用以上各種方法驗收時，因商品數量過多或拆封無法復原者，而不能一一檢驗每個單項商品時，可抽取一定的比例數量加以檢驗，是為抽樣檢驗法。

㈣驗收應注意事項

1.不可同時驗收多家廠商商品

一次只能驗收一家廠商之貨品，以避免分心失誤。

2.避免在營業尖峰時段驗收

要求供貨商配合，避開賣場尖峰時段交貨，以免影響忙碌的門市作業。

3.商品不可直接入庫

商品驗收前，堅守不可讓商品直接入庫，以免徒增驗收困難度。驗收後，更不可讓廠商單獨將商品送進倉庫，如需廠商配合入庫，應由驗收人員或倉庫管理員陪同進入，避免無端紛爭。

4.賣場親自驗收

驗收時，賣場相關人員應親自持交貨驗收單和發票，與廠商代表確實逐項點交驗貨，切勿為節省時間，任由廠商單獨點交。

5. 在專區進行驗收

事先規劃出指定驗收區，以避免新舊商品混淆或影響賣場其他相關作業。

6. 確認交貨單上的各項明細

驗收前應先確認清單上的內容明細，如品名規格、數量、價格、日期、贈品或折扣等。

參、進貨退回作業

經過買賣雙方同意之退貨原因的商品，應定期（如每週一次）在進貨時同時辦理退貨作業，方便廠商進貨回程時帶回。欲退回之商品應暫存在固定區域，不可與其他商品混雜，尤其容易腐壞的商品更應暫存於冰箱內，以保衛生。進貨退回的作業手續應知會財務部門，以利辦理貨款帳目作業。

一、退貨原因

通常在賣場裡產生進貨退回的原因有以下幾點：
1. 驗收時不符合標準規定。
2. 拆裝後發現不良品。
3. 保存期限內發現商品已變質。
4. 寄賣或代銷商品之汰舊換新或下架。
5. 衛生主管機關檢驗不合格或商品標示不清楚之商品。
6. 事前報備之快到期滯銷商品。

二、換貨作業

當商品要退回時，應同時站在雙方立場考慮下一個步驟。除非

該商品經退回後就不再販售，不然可以換貨方式處理，對買賣雙方都是很合理的處理方式。此方式可以等量換取同樣的商品，或以等值換取不同品項的商品。然而，若該商品已經不符合販售條件者，或該廠商沒有其他適合的商品可供替換，都應從當期的應付帳款中抵扣。不符合販售條件的原因包含有該商品已不符合季節需求、不合衛生主管機關之規定、已退市場流行趨勢形成滯銷品、廠商或品牌已嚴重受損等。

第三節　商品銷售管理

　　賣場的商品銷售管理包括「訂價與標價作業」、「陳列上架作業」、「收銀管理作業」、「銷貨退回作業」、「缺貨防止及商品淘汰」等五大管理作業。

壹、訂價與標價作業

訂價
是指將商品或服務的價值數字化，以作為買賣行為的基準點。

　　「**訂價**」是指將商品或服務的價值數字化，以作為買賣行為的基準點。通常這些數字所代表的是金額的多寡，也就是當買方要獲取這些商品或服務時，所必須付與賣方的金錢代價。而標價是將已訂價好的數字，透過明顯的標註方式告知買方，買方經由這些數字來衡量產品的價值性及購買效用，作為消費決定的考量因素。

　　訂價與標價的最終結果，都是在尋求一個對買賣雙方都有利的價格，而這價格在行銷組合裡卻是組合中唯一的銷貨收入因素。比起其餘的產品、通路、推廣等組合因素，價格對賣方來講就更顯得其重要意義。然而，消費者所擁有的資源和消費能力有限，價格常是其衡量購買力的重要指標，消費者對價格的敏感度自然就形成一股強烈的消費行為。這些影響消費者價格敏感度的因素包含有以下幾點：

1. 商品替代因素

當消費者面對有替代性的商品時，其價格敏感度會相對提高，對於商品的單價也會精打細算。

2. 總支出分配因素

當消費者所要購買的商品，其價格佔所得比例很大的支出分配時，或已經超出原來預算支出時，消費者的價格敏感度都會相對提高。

3. 利益比較因素

當消費者面對有需求的商品，其價格比平常或同業的訂價還低時，此時價格敏感度有可能在利益的考量下刺激其購買慾。另外，當消費者面對高品質或知名品牌的商品，有時在限量銷售策略下，會將商品品質和保值性與價格作一衡量比較。

4. 不易比較因素

新產品、具有獨特差異化或商譽良好的高知名度品牌的商品，其價格往往難以比較，消費者對此商品的高價格定位較容易接受，若是降價銷售，有時會變成反效果。

5. 販促情境因素

販促的技巧常常營造極佳的銷售情境，消費者在此情境之下，會產生注意、比較、慾望的心理因素，甚而在沒有事先購物計畫下，做出消費的臨時決定。

雖然並非所有消費者都只買低價格商品，但隨著資訊發達和消費意識高漲，同屬性的商品競爭激烈，沒有差異化的商品是很難誘導消費者多花高價來購買。換句話說，現在的商業環境，不合理的訂價或標價不明的商品，根本無法激起顧客的購買意願。所以，訂

價與標價的良好作業,已是賣場提供商品與消費者第一接觸的最佳印象。

一、訂價作業

訂價作業的考慮層面包括賣場自我條件和消費者客觀因素,綜合買賣雙方的主客觀因素,賣場訂價的基礎可歸納為市場需求導向、商品成本導向及競爭導向。從這三方面的審慎評估,再選擇正確的訂價策略與技巧,最後訂出適當的價格,才是完整的訂價作業。以下將分項介紹有系統性的訂價步驟(如圖15-3所示),並從中挑出訂價策略詳加探討各種適用於賣場的訂價方法與技巧。

㈠訂價步驟

完整的訂價步驟應該包括確認目標市場及需求狀況、分析商品成本、分析競爭者相關商品價格及販促策略、選定適當的訂價策略、決定及調整最後價格等五大步驟。

🛎 圖15-3　賣場訂價步驟

1. 確認目標市場及需求狀況

不同的市場及需求，其價格決定也截然不同。所以，訂價之前必須先確認目標市場在哪裡，市場的需求層面如何；還有，商品的消費群是哪些人，其消費水準又是如何。確認市場狀況之後，才能有明顯的策略方針，所訂定的價格才不會偏離市場的實際需求。

2. 分析商品成本

商品的成本除了本身的進貨單價，尚須計算營運的固定成本（如賣場租金、硬體折舊費、人事費用）和變動成本（如促銷折扣費、廣告宣傳費及包裝材料等），這些成本的總和即可作為訂價的基準底線。

3. 分析競爭者相關商品價格及販促策略

商場如戰場，有必要做到知己知彼才能百戰百勝。賣場業者不僅要分析商品的直接成本及其他的營運成本之外，還需要作例行性的商圈競爭者調查，以瞭解同業的各項競爭商品或品牌的售價，及可能採取的銷售策略與戰術作為參考依據，才能訂出真正具有競爭優勢的市場價格。例如，順發三C賣場在主要競爭者推出「保證最便宜、買貴退還差價」的口號後，立即以一對一緊迫盯人的方式，深入瞭解競爭者的各種相同商品之售價，很機動性的些微調降其價格或優惠方式，穩住其顧客的流失，也攻破競爭對手的策略。

4. 選定適當的訂價策略

訂價策略的選擇關係著售價的適當性，更直接影響到銷售政策的推行和業績的達成率。選擇錯誤的話，會造成商品不易銷售、誤導消費者對賣場的形象、或者整體利潤下滑等結果。例如，訂價太高會導致銷售困難，訂價太低又會降低利潤。所以，賣場唯有掌握市場的需求狀況、商品成本結構及競爭者價格等具體的條件依據後，再搭配相關措施（如廣告促銷），即能訂定出被消費者所接受

的價格。

5.決定及調整最後價格

在完成以上的四個階段步驟後,即可根據適當的訂價方法與技巧來決定商品的售價。然而決定後的價格,有時為了因應可預期及不可預期的因素,必須作調降或調漲的變化。這些因素包括成本的變動、市場需求、競爭狀況、季節變化、庫存出清、新產品推出、策略性應用等。

執行價格調整時,務必要先評估其市場合理性與顧客接受度,以避免消費者的抵制、同業的圍剿、供貨商的斷貨,造成難以彌補的損失。例如,不能為了反應成本或盈利目標,就在毫無預警的情況之下任意調漲。應先預告一段時間,觀察顧客的反應情形,再漸近式的調整,調漲幅度更應考慮顧客的接受度,否則極易造成顧客流失或抵制。又如,不可為了提高銷售量而調降到已損及市場秩序的價格,以免遭受競爭者的圍剿或上游廠商的斷貨處分。常用的價格調整方法有數量折扣、換季折讓拍賣、現金優惠、成本反應等,適時的運用才能達到雙贏的效果。

㈡訂價策略與技巧

賣場訂價是否得宜,常是影響銷售好壞的主要關鍵。所以,為了達成營運目標,選定正確的訂價策略來擬定訂價決策,是賣場不可或缺的管理方針。賣場常用的訂價策略有新商品訂價策略、顧客心理訂價策略、高價策略及低價策略等。選擇訂價策略之前必須考慮顧客心理、產業競爭及作業效率等因素,作為選定之基準。

訂價的技巧非常多,賣場常使用的如下列:

1.固定性訂價

將商品訂價在消費者所能接受的合理固定價位,此價位通常可以維持一段期間不需變動,例如日常用品的鹽、米、報紙等。

2.單一訂價

將多種商品訂定在同一價格來販賣，這些商品可能是同一品牌的不同品項商品，也可能是不同品牌的同品項商品。例如，將同一品牌的所有鋁箔包飲料或所有不同品牌的罐裝飲料訂同一單價，顧客可以用相同的價格選購這些商品。另外，有一種廉價賣場，將店內所有商品都訂在 10 元來販售，此方式也稱之為單一訂價。

3.高低價訂價法

在同一賣場裡，某些商品的定價比同業還高，而有些商品卻比同行低。高價訂價法的主要支撐理由，是當商品具有強勢的品牌及品質的競爭優勢時，可將此商品訂定高價位。例如，HP 公司的多功能事務機（含列印、傳真、影印、掃瞄、數位相片等功能）的訂價比其他品牌多出一倍。HP 將此商品定位在公司行號（如中小企業及 SOHO 族）的目標市場，著力強調其事務功能齊全、品質穩定、保障性的售後服務（到府收件、提供備用機器），加上其品牌的優勢，仍然保有高支持度的顧客群。但是，在另外簡易列表機的訂價，HP 公司則採取低價策略，此種機型定位在家庭用市場。此低價策略的支撐理由是，HP 公司的價廉質優產品和推廣活動打動消費者。同時隨著列表機的銷售量提高，相對帶動墨水匣及用紙的銷售，這些附屬商品不僅維持 HP 公司與顧客之間的良好關係，更創造了高於列表機的可觀利潤。

4.變動性訂價

同樣的商品在不同的時段，訂定不同的價格來販賣。例如，隔日易腐壞的蔬果類商品，於下班前必須降價求售；或者是季節性商品，其成本隨著淡旺季的差異，價格訂定也都會有所變動。

5.犧牲訂價法

選擇少數商品項，將價格訂在低於市場行情或成本犧牲推出，

以吸引顧客前來賣場消費，帶動其他商品的買氣。

6.奇數訂價法

將商品訂價在比完整數目稍微少一點點，雖然價差只有 1 元（如$19、$69）、或價差 1 位數的$9 和$99，顧客都有便宜的心理感受。此種訂價法已經普遍被零售賣場使用，甚至國外的零售業者也常採用此技巧訂價。

7.折扣訂價法

以買 2 送 1、多一片價格不變、買 10 單位打九折等方式來達到促銷目的，稱之為折扣訂價法。

8.天天低價法

「**天天低價法**」（EDLP；Every Day Low Price）早期僅是百貨公司為了吸引顧客所推出「每日一物」的低價促銷技巧，然而時至今日，此技巧已經變成多數零售賣場的必備販促策略。這些賣場每天會選擇一些不同商品，以低於平常的特別售價集中在特定販賣區（又稱經濟特販區），讓消費者感受到天天都有便宜商品可選購，以增強賣場吸引力。

9.低價保證訂價法

對所有消費者宣告自己賣場所販售的商品，是同業之間最便宜的，如有消費者發現比他家賣場還貴，可憑據退還差價。此種方法有時很難認定價差的真實性，或被同業攔截價格情報而失去低價優勢。不過也可以藉由顧客的價差反應，瞭解競爭者的價格水準。

10.階梯訂價法

將同屬性或同品質層級的商品訂定同一價格，且將賣場所有商品歸類成單純的幾種價位，以方便顧客選購，業者也降低一一訂價每項商品的麻煩。例如，簡餐店將各式的套餐類、咖啡類、熱飲

類、冷飲類，訂定在150元、100元、80元、50元等四種價格水準。

11.組合訂價

將多樣相關性的商品組合包裝在一起，訂定低於單樣商品總合之價格，來吸引顧客的購買。例如，將相關性的清潔用品或化妝品組合訂價優惠販售，常可獲得刺激購買慾和提高銷售量的雙重效果。

二、標價作業

訂價作業完成後就應該把正確的價格與商品代碼，用已經設計好的標籤黏貼於商品包裝上，供消費者辨識選購及商品銷售管理之用，此即為「**標價作業**」。標價作業時，應瞭解標籤的形式和用途，以及標價時應注意事項，方可迅速有效完成作業。

標籤的形式大致分成三種：「部門別標籤」僅用於標示部門代號及價格；「單品別標籤」用於標示每一項單品之代號及價格；「店內碼標籤」用於標示每一單位之店內條碼及價格。這些標籤的用途主要在辨識商品的分類、代號及價格，以方便收銀作業及瞭解商品的銷售和迴轉狀況，有利於庫存盤點和訂貨作業。

當在有形商品執行標價時，應特別注意以下事項，才能使標價作業發揮完整的功效，不致造成顧客選購上和商品管理上的困擾。

1. 商品之代號與售價要先與傳票和價格卡（陳列處）核對清楚。
2. 同類別的商品，其標示位置要明顯一致，且不可蓋住商品的說明字樣。
3. 儘量由員工自行在後場標價後再送至賣場上架，以免影響顧客動線。如須由廠商代為標價，務必確認所有標價作業的正確性，以免造成銷售上的困擾。
4. 採用一次性的折線標籤並妥善保管，以防止不肖人士舞弊換標籤。
5. 販售期間如須調整價格，應先去除原標籤再黏貼新標籤，以免產生顧客爭議和作業困擾。

貳、陳列上架作業

當商品完成訂價與標價後，就可按照已規劃好的陳列位置，將商品擺放在貨物架或展示櫃上面，有效的展售在顧客面前，此作業稱之為「**商品陳列上架**」。陳列上架的主要原則如下：

1. 以銷售政策為根據，事先做好陳列台帳圖管理。然後將標價好的商品，按照台帳位置圖依序上架定位。
2. 商品上架應做好先進先出原則，也就是先將原貨架之商品取下，等新上架的商品擺置後段，再將原商品陳列在貨架前段。
3. 商品上架後應確保安全定位，不可搖晃掉落，並將標價牌面向顧客。
4. 如果是陳列於展示櫃的商品，應先開啟展示玻璃門並固定之，再將商品陳列於穩固的層板架上。假如欲陳列於冷凍冷藏展示櫃，當上架時間預估會超出 15 分鐘時，應先關閉壓縮機運轉電源（避免冷氣過度外流及冷凝器結霜），等待上架作業完成、關上設備展示門後，再開啟運轉電源。

商品陳列上架的作業流程，通常可分為直接上架和間接上架，間接上架又可分成入庫後上架及加工後上架。

1. 直接上架

當商品經過正常進貨、驗收，直接標價後隨即上架陳列，稱之為「**直接上架**」。此流程通常適用於沒有倉庫設施的小型賣場，也適用於倉儲型量販店。然而，有一些普通賣場，已訂完價的例行性商品，若為補缺貨及節省作業流程時，也可在完成進貨手續後，直接標價入檔陳列。

2. 入庫後上架

當商品經過進貨、驗收、入庫等流程，在完成入檔及訂價作業後，等待前場的補貨通知，再行提領標價並陳列上架，此稱之為

「入庫後上架」。

3.加工後上架

當商品經過進貨、驗收、入庫（或半入庫）等流程，再經過重新組合、包裝或加工製造為可販售的成品，然後完成訂價及標價作業，再行陳列上架，此稱之為「**加工後上架**」。

參、促銷管理作業

「**賣場的促銷作業**」就是行銷組合中的推廣管理，其不可毫無計畫的隨性進行，否則容易造成賣場管理失序、混亂，對營運目標也會產生負面效果。為確保促銷的效果能達到所預定的銷售目標，應按照管理步驟，擬定完善的促銷計畫，接著決定促銷組合方案，然後按照計畫，確實執行促銷作業，並不斷檢討缺失、修正方案，作為日後改善的參考要點。此步驟形成如圖 15-4 之促銷管理流程。

圖 15-4　賣場促銷管理流程

加工後上架
當商品經過進貨、驗收、入庫（或半入庫）等流程，再經過重新組合、包裝或加工製造為可販售的成品，然後完成訂價及標價作業，再行陳列上架，此稱之為加工後上架。

賣場的促銷作業
就是行銷組合中的推廣管理，其不可毫無計畫的隨性進行，否則容易造成賣場管理失序、混亂，對營運目標也會產生負面效果。

一、擬定促銷計畫

「**促銷計畫**」主要包含設定促銷目標及編列促銷預算兩大事項。賣場在設定促銷目標之前，應先瞭解企業整體行銷目標，據此對特定的目標市場和顧客訴求，訂定適當的促銷目標。而在編列促銷預算之前，也應先衡量編列方法的優缺點，以選用適當的方法來編列促銷預算。

「**促銷目標的設定**」應包含長期目標、中期目標及短期目標等三個階段。「**長期性促銷目標**」通常設定在 5 年以上所要達到的預期目的，此目標主要偏重於建立與商圈消費者的良好關係、確保賣場在消費者心中的良好形象定位、強化顧客對賣場的忠誠度。「**中期性促銷目標**」擬設定在 2～5 年之間，主要目標著重在新政策的導入、新產品的推出計畫、擴張連鎖店的促銷計畫，以及緩衝調整長期和短期目標的可行性。「**短期性促銷目標**」的時間設定包括每週、每月、每季和年度計畫，其主要目標包含激發顧客的衝動性購買慾、提高來客數及客單價，進而增加商品銷售量和營業額。

以上這些短、中、長期目標彼此之間仍應該互相配合，而且要力求明確書面化和數字化，以供有效執行、績效評估及統計衡量之依據。例如，在暑假的 2 個月期間，針對學生族群實施回饋方案（購買 25,000 元的個人電腦，可得回饋金 3,000 元），預計編列 300,000 元回饋金和投入 100,000 元的推廣費用，要達到 100 台的銷售業績。在此例的時間點、顧客訴求、執行方案、預算明細、業績目標等，都有很明確的具體數字和詳細的書面資料，才能使促銷計畫發揮執行效果。

「**編列促銷預算**」時，應衡量自己的需求來選擇比較適當的預算方法。切勿毫無評估或隨意編列預算而影響促銷的效果，也徒增成本費用。以下將討論目標預算工作、市場競爭預算、營業額比例預算、經驗調整預算、餘額預算及定額預算等幾種賣場常用的促銷預算方法，並分析每種方法之優缺點。

促銷計畫的設定
主要包含設定促銷目標及編列促銷預算兩大事項。

促銷目標的設定
應包含長期目標、中期目標及短期目標等三個階段。

編列促銷預算
編列促銷預算時，應衡量自己的需求來選擇比較適當的預算方法。切勿毫無評估或隨意編列預算而影響促銷的效果，也徒增成本費用。

1. 目標工作預算法（Target-and-Task Budget Method）

依照賣場所設定的促銷目標，將目標計畫之每一項工作任務的預計費用加起來，所得的合計總額即為此促銷目標之預算。此方法之優點較能符合實際活動的需要，可以明確評估出促銷的成效，有效的調整目標與費用的差異關聯性。然而，在執行時必須花費較多的時間成本，以規劃詳細的目標任務及預計各項的準確成本。

2. 市場競爭預算法（Market Competitive Budget Method）

隨著市場競爭的必須性來編列賣場的促銷預算。此方法是參考商圈內的主要競爭者之促銷策略來提高自己的預算方案，其優點是有例可循，隨時跟進競爭者以維持在市場的競爭力。但是，假如對競爭者的策略判定錯誤，或是沒有考慮彼此之間的差異性而貿然跟進，容易產生反效果。

3. 營業額比例預算法（Percentage-of-Sales Budget Method）

賣場依照其年度營業額目標，設定適當的固定比例作為促銷預算。此種方法的優點是預算與銷貨收入有直接的關係，支出比較容易被控制在營利的基礎上。同時也可以保持市場促銷的常態性，還有預算的規劃使用都很簡單明確，是受到賣場接受使用的主要原因。但是，它的缺點是促銷預算與銷售量成正比，未考慮促銷活動之實際需求，無法利用促銷來引導銷售。當銷售額提高時，促銷預算有可能超過實際所需要的資金；當銷售額降低時，或許正需要資金加強促銷活動，然此時促銷預算卻隨著營業比例而減少。

4. 經驗調整預算法（Modulation-of-Experience Budget Method）

賣場依照過去的預算效果之經驗，加上未來營運的需要判斷，在現有的預算上作幅度調升或減少，作為下次或下年度的促銷目標之預算。此方法對小型賣場之業者來講，使用上非常方便，又可按照營業狀況和促銷需要作彈性調整。其缺點為業主的主觀意識太

目標工作預算法

優點：較能符合實際活動的需要，可以明確評估出促銷的成效，有效的調整目標與費用的差異關聯性。

缺點：在執行時必須花費較多的時間成本，以規劃詳細的目標任務及預計各項的準確成本。

市場競爭預算法

優點：是有例可循，隨時跟進競爭者以維持在市場的競爭力。

缺點：假如對競爭者的策略判定錯誤，或是沒有考慮彼此之間的差異性而貿然跟進，容易產生反效果。

營業額比例預算法

優點：是預算與銷貨收入有直接的關係，支出比較容易被控制在營利的基礎上。也可以保持市場促銷的常態性，還有預算的規劃使用都很簡單明確。

缺點：是促銷預算與銷售量成正比，未考慮促銷活動之實際需求，無法利用促銷來引導銷售。

經驗調整預算法

優點：使用上非常方便，又可按照營業狀況和促銷需要作彈性調整。

缺點：業主的主觀意識太強，容易失去目標設定的約束力及促銷評估的正確性。

強，容易失去目標設定的約束力及促銷評估的正確性。

*5.*餘額預算法（Balance Budget Method）

賣場沒有將促銷納入預計的管銷費用，僅將剩餘的資金作為促銷預算。例如，將所有資金都投入新開張的開辦費用（含軟硬體），最後開幕時才將或多或少的結餘資金分配為促銷預算。此方法也可稱之為隨性算法，並沒有特別的優點。然而，卻有多項缺點，如忽視促銷目標的設定及促銷活動的計畫、較難評估資金預算與促銷效果的平衡點。

*6.*定額預算法（Allotment Budget Method）

賣場提撥一筆固定的經費作為年度促銷預算，以配合推動促銷計畫。此方法規劃時較為簡單，但是經費編列並無依據，分配到每一單項促銷活動之預算也沒有基準，容易形成直覺提撥而造成實際的活動經費之不足或過多。

二、決定促銷組合方案

賣場根據不同促銷方式的特點結合成功的促銷經驗，大致可制訂出比較合理的促銷組合方案。在這促銷組合的決策中，實際上就是根據促銷目標來作促銷預算的分配，其關鍵在尋求於促銷預算限制條件下，能夠使賣場實現最大促銷效果的促銷組合，此一促銷組合就是賣場所需要的「**最佳促銷組合方案**」。

當促銷預算分配到每一個促銷組合個案時，應對其所產生的效果進行評價，以作為促銷組合適度調整的依據。進行評價時應選定與促銷目標相一致的評價指標，才能評價出有效的結果。藉由評價的測量，可以反映出促銷組合的效果，及分析出其中的問題與不足之處，以利及時調整與改進促銷方案。

對促銷組合方案評價後發現有改進之處時，通常是對促銷方案的預算或方法作部分調整，而不是全面性大變動，以免影響整個促

銷計畫。在進行整個評價與調整時，必須考慮到促銷的滯後性效果，才是完整可行的促銷組合方案。

三、執行促銷計畫

「**促銷計畫的執行步驟**」包括選定何種推廣媒體、考慮促銷的時機、構思促銷的訊息內容、促銷人員的安排、販促用具的搭配、其他支援配合等。

1. 選定何種推廣媒體

「**賣場促銷常用的推廣媒體**」有促銷傳單、報紙、促銷海報、宣傳旗幟與布條、看板廣告、車體廣告及電台廣播等多種。每一種媒體都有不同的廣告功能，要能夠發揮促銷計畫的最大效果與經濟效益，則需要評估整體的媒體成本、媒體效率、廣告效果與前置作業時間。

不同的媒體型態，其成本各有差異，而成本的高低並不一定與媒體效率成正比，也不一定產生所預期的廣告效果，所以評估時應針對市場特性、商圈需求與顧客型態作主要考量。假如，採用很高成本的媒體，結果發揮出的效率沒有達到及時性或直接性，其廣告效果自然不佳，也達不到理想的經濟效益。但是有些促銷活動的效果確實是反映在成本的高低，例如，在商圈範圍內採用傳單發行，發行數量越大，其廣告能見度越高，成本也就相對提高。

另外，要考慮廣告前置作業時間，無論採用單一媒體或多種媒體配合，都應事前規劃好正確的作業時間，以免耽誤促銷計畫的進行。例如，發行傳單前必須及早設計內容、編輯印製，然後規劃發行作業，務必在計畫時間內完成，才能有效配合活動的推廣。

2. 考慮促銷的時機

賣場每年都有淡季與旺季之分，每天也勢必有尖峰與離峰時段，掌握住正確的促銷時機，才能夠達到事半功倍的廣告效率與促

促銷計畫的執行步驟
包括選定何種推廣媒體、考慮促銷的時機、構思促銷的訊息內容、促銷人員的安排、販促用具的搭配、其他支援配合等。

賣場促銷常用的推廣媒體
有促銷傳單、報紙、促銷海報、宣傳旗幟與布條、看板廣告、車體廣告及電台廣播等多種。

掌握住正確的促銷時機，才能夠達到事半功倍的廣告效率與促銷效果。

銷效果。例如,服飾賣場的換季促銷策略,應選在兩季交替時段來實施最適當。而個人電腦的學生促銷專案,可選在寒假及暑假期間來進行最有效果。所以,每一種促銷組合策略都應針對其促銷商品、訴求對象、特定市場,選擇適當的時機來進行推廣活動,才能發揮策略的效用。

3.構思促銷的訊息內容

「**促銷的訊息內容**」有靜態的設計與動態的規劃,「**靜態的設計**」包括促銷主題、廣告內容、商品設計、陳列展示、賣場形象等;「**動態的規劃**」包含應對話術、示範解說、活動作業、交易條件、服務態度等。這些訊息內容因具有擴散與持續的特性,不論是有聲或無聲、立體或平面的訊息內容,只要一呈現隨即傳送出去,其擴散速度快、範圍也大,對賣場的影響程度非常高。所以,賣場在構思促銷計畫的訊息內容時,應特別注意其正確性與合理性,對整體的營運才有正面效果。

4.促銷人員的安排

賣場促銷時,因有不同的策略運用,所以人員安排與平常營運有所差別,計畫進行前必須事先規劃好適當的人力需求。可選派適任的在職員工或招募新員工,配合計畫要求施以特別教育訓練,將訊息內容完整的提供給顧客,達到促銷目的。為激勵員工能在促銷期間發揮最大潛能,可制訂促銷獎勵制度及評鑑事宜。很多賣場為求整體人力資源的平衡,在促銷期間儘可能徵聘工讀生或其他臨時員工,以補足促銷期間的人力需求。要特別說明的是,假如雇用工讀生或其他臨時員工,無論其上班期間的長短,都更應加強專業度的訓練,否則很容易因其對賣場的營運及促銷作業不熟悉,降低服務品質,影響促銷計畫的推展效果。

5.販促工具的搭配

「**販促工具**」是促銷策略的主要戰略之一,其包含促銷活動本

身及販促用品的輔助。主要目的是在促進商品的陳列演出，營造有效的促銷氣氛，提高顧客的購買意願。任何的促銷組合策略，如果只是靠著單一的廣告素材或平面促銷海報，是無法活絡賣場的販促氣氛，容易失去顧客對賣場的新鮮感與好奇心。所以，企劃人員進行促銷前，必須同時規劃如試吃、展示演出、折扣等戰略活動，並運用販促用品增添商品的展售效果，才能牽動顧客的消費意向。這些促銷活動大都是動態的呈現，可以刺激消費者的感官意識；而販促用品則是屬於靜態的裝飾演出，從平面到立體、從小裝飾品到大型廣告用品，各式各樣都有其不同的販促機能。不同的促銷活動搭配適當的販促用品，才能相輔相成達到促進銷售的目的。

6.其他支援配合

「**促銷計畫**」常是一家賣場的主要銷售策略，其作業的推展往往都是綜合性的工作，除了需要會同公司其他部門的配合，也需要外界廠商、媒體、社區、顧客的互動，才能順利進行。所以，事前內部的任務分配與充分溝通是非常重要的，所有人員應認知促銷計畫是公司的整體計畫，不只是某單位的工作。當然，負責與外界單位協調者，更應掌握和諧的運作模式，才能內外配合、協調一致的成功完成計畫。

四、檢核促銷活動與評估促銷成效

舉辦促銷活動的主要目的是希望能在特定期間內，刺激顧客的購買動機，以增加來客數、提高客單價及整體營業額。同時，希望藉由促銷活動與顧客的互動，維持良好的顧客關係與忠誠度。所以，為提供有效的活動內容與品質給顧客，促銷活動的執行檢討與成效評估是確保活動績效的重要步驟。

促銷活動的執行檢討可從促銷前、促銷中、促銷後等三個階段進行。

● **促銷前**

應該檢查項目為：

1. 賣場相關人員是否都已知道促銷活動的要項？
2. 是否已和相關廠商洽妥促銷配合之品項、數量、價格及供貨時間？
3. 促銷的商品是否已經完成訂貨手續和備貨齊全？
4. 是否已經通知銷貨部門，進行促銷商品的調價手續？
5. 測試活動方式是否過於繁雜，容易造成人員浪費及顧客不便？
6. 企劃人員是否備妥宣傳單、促銷海報、POP等相關販促用具？
7. 賣場促銷氣氛的營造佈置是否完善？
8. 檢查促銷商品的包裝、標價、陳列等販售作業是否完備就緒？

● **促銷中**

應該檢查項目為：

1. 賣場相關人員是否熟練活動的進行作業，並提供完善的服務？
2. 賣場是否營造出具有魅力的販促氣氛？
3. 商品的促銷內容和品質是否符合對外的文宣廣告？
4. 促銷商品的品項及數量是否齊全和足夠？
5. 商品的陳列演出是否安全及具有吸引力？
6. 促銷海報是否掉落或褪色模糊不清？

● **促銷後**

應該檢查項目為：

1. 商品陳列展示應該恢復原狀。
2. 商品價格應該立即恢復原售價。
3. 停止所有相關促銷之文宣廣告。
4. 拆除廣告看板、過期傳單、促銷海報、布條旗幟、販促POP等用具。

評估促銷成效有助於下次活動計畫的改進參考，應於促銷後隨即會同各相關部門召開檢討會議，就執行效果與目標作差異分析、檢討業績及利潤，並瞭解顧客對商品的接受度及較能接受的價格線。績效評估以達成率 90%為基準，並計算促銷期間的所得利潤額。當利潤額為正，表示此次促銷為有效活動；當利潤額為負，表示此次促銷為無效活動，應加以檢討問題、改進缺失。

促銷期間利潤額＝促銷期間增加的營業額×平均毛利率－促銷活動費用

評估促銷成效有助於下次活動計畫的改進參考，應於促銷後隨即會同各相關部門召開檢討會議，就執行效果與目標作差異分析、檢討業績及利潤，並瞭解顧客對商品的接受度及較能接受的價格線。

肆、銷貨退回作業

當商品已經銷售結帳後，顧客發現商品有歸屬賣方責任之瑕疵，而將商品退回賣場之手續，稱之為「**銷貨退回作業**」。此作業可從發生原因、處理程序及退回商品處理等三個層面加以探討。

銷貨退回作業
當商品已經銷售結帳後，顧客發現商品有歸屬賣方責任之瑕疵，而將商品退回賣場之手續。

一、銷貨退回發生原因

通常造成銷貨退回的主要原因，不外乎顧客發現所買的商品有如下的品質、規格、保存期限、價格等問題與實際需求不符合時，會提出退貨或換貨之要求。

1. 顧客買回拆裝後，發現商品已變質。
2. 顧客買回食品，發現商品有參雜異物或有異味。
3. 顧客食用買回之食品後，發生身體有不適之現象。
4. 顧客買回後才發現商品保存期限已經過期。
5. 顧客買回後發現製造來源不明或標示不清。
6. 顧客買回後發現商品成分不明或標示不清。
7. 當相關主管單位或消基會公布不符規定之商品。
8. 顧客發現買回之用品有使用安全或不堪正常使用之顧慮。

9.顧客發現買回之商品與廣告宣傳有太大差異。

10.顧客發現所買的商品與市場行情差價太大。

二、銷貨退回處理方式

一般當發生銷貨退回事件時，若處置不當，容易造成顧客抱怨而流失。所以，銷貨退回的處理方式以按照正常手續、快速處理、負責任的態度來面對顧客為原則。茲將常見幾種處理方式詳述如下：

1. 當購買者為一般消費者，其退回商品屬於當月份之銷貨時，顧客服務人員可依照內部作業填寫「開支證明單」後，直接退還現金給顧客，同時將原發票作廢。倘若原發票尚含有其他商品，這些商品應另外開立新發票。

2. 當購買者為營業單位，其退回商品屬於當月份之銷貨時，顧客服務人員應開立「銷貨退回單」，直接退還現金給顧客，同時將原發票作廢。倘若原發票尚含有其他商品，這些商品應另外開立新發票。

3. 以上退回之商品，若顧客願意更換同款新品，則只填寫「商品退換單」，無須變更發票作業。若顧客更換其他等值或不等值之商品，則應填寫「商品退換單」及按照正常作業補足差價並開立新發票。

4. 假如退回商品屬於前月份之銷貨時，因該月發票已申報，發票變更作業有其困難度。所以，顧客服務人員應商請顧客以換貨作業處理，更換同款新商品或其他等值之商品。

5. 假如顧客因食用或使用買回之商品而損傷，其責任歸屬賣方時，賣場應立即主動擔負起賠償及道義責任，再循商品供應管道追查責任歸屬。

三、銷貨退回商品處理

賣場和消費者辦理「銷貨退回作業」手續後，接著應將退回商

當發生銷貨退回事件時，若處置不當，容易造成顧客抱怨而流失。

品妥善處置，其處置方式有以下幾種：

1. 銷貨退回商品之責任歸屬上游廠商時，應按照「進貨退回作業」將商品退給廠商。

2. 若無法釐清責任歸屬且不能再次銷售之商品，則賣場應自行負擔並將商品報銷。

3. 若判定退回之商品並無任何異狀，退回原因純屬消費者單方面之心理因素或價差問題者，可將商品再次以特價販售或以贈品方式推出。

伍、缺貨防止及商品淘汰

一、缺貨防止及因應對策

「**缺貨**」問題是賣場銷貨管理的重要缺失，雖然很多賣場無法做到百分百的零缺貨，但是降低缺貨率及缺貨因應對策，是賣場刻不容緩、每日應面對處理的重要事項。切勿流於習慣性，無法滿足顧客需求，形成服務缺口而流失顧客，嚴重影響賣場營運及經營形象。以下將針對缺貨原因及因應對策加以探討，以作為缺貨防範之參考。

1. 因安全庫存管理不當，以致訂貨量不足而造成賣場缺貨。最好的因應對策是制訂每一主力商品的安全庫存量數據表，同時按照市場需求實施每季或年度的適當調整。

2. 賣場已完成訂貨手續，然而廠商卻未及時將貨品送達。此原因可分成兩方面，一方面是賣場未掌握好訂貨前置時間；另一方面是廠商未按照交貨期配送，或者廠商臨時因故缺貨。因應對策為建立主要商品訂貨及廠商配送時間表；及時向其他廠商訂相同貨品，或尋求其他替代性商品；向其他連鎖分店或關係良好之同業賣場調貨；或者到市面大型賣場蒐購應急。

缺貨
缺貨問題是賣場銷貨管理的重要缺失，雖然很多賣場無法做到百分百的零缺貨，但是降低缺貨率及缺貨因應對策，是賣場刻不容緩、每日應面對處理的重要事項。

3. 當賣場內及庫存之商品已經銷售完，才察覺尚未訂貨。此原因之發生常是商品架未做定位管理，他項商品佔據缺貨商品的位置，致使巡視貨架人員不知缺貨狀況而延誤訂貨。另外，進銷存管理系統未發揮功效，或管理人員沒有定期分析銷存等數據資料造成延誤訂貨。因應對策為運用價格卡實施商品定位管理，並要求廠商不得擅自變動商品位置；要求賣場巡架人員要定時巡視，確實掌握商品量之陳列狀況；隨時掌握進銷存系統的分析資料，並確立商品訂貨週期。

4. 因人員疏忽，未能及時將尚有庫存之商品補貨上架。因應對策除了要求補貨員確實遇缺即補之外，尚可於營業尖峰前先行補貨以備急需。

5. 熱門廣告商品或市場暢銷商品，未能及時引進造成缺貨現象。因應對策為採購部門應隨時掌握市場動態及新商品的需求情報，並及時引進滿足顧客所需。

6. 當促銷活動或特殊情況（如消費流行趨勢、颱風天等）所造成之某些相關商品的銷售量急遽增加，而產生缺貨現象。因應對策為促銷前應按照活動計畫與預算，先行進貨庫存所預測的促銷數量。另外，隨時注意消費趨勢及競爭動態，及密切掌握天氣預測和其他特殊事件之發生，以調整訂貨策略。

二、商品淘汰問題

商品淘汰
是賣場將所販售的商品進行銷售分析與利益評估，然後淘汰銷售績效不良和沒有營運利益的商品。

「**商品淘汰**」是賣場將所販售的商品進行銷售分析與利益評估，然後淘汰銷售績效不良和沒有營運利益的商品。商品的淘汰作業將使賣場販售的商品項更暢通，提高販促的循環活力。倘若賣場沒有進行商品淘汰作業，勢必會造成賣場商品項的惡性循環，導致無利潤和滯銷商品佔據展售空間，使新商品和暢銷品的引進需求和陳列空間被壓縮，迫使失去競爭力、業績衰退。進行商品淘汰時，應依照其判定準則和處理步驟，如下所述。

● **商品淘汰之判定準則**

1. 已下架之非季節性商品。
2. 不符合企業形象或市場定位之商品。
3. 非賣場主力訴求且毛利率較低的商品。
4. 市場競爭激烈且非賣場必須販賣之商品。
5. 經由管理系統資料分析，認定為銷售不佳之商品。
6. 品質不良、認定及檢驗不合格之商品。
7. 成分、日期等內容物資訊標示不清之商品。
8. 來源不明及貨源不穩之商品。
9. 同款式但規格過多之商品，需淘汰其中幾項。
10. 同屬性但品牌過多之商品，需淘汰其中幾項。

● **商品淘汰之處理步驟**

1. 開發新商品時應先實施市場調查與銷售評估，確認銷售可行性後才採購引進。
2. 若要再引進與現有多項商品相類似之商品，應先從原有多項中淘汰某些沒競爭力的品項，再行引進。
3. 商品引進以後，若發現品質不良、標示不清、來源不明及貨源不穩等情況，應儘速辦理淘汰作業，不宜展售以避免後遺症損及商譽。
4. 根據每季銷售分析資料判定為滯銷品之品項，即可進行淘汰作業。
5. 經相關部門選定為淘汰品項後，隨即進行整理與清點，並在一定期限內以退貨、贈品、特價、員工自用、報廢等適當方式處理之。

存貨管理決策中，賣場
必須在存貨持有成本、
訂貨成本及缺貨成本間
取得均衡。

第四節 商品存貨與盤點管理

隨著激烈的市場競爭，存貨成本已然成為零售賣場的重要競爭因素。過多的存貨會產生高昂的商品持有成本及腐壞成本，而太少的存貨卻造成商品短缺及顧客流失等成本，這些成本對營運利益均造成莫大的不利影響。所以，存貨管理決策中，賣場著實必須在存貨持有成本、訂貨成本及缺貨成本間取得均衡。為取得這些成本的均衡，當從商品存貨管理、商品盤點管理、損壞商品管理等三個層面進行。

壹、商品存貨管理

除了倉儲型量販賣場之外，國內的各種賣場幾乎都會在後場空間規劃倉庫區，以利及時補貨，避免賣場發生缺貨情形。然而，為使倉庫發揮調節補貨效能，亦不致造成商品積壓過甚，其存貨管理自是不可或缺的重要作業。

一、倉庫空間配置規劃

賣場的倉庫位置都是緊鄰前場販賣區以方便補貨，最適當的設置點順序為賣場的後方、側邊或上下樓層。其規劃設計除了考慮商品性質與規格大小等空間配置之存放因素之外，更應考量商品進貨及補貨至前場的動線，同時理貨區和退貨區的規劃也是不可忽視。茲將倉庫空間與動線的規劃要項詳述如下：

1. 依照賣場銷售計畫及安全庫存需求計畫，決定適當空間比例（如，倉庫佔賣場面積的 20%或 30%）及位置。位置選定以方便進貨及補貨為原則，例如，設置在賣場後方，以方便從

後方進貨及從中間往前場補貨（如圖 15-5 所示）。

2. 將倉庫先劃分成裝箱儲存區、大包裝儲存區、小包裝儲存
　 區、原物料儲存區、冷凍冷藏區、不規格儲存區、待退貨儲
　 存區等七個區域，以上區域依商品特性的不同需求而彈性調
　 整。例如，電子商品賣場並不需要設置冷凍冷藏區及不規格
　 區，而需將原物料區改為線材配件區。

3. 圖 15-6 為單出入口設計之倉庫，中間規劃為裝箱儲存區，而
　 三面靠牆則規劃為大包裝商品之儲存配置區，前右角落設有
　 待退商品集中區。

4. 圖 15-7 之倉庫也是設計為單出入口，左邊靠兩面牆設置大包
　 裝區，左側中間為小包裝商品架，入口右側規劃為裝箱存放
　 區及退貨區。

5. 圖 15-8 為雙出入口設計之複合式倉庫，左側規劃為乾貨區，
　 包括裝箱存放區及大小包裝儲存區；右側規劃為濕貨及原物
　 料區，包括有冷凍冷藏區、原物料區、不規格商品區。另
　 外，將兩邊的待退商品集中在前方中間區，以方便辦理退貨。

📖 圖 15-5　倉庫設置位置

圖 15-6　裝箱及大包裝儲存配置區

圖 15-7　大小包裝及裝箱儲存配置區

圖 15-8　複合式倉庫配置區

6. 中小型的倉庫，其動線以單一出入口設計較適於管制商品進
　 出。大型倉庫為了顧慮高進出貨量，可設計為一進一出的雙
　 倉庫門。倉庫的通道寬度最小應為 90 公分，若有其他大型
　 台車或堆高機進出，則應依實際需要而規劃較寬的通道。

7. 為有效利用倉儲空間，應盡量設置多層式倉儲貨架，可依照
　 商品的特性需求選用重型倉儲貨架或中型貨架。如屬於裝箱
　 儲存區，其地板應鋪設塑膠棧板，避免商品因直接接觸地面
　 而潮濕。

8. 當倉庫需要設置冷凍冷藏區時，其設備應選用倉儲型而非展
　 示型。例如，食品物流倉庫設置大型的組合式冷凍冷藏庫，
　 可供堆高機進出存取食品。

二、商品存貨管制

「**商品存貨管制**」的目的在於求取商品庫存量和訂貨頻率的均衡，以降低營運成本和資金積壓，並提高賣場的銷貨利益。賣場裡存貨管制的項目包括原物料（含食材與包裝材）、半成品、商品、呆料呆貨、壞料壞貨等。假使這些物料及商品管制不當的話，會使企業資金調度惡化，賣場商品流通無法達到良性循環，將使賣場營運陷入困境。相對的，適當的存貨不僅能加大資金週轉率，更能使商品在賣場快速流通、創造利潤。所以，為了防止賣場存貨過多或缺貨，同時要滿足經營需求，又要降低成本，企業得進行以下多項控制方法，以取得均衡點。

㈠存貨週轉率與商品週轉率

賣場的存貨週轉率就是表示在一定銷售期間中（例如一個月），商品或原物料總共週轉了幾次。存貨週轉率的測定是以數量和金額兩種為計算單位，若以數量為單位，則應以使用數量為準，而非出庫數量；若以金額為單位，則應以使用金額為準，而非出庫金額，如此可避免已出庫但是未使用的誤差。所謂的使用認定標準有兩種，一種為出庫即可銷售的成品，此種認定標準以售出為準；另一種則是原物料或半成品，其認定標準為經過加工至成品為準。存貨週轉率的計算方法有週、旬、月、季、半年、年度等單位，一般都使用月單位及年單位居多，但是在零售賣場則大多採用週單位及月單位。

▼存貨週轉率計算公式

$$存貨週轉率 = \frac{使用數量}{存貨數量} = \frac{銷售數量}{存貨數量} = \frac{該期間的銷售數量}{該期間的存貨數量}$$

$$存貨週轉率 = \frac{使用數量}{存貨數量} = \frac{銷售成本金額}{存貨成本金額} = \frac{該期間的銷售成本總金額}{該期間的存貨成本金額}$$

註：以上分母取其平均值＝（期初存貨＋期末存貨）÷2

範例 🖊

> 範例 1：假設該月的平均存貨數量為 2000 單位，該月的銷售數
> 　　　　量為 10000 單位，求該月的存貨週轉率＝？
> 範例 2：假設該月的平均存貨數量為 10000 單位，該月的銷售數
> 　　　　量為 2000 單位，求該月的存貨週轉率＝？

解答 1：該月的存貨週轉率 $=\dfrac{10000}{2000}=5$

解答 2：該月的存貨週轉率 $=\dfrac{2000}{10000}=0.2$

解說

範例 1 的存貨週轉率為 5 回轉，使用數量比存貨數量多 5 倍，所
以存貨數量一個月回轉 5 次，屬於高回轉率的商品，可考慮提高
安全存量。

範例 2 的存貨週轉率為 0.2 回轉（相當 1/5），此時是存貨過多，
使用量過少，屬於低回轉率的商品，應改善商品的結構、汰舊換
新，才能提高賣場營收及利潤。

　　賣場的商品週轉率是以在一定期間（例如一個月）之銷貨額
（量）除以該期間的存貨額（量），表示商品的回轉狀態，以清楚
區分暢銷品與滯銷品，作為適當存貨管制的基礎資料。商品週轉率
與存貨週轉率最大的差異，在於商品週轉率的分子全部以銷貨為認
定標準，沒有原物料或半成品的使用認定問題，同時分子和分母的
金額計算以銷貨售價或銷貨成本為依據。商品週轉率的測定也是以
數量和金額兩種為計算單位，若以數量為單位則以銷貨數量為準；
若以金額為單位則以銷貨金額為準。零售賣場的商品週轉率和存貨
週轉率一樣，大都採用週單位及月單位。

商品週轉率計算公式

$$商品週轉率 = \frac{銷售數量}{存貨數量} = \frac{該期間的銷售數量}{該期間的存貨數量}$$

$$商品週轉率 = \frac{該期間的銷貨成本金額}{該期間的存貨成本金額} = \frac{該期間的銷貨售價金額}{該期間的存貨售價金額}$$

註：以上分母取其平均值＝（期初存貨＋期末存貨）÷2

在存貨週轉率之間或者商品週轉率之間，都存有存貨、銷貨、進貨及期初（月初）存貨、期末（月末）存貨、期間銷貨、期間進貨之相互關係（如圖 15-9 及圖 15-10 所示）。假設以年度為例，1 月 1 日開始營業前的存貨額稱之為「期初存貨額」，12 月 31 日營業終的存貨額則稱之為「期末存貨額」。而從期初到期末這段期間的銷貨稱之為「期間銷貨額」，這段期間的進貨就稱之為「期間進貨額」。相對的，若以月為單位則稱之為「月初存貨額」、「月末存貨額」、「月銷貨額」、「月進貨額」。在這些相互關係上，其金額計算必須在同一基準上，如成本與成本統一、售價與售價統一，才能求取正確數值。

🏛 圖 15-9　存貨、銷貨、進貨之關係圖

🔖 圖 15-10　存貨、銷貨、進貨之關係圖

㈡定量訂購法與定期訂購法

零售業者常使用的「**定量訂購法**」，是當現有存貨達到最低水準（在訂購點）時即進行訂購，此次訂購量與前次訂購量相同，而不管前次訂購時間距今多久。換言之，係依照過去經驗訂出最低安全庫存量，當庫存量到達警戒線即訂貨補充，也稱之為「兩箱訂購法」，此方法最適合於小型賣場。

另外一種「**定期訂購法**」，是訂購期間固定，而訂購量取決於庫存水平。當訂購決定於定期存貨報告時，定期訂購法顯得特別好用，其訂購量等於預定最大存貨減現有存貨。而當決定預定最大存貨之前，必須先界定訂購週期（幾天、幾週、幾月）、設定前置時間、估計銷售率（每週幾個單位）、界定安全庫存，如下之公式及範例。

定期訂購法公式

訂購量＝預定最大存貨－現有存貨

預定最大存貨＝（訂購週期×銷售率）＋（前置時間×銷售率）
＋安全庫存

定量訂購法
是當現有存貨達到最低水準（在訂購點）時即進行訂購，此次訂購量與前次訂購量相同，而不管前次訂購時間距今多久。

定期訂購法
是訂購期間固定，而訂購量取決於庫存水平。

定期訂購法範例 ✏

假設訂購週期為 4 週、前置時間為 2 週、銷售率為每週 6 單位、安全庫存為 3 單位、現有存貨 15 單位，求預定最大存貨及訂購量＝？

預定最大存貨＝（4 × 6）＋（2 × 6）＋3＝39
訂購量＝39 － 15＝24
每 4 週訂購一次，預定最大存貨為 39 單位，此次訂購量為 24 單位。

(三)經濟訂購量模型

經濟訂購量
為最符合經濟效益的採購數量，其反映出存貨持有成本及訂購成本。

「**經濟訂購量**」（EOQ, Economic Order Quantity）為最符合經濟效益的採購數量，其反映出存貨持有成本及訂購成本。當訂購量增加時，訂購成本會降低，卻也使存貨成本上升。所以，採購管理者當應用如下公式，以求取符合效益的訂購量，達到最低的訂購成本與存貨持有成本之組合。

經濟訂購量計算公式

$$Q = \sqrt{\frac{2SO}{IC}}$$

經濟訂購量範例 ✏

假設 S＝156，O＝\$0.5，I＝\$0.1074，C＝\$3，則求得經濟訂購量如下：

$$Q = \sqrt{\frac{2 \times 156 \times 0.5}{0.1074 \times 3}} = \sqrt{\frac{156}{0.3222}} = \sqrt{484} = 22$$

Q：經濟訂購量

S：年度預估銷售量

O：單次訂購成本

I：存貨持有成本（單位成本之百分比）

C：單位商品成本

㈣ ABC 分析之應用

「**ABC 分析**」（ABC Analysis）原來主要是製造業為了降低管運成本，而導入且獲得成效的方法。但是，現在已廣為批發零售業所引用並獲得相當的效果。早期的管理者面對許多種類的商品和原物料，大都採用同樣的管理方式。然而，繁多的商品中，真正支撐公司營運的商品可能只有某部分品項，以相同的方法來管理全部的商品，實際上是低效率的管理模式，會造成企業很大的損失。於是，義大利經濟學家 Villefredo Pareto 提出「依據價值不同，給予不同程度的管理，以合乎經濟原則」，此原理就是「**柏拉圖原則**」，也稱之為「**ABC 分析法**」，俗稱為「**重點管理法**」。柏拉圖原則說明許多事物都存有重要的少數與次要的多數之現象，所以 ABC 分析係根據使用量將存貨歸為三種類別，然後集中管理資源於重要的少數，而不是次要的多數，其各分類的管理方法如下：

> ABC 分析法
> 是依據價值不同，給予不同程度的管理，以合乎經濟原則，即為柏拉圖原則。

1. A 類存貨

如圖 15-11 所示之 A 為價值高、品項少的品類。A 類品項雖只佔 20%的總品項，卻佔 70%的價值（或銷售總額）。此類商品的管理方法為採用定期少量多次訂貨；嚴格實施經常性盤點、減少不必要的存貨；詳細核算經濟訂購量（EOQ）；明訂安全存量並每週或每月定期盤點；嚴加控制交貨期；進出倉庫手續從嚴；存量異樣時應立即追蹤調查。

2. B 類存貨

如圖 15-11 所示之 B 為價值中等的品類。B 類品項佔 30%的總

圖 15-11　ABC 分析曲線圖

品項，其佔 20%的價值（或銷售總額）。此類商品的管理方法為採用一般程度的存貨管制策略，以定期（價格較高的品項）或定量（價格較低的品項）法混合採購，實施每季或每半年盤點，並依其使用頻率彈性調整。

3. C 類存貨

如圖 15-11 所示之 C 為數量多、價值低的品類。C 類品項雖佔 50%的總品項，卻只佔 10%的價值（或銷售總額）。此類商品的管理方法為採用請購點訂貨、節省管理手續；進出倉庫手續簡便；安全庫存量較多、每次訂購量也較大，以節省運費及管理費；存放在倉庫之次要位置或倉庫外；每年一次以目測或比重換算實施盤點即可。

㈤安全庫存量

安全庫存量
為每日平均銷售量乘以訂貨到送達之前置時間。

「**安全庫存量**」為每日平均銷售量乘以訂貨到送達之前置時間。例如，賣場每日銷售包裝米 50 包，而訂貨到送達時間需要 2

個工作天，則該賣場包裝米的安全庫存量為 100 包。

安全庫存量公式

安全庫存量＝每日平均銷售量 × 前置時間（天）

㈥商品生命週期與季節性的存貨

　　每一項商品在市場流通，都具有其壽命，管理者當以此特性作為存貨管制的調節指標。Ralph W. Jones 將此商品的流通壽命稱之為「新產品的基本壽命週期」，一般通稱為「**商品生命週期**」。商品生命週期（Product Life Cycle）是在描述一個新的商品從開始上市到結束的幾個階段。商品的生命週期可以區分為市場導入期、市場成長期、市場成熟期、銷售衰退期等四個主要階段（如圖 15-12 所示）。以下將分述這四個階段意義，並說明與存貨管制的應用關係。

　　第一階段為「**市場導入期**」（Market Introduction），是新產品開發至商品化的階段，因剛被引入市場，其市場需求較少，銷售量

商品的生命週期
可以區分為市場導入期、市場成長期、市場成熟期、銷售衰退期等四個主要階段。

市場導入期
是新產品開發至商品化的階段，因剛被引入市場，其市場需求較少，銷售量相對很低。

圖 15-12　商品生命週期曲線

相對很低。縱使商品有優異的價值，由於推廣並不普遍，顧客不會主動搜尋此項商品。所以，此階段的商品庫存，應以少量展示推廣為指標。

第二階段為「**市場成長期**」（Market Growth），是商品銷售量正在成長的階段，市場需求量逐漸增多。此時的商品利潤將達到顛峰，可配合銷售計畫積極進貨庫存，同時提高安全庫存量，避免造成缺貨情況。

第三階段為「**市場成熟期**」（Market Maturity），是銷售量的顛峰期，也是競爭最激烈的階段。此時雖可大量進貨，但因市場漸趨飽和，故應配合促銷策略而庫存，以免因無法因應競爭而滯銷積存。

第四階段為「**銷售衰退期**」（Sales Decline），這個階段的商品即將被新產品所取代，銷售量及利潤持續下降。此時不宜再進貨庫存，應將現有庫存品一一出清，準備導入新的商品替代。若是擁有強勢品牌的差異性商品，也僅考量適量補貨以供應忠誠消費者。

以上商品生命的每一個階段，都有不同的市場需求，尤其零售市場對此需求的敏感度更高，業者若無法調查出商品生命週期，極易形成不適當的存貨，造成過甚積壓或短缺不足。因此，賣場本身對於所販售的各種商品應清楚判別是屬於哪一個階段，作為存貨的正確依據。

隨著產業結構的高度變化與消費習性的改變，季節變動影響整體經濟的幅度也降低了。然而，有些個別商品仍受到季節變動而影響銷售量。影響銷售量的因素包括商品特性、氣候條件、社會制度、風俗習慣、促銷策略、價值觀改變、流行趨勢及消費者行為改變等。這些季節性商品對銷售型態需要迅速反應，其存貨策略必須有所調整。首先應先瞭解各項商品的暢銷月份與季節，掌握按月會發生的營業動向，然後將季節變動應用在促銷策略上，最後配合季節決定適量的存貨。

市場成長期
是商品銷售量正在成長的階段，市場需求量逐漸增多。

市場成熟期
是銷售量的顛峰期，也是競爭最激烈的階段。

銷售衰退期
商品即將被新產品所取代，銷售量及利潤持續下降。

貳、商品盤點管理

就賣場而言，「**盤點作業的目的**」不僅是瞭解商品數量狀況或例行性的倉庫整理，更重要的是可瞭解存貨水準以得知存貨週轉率，進而盤查品質異樣商品、快過期商品與滯銷品並儘早處理。同時，可查覺盤存盈損、資金積壓，以利採取改善措施。另外，經由盤點抽查可發現賣場的異常弊端並防止發生不當行為。

雖然，盤點作業以表面觀點是會增加工作負擔，但是如能透過有效率的流程與方法，使盤點變成賣場經營的良性循環作業，其將可提高工作績效與顧客服務滿意度。同時也可降低賣場人員的作業繁雜度，使工作更順遂。所以，以實際觀點而言，盤點不僅能使賣場作業更順暢，亦是幫助賣場締造好績效、創造營利的重要課題。以下將針對盤點流程、盤點方法、盤點時應注意事項及效率化的盤點作業做詳述，以期達到高準確性、更效率化的盤點作業。

一、盤點流程

賣場的盤點作業流程（如圖 15-13 所示），首先應按照各賣場的實際需求先確立盤點制度與組織架構。制度的建立能夠提升盤點準確度與執行效率，不致影響賣場營運作業和顧客服務品質。有適當的組織編制，將各項盤點任務適性編組，以縝密統籌作業之進行，不致產生作業漏洞。然後盤點時應從盤前準備、盤點期間、盤後處理等三階段進行。

● 盤前準備

應先規劃盤點配置圖，針對盤點的涵蓋範圍進行完整的商品分類配置，以明確作業人員對責任區域的劃分。盤點區域主要包含後場之乾貨區、濕貨區（冷凍冷藏食品）、原物料或半成品區。若是全場盤點，則應將前場陳列區一併考量規劃。接著將確定時間和相

關事宜，事先通知賣場所有人員及告知廠商。如果是進行停業盤
點，則必須以公告方式告知顧客。稽核人員也於此時先行瞭解前後
場之商品陳列與儲存情況，若有報銷商品、退換貨品及未入帳商
品，亦應記錄備註以免漏盤。另外尚須準備盤點工具與用品、貨品
異動資料與進貨傳票，同時擬定出勤計畫、工作分配，並實施盤前
講習及環境整理工作等。

● 盤點期間

應依據盤點配置圖及任務分配，進行規定之初點、覆點和抽點等作業。盤點作業完畢後，稽核人員將盤點資料列印並掛示各該責任區，責任者應隨即核對數量與金額，若發現資料數據不符，則應先行記錄並會同稽核人員再次確認更正。

盤點期間
應依據盤點配置圖及任務分配，進行規定之初點、覆點和抽點等作業。

● 盤後處理作業

包含資料彙整與計算、盤盈及盤損調整、差異處理及實施獎懲。處理當中，稽核人員不立即告知實際盤點數量及金額，待賣場彙整完存貨調節表及未入帳清單後，並核對列印出的盤點資料無誤時，才公布盤點結果比對差異，以避免紛爭。

盤後處理作業
包含資料彙整與計算、盤盈及盤損調整、差異處理及實施獎懲。

二、盤點方法

賣場的盤點方法依照不同的盤點方式，可分成好幾種，表 15-11 所示為各種盤點方法之優缺點比較。以帳面或實物來區別的話，有帳面盤點和現場實物盤點兩種方法。「**帳面盤點**」是以帳面所記錄的貨品進出數值記錄為基準，在期末所得的剩餘存貨量或期末存貨成本。此方法的優點是很快可以掌握存貨狀況，節省時間及人力，可當成現場實物盤點的標準依據。但是無法掌握資料的準確性，及不瞭解損耗品、退換品、滯銷品、貨品堆積及缺貨的真實狀況，是其最大缺點。「**現場實物盤點**」是在賣場及倉庫，實際清點商品庫存量及估算存貨成本。此方法的優點是比較能夠掌握實際存貨情況，也能真實的瞭解損耗品、退換品、滯銷品、貨品堆積及缺貨的情況。其缺點為耗費時間與人力，甚至會妨礙顧客購物，直接影響賣場營運。

以現場實物盤點的區域來區別，可分為全區盤點及分區盤點兩種方法。「**全區盤點**」是對賣場所有的存貨，在固定的日期及時間內實施全面性清點。此方法的優點是可以完全掌握貨品的盤損盤虧

帳面盤點
以帳面所記錄的貨品進出數值記錄為基準，在期末所得的剩餘存貨量或期末存貨成本。

現場實物盤點
是在賣場及倉庫，實際清點商品庫存量及估算存貨成本。

全區盤點
是對賣場所有的存貨，在固定的日期及時間內實施全面性清點。

狀況，週期時間固定易於盤前準備且容易比較存貨回轉率。但是每次盤點須耗費頗多的時間與人力，是其最大缺點。「**分區盤點**」是依照商品類別，分區且按不同時間日期依序盤點。此方法的優點是可掌握存貨動態，不必在同時間耗費太多人力，也可降低影響賣場營運程度。其缺點是分區分次的不一致盤點，會影響貨品盤損盤虧估算。同時也因為分散作業，導致盤點人員的鬆懈怠惰，影響盤點結果。

以現場實物盤點的時間來區別，可分為停業盤點、營業時盤點及營業前後盤點等三種方法。「**停業盤點**」是在正常營業時間內，經公告停止一段時間來實施盤點作業。此方法雖便於清點作業之執行，盤點資料也較準確，卻會帶來顧客購物不便之處和減少營業額。「**營業時盤點**」是在賣場正常營業時間內進行盤點作業，此方法雖可節省盤點時間和加班費用，但是盤點資料的準確性較差，也會影響顧客選購。「**營業前後盤點**」是在賣場營業時間之前或之後進行盤點作業，此方法比較不會影響正常營業，盤點資料也較準確，但是員工比較辛苦且增加管理成本。

以現場實物盤點的週期來區別，可分為固定週期盤點和不定期盤點兩種方法。「**固定週期盤點**」是期間固定，例如每月、每季或每年盤點一次。此方法便於作盤前準備工作，也易於比較存貨狀況和週轉率分析，但是有可能與特殊節日產生衝突，也容易產生弊端，失去抽查的警覺效果。「**不定期盤點**」是在不定期且需要性之時間進行盤點，如在經營異常或重要人事異動時、意外及特殊狀況發生後來實施盤點。此方法機動性高、彈性大，有抽查的警覺效果，較不易產生弊端。但是比較沒有充分時間作盤前準備，盤點資料不易作分析比較。

表 15-11　各種盤點方法之優缺點比較

盤點方法	優　點	缺　點
帳面盤點	1.很快可以掌握存貨狀況。 2.節省時間及人力。 3.可當成現場實物盤點的標準依據。	1.無法掌握資料的準確性。 2.不瞭解損耗品、退換品、滯銷品、貨品堆積及缺貨的真實狀況。
現場實物盤點	1.能夠掌握實際存貨情況。 2.能真實的瞭解損耗品、退換品、滯銷品、貨品堆積及缺貨的情況。	1.耗費時間與人力。 2.會妨礙顧客購物，直接影響賣場營運。
全區盤點	1.完全掌握貨品的盤損盤虧狀況。 2.易於盤前準備。 3.容易比較存貨回轉率。	耗費時間與人力。
分區盤點	1.可掌握存貨動態。 2.不必在同時間耗費太多人力。 3.降低影響賣場營運程度。	1.影響貨品盤損盤虧估算。 2.盤點人員易鬆懈怠惰，影響盤點結果。
停業盤點	1.便於清點作業之執行。 2.盤點資料較準確。	1.顧客購物不便。 2.減少營業額。
營業時盤點	節省盤點時間和加班費用。	1.盤點資料的準確性較差。 2.影響顧客選購。
營業前後盤點	1.不會影響正常營業。 2.盤點資料較準確。	1.員工比較辛苦。 2.增加管理成本。
固定週期盤點	1.便於作盤前準備工作。 2.易於比較存貨狀況和週轉率分析。	1.有可能與特殊節日產生衝突。 2.容易產生弊端。
不定期盤點	1.機動性高、彈性大。 2.較不易產生弊端。	1.沒有充分時間作盤前準備。 2.盤點資料不易作分析比較。

三、盤點時應注意事項

　　賣場盤點主要力求帳料相符，所以盤點時應特別注意帳務上、存貨上及其他相關細節的問題，以達到正確性和時效性的盤點結果（如表 15-12 所示）。

賣場盤點主要力求帳料相符，所以盤點時應特別注意帳務上、存貨上及其他相關細節的問題，以達到正確性和時效性的盤點結果。

📑 表 15-12　盤點時應注意事項

盤點時從帳務上應注意事項	盤點時從存貨上應注意事項	其他相關細節應注意事項
● 盤點前先讀一次報表。 ● 將已作廢發票之號碼與金額填入表格前段。 ● 填寫商品未入帳清單。 ● 開始盤點時,儘可能僅使用一台收銀機。 ● 盤點完,再讀第二次報表。 ● 將盤點期間作廢發票之號碼及金額填入表格後段。	● 盤點前先清理任意堆放或散落的物品。 ● 將報廢品及欲退換商品分開集中置放並按規定填具表單。 ● 將所有商品歸類整齊,並先補滿前場的商品貨架。 ● 將剩餘存貨按照分類,整齊置放於後場倉庫。	● 盤點進行期間,禁止廠商進貨,也停止前場補貨及調撥作業。 ● 進出作業憑單不齊全之商品,其帳目不可認列盤點細目。 ● 稽核人員應核對報廢品及退換貨之發票。 ● 查兌換貨需補回之商品。

　　從帳務上應注意的事項,包括盤點前先讀一次報表,將已作廢發票之號碼與金額填入表格(作廢發票登記表)前段,同時填寫商品未入帳清單(包括現金進退貨、報廢、調撥或自用、變價盈虧等商品項目)。然後開始盤點時,儘可能僅使用一台收銀機,以使盤點前所讀的資料報表更正確、作業更簡化。當盤點完,再讀第二次報表,同時將盤點期間作廢發票之號碼及金額填入表格後段。

　　從存貨上應注意的事項,包括盤點前先清理任意堆放或散落的物品,同時將報廢品及欲退換商品分開集中置放並按規定填具表單。同時將所有商品歸類整齊,並先補滿前場的商品貨架,再將剩餘存貨按照分類,整齊置放於後場倉庫。

　　其他相關細節應注意事項,包括盤點進行期間,禁止廠商進貨,也停止前場補貨及調撥作業;對於進出作業憑單不齊全之商品,其帳目不可認列盤點細目;稽核人員應核對報廢品及退換貨之發票,同時查兌換貨需補回之商品。

四、效率化的盤點作業

　　盤點作業除了要求正確性之外,提升作業效率化不僅可以節省

成本，同時可降低盤點對賣場營運的影響程度。然而，要達到效率化的盤點作業，須從制度、管理及設備等三方面同時進行才可。

　　從**制度方面**加以考量，一般賣場之商品品項較繁雜，可以採用分區盤點法，利用離峰時間實施輪流盤點，如此可達到良好的時效性，既節省人力也避免干擾賣場正常營運。若採用營業時盤點，對於人員的分配是可以達到很好的工作效率，但盤點時商品持續在流通，盤點的準確度可能會有誤差，所以採用此方式盤點需考慮賣場特性與規模是否適合。另外，使用零售價法可快速估算帳面存貨，同時兼具時效性與準確性。「**零售價法**」通常是零售賣場針對其品項繁多之商品，所實施簡易又正確的存貨計算方法。其計算方式如下範例所示，首先於每次進貨時都要登載商品之成本價與零售價，然後將本期可供銷售商品（期初存貨＋本期進貨）之成本價總額，除以零售價總額，所得值為成本率。再以成本率乘以期末存貨之零售價總額求得期末存貨之成本總額，同時可算出銷貨之總成本。

零售價法計算範例

	成本價	零售價
期初存貨	100,000	125,000
本期進貨	1,000,000	1,250,000
本期可供銷售商品	1,100,000	1,375,000
成本率（1,100,000 ÷ 1,375,000＝80%）		
本期銷售淨額		1,075,000
期末存貨（300,000 × 80%）	240,000	300,000
銷貨成本	860,000	

　　從**管理方面**進行效率化的盤點，應在作業之前整理、彙總及核對各種相關資料和傳票，並將損壞品、報廢品及欲退換之商品先裝箱標示，還有平常應該使用價格標示卡並維持與商品陳列一致性，如此可節省盤點時計算查核及清查的時間。另外，加強盤點前教育

訓練，並以兩人為一組分工進行盤點，將可提高作業效率。

從**設備方面**考量效率化的盤點作業，可將盤點機直接與數據機連線，當盤點時透過商品條碼的輸入，盤點資料迅速登載並及時傳回管理部或總公司，省時又可避免傳統書寫登錄的錯誤。另外，使用適當規格的磅秤機，可幫助原物料貨品的重量盤點計算。

參、耗損商品之管理

當賣場實施盤點後所產生的實際庫存額與進貨帳面庫存額有差距時，此差距就是「**商品耗損值**」。耗損值越大，表示賣場成本越高，對營運越不利。一般賣場每天持續不斷的循環營運，比較難計算耗損值的大小，通常都等到盤點完才知道耗損的情況，有時損耗的嚴重性都已經達到營利無法支撐的程度，賣場管理者還是渾然不知而只一味追求銷售額。所以，為了避免賣場最後的營利只是賺到一大堆的損耗商品，強化耗損商品的管理能力、降低商品耗損值，已是提升賣場競爭力刻不容緩的課題。

一、產生耗損的原因

賣場的商品損耗常是在沒有計畫與管理的情況之下，很自然性的產生。其耗損原因，可歸類為變價耗損、廢棄耗損及不明耗損等三種。「**變價耗損**」也稱為降價耗損，是賣場為了吸引來客數採取降低售價所產生的差值損失。「**廢棄耗損**」也稱為報廢損耗，是賣場因訂貨計畫不良產生進貨過多或保存不當（如擠壓、保存溫度不符標準），導致商品損壞不堪使用或食用所產生的差值損失。「**不明耗損**」是指無法歸類於變價耗損及廢棄耗損的其他差值損失。此種耗損狀況常是在毫無預警的情況下產生，大都屬於管理不當所引起。例如，補貨人員未依規定陳列，造成商品過期滯銷的損失。

二、防止耗損的方法

　　瞭解商品耗損原因之後，**防止耗損的方法**當針對後場、前場、收銀及其他相關部門加強作業管理，降低各種耗損因素。**在後場方面**，應從人員與貨品進出管理要求，首先廠商進出時須先登記配戴識別證並接受離去檢查，所有進出貨品都應提示並逐一核對正確單據。員工上下班須由規定入出口進出，個人用品依規定存放員工室之衣物櫃，下班時得接受相關人員檢查。商品進出時不論進補貨、退換貨或調撥商品，都應按照正常手續完成驗收確認。**在前場方面**，首從商品標準陳列及鮮度品質保存上嚴加管理，以及商品兌換券的確認、登記及彙整處理，還有賣場夜勤人員、專櫃人員和員工購物的細則管理，另外加強防止發生顧客偷竊等不法行為。**在收銀方面**，確實遵照規定要項執行收銀作業，包括結帳基本動作、輪換收銀台、主管查核及支援、帶訓新進收銀員以防止作業錯誤。其他相關部門管理方面，如在促銷特販及任何價格變動之情況下，必須事先提出計畫會同相關部門（如特販課、商品部、會計部、倉管課等）核准實施。

防止耗損的方法當針對後場、前場、收銀及其他相關部門加強作業管理，降低各種耗損因素。

學習評量及分組討論

1. 請舉例說明商品大分類的分類原則？
2. 商品中分類都依照什麼原則來區分？
3. 何謂「商品條碼」，其功用為何？
4. 何謂「條碼符號」，目前國際標準的條碼符號有哪幾種？
5. 條碼系統對零售業者有哪些應用效益？
6. 為達到訂貨作業的效率化，訂貨計畫應該包含哪些項目？
7. 當訂貨計畫不夠周詳，常會衍生哪三種不良情況？
8. 請簡述進貨作業過程及注意事項？
9. 影響消費者價格敏感度的因素有哪些？
10. 「商品陳列上架」的主要原則為何？
11. 請說明「定量訂購法」與「定期訂購法」的差異？
12. 何謂「經濟訂購量模型」？
13. 盤點時從帳務上、存貨上及其他相關細節上應該注意哪些事項？
14. 以小組為單位，討論賣場及供貨廠商導入條碼系統，執行時有可能所面臨的問題有那些，其解決辦法有哪些？
15. 以小組為單位，討論賣場的訂貨方式有哪幾種，其各有何優缺點？
16. 以小組為單位，討論進貨時驗收不合格或賣場不良的商品該如何處理？
17. 以小組為單位，討論賣場定價時的完整步驟，其必要性為何？
18. 以小組為單位，舉例討論 15 種的賣場定價策略與技巧？
19. 以小組為單位，舉例討論 ABC 分析法應用在賣場的存貨管理？

第十六章

賣場服務管理

各節重點

第一節　服務管理的基本理論

第二節　收銀服務管理

第三節　服務競爭策略

學習評量及分組討論

學習目標

1. 分析服務的特質，並瞭解其需求與供給的層面。

2. 熟悉收銀服務的作業規範，及學習賣場的服務禮儀與常用術語。

3. 瞭解服務產業的競爭環境，探討有效的競爭策略。

4. 學習如何運用回復策略來留住顧客。

第一節　服務管理的基本理論

　　當 1980 年代在先進國家開始實施品質運動後，多數的消費者、學術界人士及大眾媒體才意識到產業整體服務品質並不理想，經理人也感受到服務改善是贏得顧客滿意度的要項，更是提升企業競爭力的利器。在這時期，隨著社會環境的改變，服務產業也逐漸提升其在經濟體系的地位，在經濟生活中扮演著重要的角色。

　　我國在 1980 到 1990 年代期間，也積極推動品質運動，然而卻僅著重於製造產業。直到 90 年代後半期，隨著服務產業的發展，服務管理才逐漸被重視，始被納入品質管理的議題。從此，不僅民營企業致力於服務品質改進，公營機構和政府行政部門更有不錯的服務滿意度成績。在 2004 年後期，我政府正式宣示服務產業是未來國家經濟的主要發展政策，更要將目前的 52%就業人口提高到 2008 年的 70%。另外，教育主管單位也在此時明示將服務管理列為大學院校的重點教育。由此可見在二十一新世紀裡，服務管理在社會生活中的重要地位。

壹、服務的特質

　　任何一個群體組織投入人力、原物料、資金、設備、技術及資訊等多種資源，再透過可增加其價值的處理過程，最後轉變為有形的產品或無形的商品。其中無形的商品就是所謂的服務，而此服務是用來增加人們的生活價值。

　　「**服務**」是一種行為、行動或是表演，它可定義為能夠產生時間、地點、形式、或者是心理上效用的經濟活動。在ISO9000 系列標準中，服務被定義為：「服務是為滿足顧客的需要，在與顧客的接觸中，服務提供者的活動和活動的結果」。進一步在品質管理和

服務
是一種行為、行動或是表演，它可定義為能夠產生時間、地點、形式、或者是心理上效用的經濟活動。

品質體系要素當中，對服務定義附有如下註釋：

1. 在接觸中，服務提供者和顧客可由人員和設備代表。
2. 對提供一項服務來說，與服務提供者接觸的顧客的各種活動可能很重要。
3. 實體產品的提供可能成為服務的一部分。
4. 服務可以與實體產品的製造和供應結合起來。

從上述得知，服務很清楚的被定義是一種活動和結果之後，為了贏得顧客的最高滿意度，服務提供者應瞭解服務本身所具有的以下特質，以規劃提供更完善的服務來滿足需求者。

一、服務的無形性

服務的無形性
相對於實體產品，服務是一種無形（Intangibility）的表徵，它摸不到、聞不著、也無法陳列和品嚐，因此消費者無法確實「掌握」服務，只能憑個人感覺來體會服務的存在。

相對於實體產品，服務是一種**無形**（**Intangibility**）的表徵，它摸不到、聞不著、也無法陳列和品嚐，因此消費者無法確實「掌握」服務，只能憑個人感覺來體會服務的存在。例如，當我們進到實體賣場，可以從陳列架上接觸及選購所需要的商品，最後擁有所購買的商品。但是，同時間我們只能感受這賣場的販促氣氛好不好，服務人員的態度是否親切，而無法將他們表現的行為舉止帶走。

由於服務的無形性，需求者在消費時不易比較服務的好壞，僅能事前透過口碑得知服務的差異性。例如，我們無法在進入餐廳後先瞭解或比較其服務再消費，只能從親朋好友口中得知餐廳的服務品質再決定前往消費。

服務為了呈現出更具體化，常須結合有形的設施和實體物品來執行，但其本身則不是實體的。例如，餐廳服務的一部分是有形的裝潢設施和所提供的菜色。另外，很多的服務是經由專業的媒介來傳遞給消費者或需求者，例如，醫師、律師、教師、顧問師、代書等都是藉由專業知識及技能來執行對顧客或需求者的服務。

二、服務的不可切割性

服務的**不可切割性**（Inseparability）可從兩種類型來探討。第一種類型為生產與消費的不可切割性，任何一項商品都有生產與消費兩個階段，實體商品通常是在工廠製造完成後，再經由通路賣場銷售給顧客，其生產與消費大都屬於分開的時段和地點。而無形的服務，其生產與消費常是在同一地點與時間發生，所以其生產與消費具有不可切割的特質。

第二種類型為提供者與消費者的不可切割性，當實體商品在工廠被生產者製造時，顧客是不用參與製造過程的。然而，大多數的服務產生時，提供者與消費者需要共同參與才能製造服務商品。在此，我們舉個例子來說明以上兩種類型，如洗髮精（屬於實體商品）必須在化學工廠由生產者完成製造，消費者再經由配銷通路自行前往選購，其生產與消費的時間和地點是分開的，消費者也不需要參與生產者的製造過程。而洗髮是屬於一種服務商品，此服務的產生必須在同一時間與地點發生，且提供者與消費者也必須一起參與，否則是無法產生此洗髮服務，所以它具有生產與消費不可切割的特徵。

三、服務的不易保存性

服務是一種行為、活動及結果，其無法先被製造成實體物品，加以陳列或庫存等待銷售，所以它具有**不易保存性**（Un-preserve）。服務產生當中也同時在進行消費行為，而當消費結束時，服務也消逝了。就像上述例子，當洗髮服務產生時，顧客也正在進行消費行為。而此服務不能事先製造保存，等待顧客頭髮亂了或髒了再來取用，必須顧客有了需求就光臨髮廊與提供者進行服務的產生。又如賣場收銀員上全天班，不能將比較空檔的低峰時段保存下來，挪至隔日使用。

服務的不可切割性
1. 生產與消費的不可切割性。
2. 提供者與消費者的不可切割性。

服務的不易保存性
服務是一種行為、活動及結果，其無法先被製造成實體物品，加以陳列或庫存等待銷售。

四、服務的多變性

服務的多變性也稱之為**異質性**（**Heterogeneity**），主要是服務容易受到多種因素的影響，造成品質的不一致性。這些因素包括服務環境好壞、提供者與需求者的認知差異等。服務環境就好比賣場的設施及販促氣氛規劃，如良好的停車場規劃、適度的冷氣空調、適當的音樂曲調、有效的POP廣告、完善的賣場安全及清潔衛生管理等都能提高服務品質；反之則會降低服務品質。提供者的影響因素有專業知識與技能、服務流程設計、個人的情緒表現等。然而，即使提供者按照標準化流程呈現頗具水準的服務，若因面對不同顧客對服務員的言行舉止、專業知識技能等服務的需求標準或認定程度不一時，難免會產生不滿意的顧客印象。另外，不同的服務時間、服務人員，或不同的服務心情，都有可能表現出不同的服務水平。

從以上的影響因素，不難發現服務的不一致性之主要原因，在於整個提供到消費過程都高度依賴人力。它不像實體產品可藉由機器，明確的設定品質條件與告知品質的認定標準。所以，在不易掌控服務的多樣化之情況下，為力求顧客滿意度與維持消費者對服務商品的信心，服務業者除了盡力規劃較穩定性的條件之外，尚應深入探討與調整不穩定性的因素，以達到可與實體商品相比擬的品質管理能力。

貳、服務需求和供給

需求與供給一直都是產業經濟的重要課題，如何取得兩者之間的平衡是經理人所要面臨的挑戰。對製造業來講，可運用庫存、加班、調價等策略來協助調節供需。但是，對服務業商品的無形性、不可切割性、不易保存性及多變性等特質而言，上述的策略常常無

法發揮所預期的效果，有些策略甚至起不了任何調節作用。因此，調配需求與供給，對服務管理人員更是當前最大挑戰的議題。

一、服務需求

心理學家 Abraham Maslow 博士建立了生理、安全、社會、尊重及自我實現等五種人類需求層級理論。人們在試圖滿足更高層級的需求前會先滿足較低層級的需求，而人們的行為受到這些需求的影響，導致未滿足的需求會刺激行為。這種理論提供管理者瞭解人們消費行為的一個有用架構，其證明服務的存在是為了滿足各種層次的需求，此稱之為「服務需求」（Service Demand）。因此，服務組織在提供服務之前，應先探討以下服務的需求層面，始能達到有效的滿足層次。

㈠瞭解顧客的需求

「**瞭解顧客需求**」有助於服務組織決定管理需求的策略，是有效管理需求最重要的要件。要瞭解這些需求，服務組織應在合法體制與合理成本下，先蒐集商圈顧客與潛在消費者的人口統計資料（如性別、年齡、職業、收入）、生活型態特徵、購買動機等資訊，再詳細分析作為策略運用的參考依據。例如，從促銷摸彩券的回條資料配合當期銷售情報系統，統計分析來店顧客的性別、年齡、職業、客單價及消費品項比例，以提供更符合需求的服務。

㈡影響需求的策略

因為服務的無形與多變，使服務需求常受到價格、競爭、商圈結構、消費水平、相似服務等因素的影響，而難以直接控制。然而，經由定價、預約、溝通、促銷活動、額外服務、互補性服務等策略，都可以有效的影響服務需求，加強掌控能力。但是並非所有策略都適合每一服務組織，服務經理人應當適時適性的運用調整。

瞭解顧客需求
應在合法體制與合理成本下，先蒐集商圈顧客與潛在消費者的人口統計資料、生活型態特徵、購買動機等資訊，再詳細分析作為策略運用的參考依據。

(三)需求收益管理

「**需求收益管理**」的定義是先區隔收益單位，再將不同的商品售予不同的顧客需求，以達到極大化的收益目標。易言之，在服務產業是將不同的服務水準提供給不同的顧客群。在下列的營運情況下頗適合應用需求收益管理：(1)服務組織的營運產能固定；(2)需求可以明確的被區隔開；(3)商品不易被保存；(4)商品具體可預售；(5)需求起伏變化很大的產品；(6)邊際銷售與生產成本低的產品，但是產能變更成本卻很高。

現在的百貨賣場已不再是只提供高級品給高消費者，為了創造更大的營運收益，針對不同的顧客訴求，提供多元化的無形服務和有形商品，極力滿足各階層的消費者。航空公司更針對各種不同需求的旅客，提供頭等艙、商務艙、經濟艙及線上搶購的特廉艙等不同的服務水準機位。

(四)等候線管理

「**等候線管理**」（**Waiting-line Management**）很適用於服務產業，尤其零售業最容易發生顧客排隊等候的現象，在服務組織無法避免此情況時，顧客很可能不願等待而離開服務系統，造成賣場莫大的營運損失。David Maister 提出以下有關等待認知和心理的八項命題，讓服務管理人員更清楚瞭解排隊等候的心理，並建議能夠緩和這些問題，以減少顧客和服務提供者痛苦的等待經驗，降低因等候造成顧客流失對組織營運的負面影響。

1. 空閒的時間感覺比忙碌的時間長。

2. 服務前的等待感覺比服務中的等待時間來得長。

3. 焦慮讓顧客覺得等待時間更久。

4. 不確定的等待比明確的等待時間要長。

5. 未經解釋的等待會比有解釋的等待時間還長。

6. 不公平的等待比公平的等待時間還長。

7. 越有價值的服務，顧客願意等待的時間越長。

8. 單獨的等待比群體等待的時間來得長。

另外，Lovelock 以這些認知問題為觀察基礎，補充提出如下兩項等候心理認知：

　1. 身體不適時的等待比身體狀況良好時的等待時間來得長。

　2. 新手服務員讓顧客等待的時間比資深服務員來得長。

二、服務供給

所謂「**服務供給**」（Service Supply）就是服務管理的產能，簡稱為服務產能。此產能通常被定義為最大的產出率，然而因為服務的多變性及面對不同的需求對象，服務供給的產出衡量很難標準化，所以每天的產能可能會不一樣。例如，在同一設施地點的汽車展售場，展售人員面對電機知識較豐富的顧客需求，必須花費較多時間作解說服務，其服務產能自然比只重視汽車外表、顏色及品牌的顧客來得低。因此，服務供給應從產能的構成要素加以探討，再擬定適當的供給策略，才能滿足顧客的需求。

(一)服務產能的構成要素

「**服務產能**」的主要構成要素包括人力資源、設施地點、設備器材、實體環境、產出時間、顧客參與等六項。

「**人力資源**」對服務產出具有直接影響力，大部分的服務產出都是高度依賴人力，即使所銷售的產品是屬於實體商品，仍然需要搭配人員的服務流程，才能完成實際的產出。所以，人力資源的組合、人格成長培訓、專業知識與技能提升、管理作業規劃及適當的獎勵與升遷制度，都會提高服務的生產力。例如，好的專櫃化妝品需要配合受過完整教育訓練的化妝師，以專業的化妝品知識和技能來推廣服務，達到服務行銷的生產力。

「**設施地點**」是服務產出的具體空間，也是消費行為發生的地方。在這裡藉由周邊設施的功能，提供服務產出與消費需求的交易平台。設施地點考慮的因素以商圈環境和立地條件為主，最佳的設

服務供給
就是服務產能，被定義為最大的產出率，然而因為服務的多變性及面對不同的需求對象，服務供給的產出衡量很難標準化，所以每天的產能可能會不一樣。

服務產能的主要構成要素包括人力資源、設施地點、設備器材、實體環境、產出時間、顧客參與等。

人力資源
大部分的服務產出都是高度依賴人力，即使所銷售的產品是屬於實體商品，仍然需要搭配人員的服務流程，才能完成實際的產出。

設施地點
是服務產出的具體空間，也是消費行為發生的地方。在這裡藉由周邊設施的功能，提供服務產出與消費需求的交易平台。

施地點對服務生產力是有絕對的正面效果。反之，不適當的地點，會使服務產能事倍功半。例如，一家交通條件方便及停車場設施都很完善的百貨公司，其停車服務肯定會帶動其他服務的產能。反之，其他的服務產能可能會受到停車不便而影響生產力。

「**設備器材**」是輔助服務產能的最佳工具，它使服務產出更具體有形，讓需求者更能感受服務的存在。在服務的傳遞過程中，設備器材一開始就會被設計在此系統裡，以提高服務的生產力。統一7-Eleven 以 4℃ 冷藏展示櫃提供新鮮食品服務，更以電子訂貨終端機在 20 坪左右的小賣場強化補貨能力，力求快速和便利的服務產出，就是設備器材支援提高服務生產力的最佳例證。另外，現代化的賣場所使用的電子收銀設備，也大幅縮短消費者的等候時間，提升服務產能效率。

「**實體環境**」在此強調於硬體的規劃和氣氛的佈置，包括賣場的外觀設計、店面的規劃、照明設計、色彩計畫、標示指引、促銷廣告及音樂等販促氣氛。服務的產能與製造產能最大差別，在於服務產出時有顧客參與。所以，必須於實體環境塑造有魅力的販促氣氛，讓員工及顧客在參與服務產出時有舒適的感受，無形中提高生產力。

「**產出時間**」影響服務產能的方式，有變更不同時段的產出組合和將產出轉移到其他時段而調節產能兩種。例如，將賣場的營業時間延長，或者利用促銷策略平衡服務尖峰產能，都是提高總產能的方法。

「**顧客參與**」是大部分服務業產能的構成要素，主要是多數的服務必須仰賴消費者親自參與才能完成。有些服務是提供者和消費者同時參與完成（如餐飲服務），顧客僅完成部分工作；而有些服務則是完全由消費者單獨完成（如自動販賣機）。

㈡服務供給策略

針對服務產能的構成要素，可擬定出工作力調整、輪調訓練、提高顧客參與度、商業自動化、時程與流程改善、異業聯盟等六項

「**服務供給策略**」（Service-supply Strategies）。然而，執行這些策略時需依照行業特性加以調整，以發揮該服務組織的最大產能為原則。

　　「**工作力調整**」係針對服務組織的預期規劃，來增加或減少人力的需求。例如，很多賣場會在開幕期間增聘工讀生或從其他分店調派員工支援，為此尖峰期間提供更多的服務。然而，必須注意的是，臨時支援的工作力必須統一規劃訓練，避免慌張上線反而影響服務產能。

　　「**輪調訓練**」可培訓出多能的員工，以勝任多變性的服務產出。多數的服務工作都比製造產品來得多變與複雜，所以平時有計畫的實施輪調訓練，不僅可以豐富工作能力滿足顧客需求，又可降低員工對單一工作的厭倦感及提升自我成長機會。

　　「**提高顧客參與度**」可以加速完成服務及降低組織的人力投入，進而提高服務的產能。越來越多的服務組織在設計服務流程時，刻意提高顧客的參與程度，以加速服務及減少人力成本，也滿足消費者的自主權。例如，速食店和自助式餐廳，服務組織可以節省很多的供給人力，顧客更可以隨心所欲選用喜愛的食物。然而，必須注意的是顧客參與的風險，如果顧客對服務傳遞流程不勝熟悉，反而影響作業供給速度，因而降低服務產能。

　　「**商業自動化**」可以提高服務效率和品質，更可降低人工作業成本。如同工業尋求自動化生產以提升競爭優勢一樣，服務業自動化是產業升級的必然條件。從早期大排長龍等待結帳的商店，到電子收銀系統的現代化賣場，都顯示出商業自動化的趨勢。

　　「**時程與流程改善**」係針對不同行業特性與顧客需求，加以調整服務時程和流程，以增加服務產能和提高經營效益。多數的便利商店為提高服務生產力，從原來的有限營業時間延長到 24 小時，直到今日的全年無休。百貨公司更時常為了搶先機，將室內的服務傳遞流程延伸到室外的展售會，創造更大的產出效果。

　　「**異業聯盟**」是將相關服務產品結合，或同屬性的服務產業複合在一起，以擴大服務範圍，滿足顧客需求。當便利商店結合各項

工作力調整
係針對服務組織的預期規劃，來增加或減少人力的需求。

輪調訓練
可培訓出多能的員工，以勝任多變性的服務產出。

提高顧客參與度
可以加速完成服務及降低組織的人力投入，進而提高服務的產能。

商業自動化
可以提高服務效率和品質，更可降低人工作業成本。

時程與流程改善
係針對不同行業特性與顧客需求，加以調整服務時程和流程，以增加服務產能和提高經營效益。

異業聯盟
是將相關服務產品結合，或同屬性的服務產業複合在一起，以擴大服務範圍，滿足顧客需求。

公共事業繳款服務及引進自動提款機，都為商圈內的顧客帶來莫大的方便，也為服務組織創造很高的產能。

第二節 　收銀服務管理

現代化賣場大都已經規劃為自助式販售型態，消費者可以隨意參觀比較，挑選最適合的商品，再到收銀台結帳。顧客在賣場裡除了需要解說員的服務之外，所接觸到的唯一賣場人員可能只有收銀員。換句話說，顧客與賣場人員的互動幾乎是只有發生在收銀工作區，因此收銀員的行為表現等於代表了賣場的經營形象，由此可見收銀管理作業的重要性。

整體性收銀服務的完善與否，足以影響顧客重複消費的意願。因此，「**收銀員的工作任務**」除了收銀作業之外，還包括著服務禮儀、資訊管理、情報提供與活動推廣、抱怨處理、失竊防範等多項賣場管理要項。也唯有做好這些賣場門面工作，才能提升顧客服務品質和賣場經營形象，確保顧客再次光臨惠顧的機會。

收銀員的工作任務
除了收銀作業之外，還包括著服務禮儀、資訊管理、情報提供與活動推廣、抱怨處理、失竊防範等多項賣場管理要項。

壹、收銀作業

收銀作業範圍從作業規定到作業稽核，都應有明確的規範可遵照執行，才不會造成服務及管理的缺失。這些規範涵蓋收銀作業規定、收銀作業流程、收銀排班及交接班作業管理等。

一、收銀作業規定

為了確保收銀管理的安全性，及避免不必要的舞弊誤會，收銀人員應該遵守以下的收銀作業規定：

　　1. 收銀員值勤時，應將私有現金寄存公司會計部門，身上不可

攜帶任何現金，避免與公款混淆，造成誤會與結算困擾。另外，除茶水之外，收銀台不可放置任何私人物品。

2. 收銀員值勤時，應專注工作，不可閒聊嘻笑，並隨時機警注意任何動態，以防範狀況發生或及時處理。

3. 收銀員不可任意打開收銀機點算金錢，避免舞弊嫌疑和安全缺失。

4. 收銀員應熟悉賣場各項政策、銷售活動、商品資訊及其他相關訊息，以能及時回答顧客問題，並主動將相關訊息告知顧客。

5. 收銀員不可為親朋好友結帳，避免發生舞弊誤會。

6. 收銀員值勤時，不可擅自離開崗位。如須離開收銀櫃台，應依照賣場規定報准，得有代理人或將「暫停結帳」排示告知顧客。暫停結帳時，應將收銀機安全上鎖，並以鍊條封鎖結帳通道，明示顧客由其他櫃台結帳。

7. 確實遵守賣場之結帳規定，達到正確、迅速的結帳服務，以贏得顧客的信任度。

8. 收取大鈔時，確實按照辨識步驟加以判別真偽。

9. 裝置收銀機發票時，收執聯和存根聯必須有一致的號碼，其位置不可錯誤，並且依照順序使用。

10. 結帳時應確認商品價格，如發現有誤差時，應立即查明並向顧客解說清楚。

11. 收銀員不可答應兌換金錢之要求，避免遭受詐騙損失及影響賣場的現金控制。

12. 收銀員應遵守賣場的折扣政策及優待對象，嚴格禁止私自折扣或優惠。

二、收銀作業流程規範

收銀作業雖然繁雜，但是如能按照表 16-1 所示營業前、營業中、營業後之流程規範來執行，可確保收銀工作順利，提升收銀服務品質及營運效率。

⬛ 表 16-1　收銀作業流程規範

營業前收銀作業規範：

1. 整理收銀作業區之收銀機、收銀台、服務台、包裝台、端頭架、桌上架、購物車籃等設施，及作業區四周環境清潔工作。
2. 補充收銀區必備物品，包括統一發票、空白收銀紙、包裝紙、購物環保袋、商品相關備品（如吸管、筷子）、文具、抹布、點鈔油、結帳現金袋、交班記錄表、告示牌（如暫停結帳牌）等。
3. 補充端頭架及桌上架之商品。
4. 準備找錢用的定額硬幣及紙鈔，依序置妥於收銀機內。
5. 檢驗收銀機之發票收執聯和存根聯的裝置、號碼、日期、程式設定、統計數值等是否正確。
6. 檢驗發票列印機、條碼感應機、顯示螢幕、鍵盤、刷卡機等操作正常。
7. 檢查收銀人員之服裝儀容和服務禮儀訓練。
8. 熟記當日之賣場活動內容，並確認變價商品及特價品之價格和販促位置。

營業中收銀作業規範：

1. 招呼問候顧客。
2. 仔細為顧客作結帳服務。
3. 小心有序地為顧客作商品入袋或放置購物車籃之服務。
4. 特販作業如折價券、現金抵用券、贈品、點券、折扣等作業的處理。
5. 在收銀空檔時應補充收銀區之各項必備物品和商品、補充零錢、整理退貨及收銀區環境。
6. 處理顧客作廢的發票。
7. 處理顧客抱怨及回覆顧客之相關詢問。
8. 交班結算作業。

營業後收銀作業規範：

1. 整理當日所有作廢的發票。
2. 整理當日各種優惠點券。
3. 結算當日營業總額。
4. 整理收銀櫃台及周圍環境。
5. 關閉收銀機電源並蓋上護套。
6. 協助整理擦拭購物車籃及賣場善後工作。

三、收銀排班及交接班作業管理

賣場收銀服務是直接面對每一位顧客的服務產出，服務提供者自是不能缺席或過勞，以免造成產能失衡及重大服務缺失。為了維持收銀服務產能的平衡及提高收銀服務品質，收銀排班及交接班管理應明訂有效可遵守的作業規範。

「**收銀排班作業**」應依據勞基法相關規定，配合賣場營業時間及情況，將編制內的收銀服務員予以輪班及輪休安排，提供顧客最佳的服務。安排輪班作業時，必須考慮賣場營業的時間長短，作為排班班次的主要考量因素。接著考慮不同時段的來客數，以便在尖峰時段安排較多的服務人力，紓緩顧客久候結帳的壓力。同時考慮假日、節慶及促銷期的營業狀況之需，以利提早調整輪班及輪休作業。另外，為配合營運需要，可考慮在營業尖峰時段或期間，彈性安排兼職人員負責部分簡易的收銀作業。總結所有排班因素之後，服務經理人即可以一週或一個月為基準，擬定「收銀服務人員排班表」，並張貼公布，確實按表實施。

「**交接班作業**」著重在現金交接、商品和物品交接、及賣場狀況瞭解。兩班人員除了自我管理之外，更應幫忙檢視、提醒對方的作業疏忽，避免造成賣場的管理缺口。此作業流程涵蓋交班前、接班前及交接班等作業事項。

「**交班前作業**」有：(1)當班收銀員準備下班前，應將必備物品及商品補齊；(2)清潔、整理收銀區環境；(3)備妥交班金及零找金；(4)填寫收銀員日報表及交班簿等事項。

「**接班前作業**」有：(1)簽到並詳閱交班簿；(2)檢查監視器並換裝錄影帶；(3)檢視上一班人員之環境清潔工作及補貨作業是否完成；(4)清點商品及備品並簽名記錄等事項。

「**交接班作業**」有：(1)相互清點交班金及零找金；(2)由接班人員按確認責任鍵；(3)交班人員將實收現金投入金庫並記錄之；(4)兩班人員相互溝通，瞭解收銀情形及賣場狀況；(5)交班者檢視接班者之服裝儀容；(6)接班者檢查交班者之皮包及手提袋等事項。

貳、服務禮儀

「**收銀區的禮儀**」是從事服務產業人員的基本條件，尤其在零售賣場更是建立與顧客之間良好關係的要素，使顧客對賣場留下好的印象。這些基本條件包含合適的服裝儀容、服務態度和賣場用

收銀排班作業
應依據勞基法相關規定，配合賣場營業時間及情況，將編制內的收銀服務員予以輪班及輪休安排，提供顧客最佳的服務。

交接班作業
著重在現金交接、商品和物品交接、及賣場狀況瞭解。

收銀區的禮儀
是從事服務產業人員的基本條件，尤其在零售賣場更是建立與顧客之間良好關係的要素，使顧客對賣場留下好的印象。

語、熟練的操作技巧等。

一、合適的服裝儀容

服裝儀容
以整齊清潔、簡單大方
，並能表現出親切有朝
氣為原則。

收銀人員的「**服裝儀容**」以整齊清潔、簡單大方，並能表現出親切有朝氣為原則。茲將服裝儀容應注意之事項明列如下：

1. 穿著合身得體的服裝或賣場規定的制服，衣服、鞋襪、領結等必須保持一致且維持整潔不起皺。
2. 將員工識別證及服務臂章一致配掛在明顯的固定位置。
3. 頭髮應梳理整齊，避免蓬散、過長、油膩、頭皮屑或過度染色，髮型以自然清爽為原則，勿過度誇張創意。
4. 適宜的淡妝可以顯得更有朝氣。切勿濃妝豔抹和配戴太多的首飾，以免造成與顧客的距離感。尤其避免不當的穿飾，如穿鼻飾、眼皮飾及嘴唇飾等。
5. 上班前將牙齒刷乾淨並避免口臭，同時修剪鼻毛。
6. 適度的口紅或護唇膏。
7. 修剪指甲，勿塗抹太過鮮豔的指甲油，並且隨時保持雙手乾淨。
8. 檢查是否配戴服務名牌、手帕、便條紙、相關文具用品等。
9. 穿著得體舒適的鞋子並保持鞋面整潔光亮，切勿穿著鞋跟太高的鞋子，以免站立時過度勞累。

二、服務態度和賣場用語

賣場在商業環境的激烈競爭之下，提升服務品質已是經營優勢的基本條件。收銀員應隨時面帶笑容，主動和禮貌的服務及協助顧客，且在不影響作業範圍內與顧客作適度的交談互動，使顧客能在購物之餘，感受到親切友善的服務氣氛。以下將說明收銀員在服務態度和禮貌性用語表現時應注意之事項：

1. 隨時保持微笑，禮貌親切且真誠的對待每一位顧客。
2. 顧客若有不解或誤解之處，應耐心委婉地詳加解說，切勿怒

斥與顧客辯解。

3. 在營業時間內，無論處於任何買賣情況之下，都應控制自己的情緒，保持冷靜與機警，適時請求相關同仁支援處理，避免與消費者發生衝突。

4. 第一時間接觸顧客時，適度使用問好用語，如歡迎光臨、早安、先生／小姐您好等，無須大聲吆喝或提高音量以避免產生負面效果。

5. 協助顧客找商品及解答問題時使用「是的、好的」、「我明白了」、「請稍等」、「讓您久等了」、「不好意思，讓您久等了」。

6. 進行結帳時使用「歡迎光臨」、「請」，避免結帳同時與顧客交談，以免發生帳目錯誤。

7. 結帳時應讀出商品名稱、數量與金額。

8. 金額統計完應讀出總額，金錢交付往來時應告知顧客「收您××元」、「找您××元」、「謝謝您」。

9. 結帳後應說「謝謝您，歡迎再光臨」。

10. 使用以上禮貌用語時，務必親切、誠懇、微笑，不可流於公式化而面無表情。

三、熟練的操作技巧

大部分的顧客都希望在選購之後，儘快結完帳離開賣場，不希望排隊等候太久。因此，收銀員必須有如下的熟練收銀動作，充分掌握作業技巧，正確又快速的完成收銀作業。

1. 快速的商品分類及條碼掃瞄作業。

2. 收銀機的熟練操作。

3. 熟練的刷卡作業。

4. 正確而快速的裝袋服務。

5. 現鈔的真偽辨識。

6. 正確無誤的找錢服務。

參、資訊管理

　　現在較具規模的賣場或連鎖商店都已使用**POS**（**Point of Sale**）「**銷售情報管理系統**」，其主要藉由收銀時的銷售資料輸入，自動存檔並分析賣場營運相關資訊，以供擬定銷售計畫及營運決策之依據。所以，收銀員在作業時務必遵照相關規定及專業技能來執行。這些情報系統資訊包括銷售日報表、商品銷售排行表、存貨紀錄表、促銷成效表、顧客意見表、顧客年齡層、顧客性別層等。從以上資訊，管理者可清楚得知營業額、銷售量、銷售比率、來客數及客單價、毛利率、商品迴轉率、暢銷品與滯銷品、促銷結果、顧客抱怨程度與頻率及市場區隔等，以作為日後目標設定與策略運用之參考。

肆、情報提供與活動推廣

　　收銀管理作業常常需要扮演行銷組合的推廣角色，例如，將新產品資訊告知顧客、協助促銷活動的推展進行、提醒顧客相關的優惠事項、回答相關的商品情報或流行趨勢。顧客常經由收銀員適當的告知、推廣或解說，而提高其購買意願及對賣場的信任度。

伍、失竊防範

　　賣場商品失竊行為雖大都發生在陳列區，然而有時管理人員欠缺具體的證據時，不能輕率懷疑顧客，而必須配合收銀員的察覺防範。例如，當收銀員接獲可疑告知時，應注意並確認消費者之偷竊商品未經付帳即行離開，等其要離開賣場時應予以揭發並呈上處理。另外，收銀區最容易發生詐騙及搶劫事件。詐騙行為可藉由平常的教育訓練和狀況模擬來加以防範，如使用驗鈔筆按照驗假鈔要點，詳細檢查大鈔。還有事先模擬可能的詐騙手法，加以因應演

練。至於搶劫事件大都為突發狀況且讓人措手不及，除裝設保全系統之外，收銀人員應隨時保持警覺性，尤其當夜班、來客數少的時段，更應注意店面閒逛者的舉動。賣場應隨時保持內外的明亮度，以降低歹徒行搶的動機。若真發生搶劫意外，應先顧及人身安全並迅速按警鈴，通報相關單位。

第三節　服務競爭策略

壹、瞭解競爭環境

　　根據 Michael E. Porter 在定義競爭環境時所提出的新進入的競爭者、替代品的威脅、買方的議價能力、供應商的議價能力、現存競爭者的競爭程度等五種力量。賣場在經營上為求不被淘汰，著實應運用此五力分析，深入瞭解現有商圈的競爭條件及潛在的競爭環境，發展組織有效策略以回應競爭環境和競爭者，不斷提升經營競爭優勢。

　　「**新進入者的參與**」常帶入新的競爭條件和產能，如新產品、新設備、新技術與更好的新服務，這些條件的引進都是現存企業需要面對挑戰的的競爭力量，這挑戰隱含著現存企業有可能面臨顧客流失、市場佔有率降低及獲利減少等經營壓力。例如，當 SOGO 百貨公司引進更多的新商品和新穎設備，及提供更好的顧客服務進入高雄三多商圈，隨即形成新光三越百貨公司的經營威脅。

　　「**替代品的威脅**」是競爭者以相同基本功能的服務商品滿足顧客的需求，構成原服務組織的主商品之銷售威脅。尤其差異性不大或附加價值不高的服務，競爭者很容易推出新替代品或增加輔助服務，以取代原服務商品。

　　「**買方的議價能力**」也就是當顧客不斷的尋求較低價格、更高

Porter 五力分析
是新進入的競爭者、替代品的威脅、買方的議價能力、供應商的議價能力、現存競爭者的競爭程度等五種力量之分析。

新進入者的參與
常引進新的競爭條件和產能，使現存企業有可能面臨顧客流失、市場佔有率降低及獲利減少等經營壓力。

替代品的威脅
是競爭者以相同基本功能的服務商品滿足顧客的需求，構成原服務組織的主商品之銷售威脅。

買方的議價能力
也就是當顧客不斷的尋求較低價格、更高的品質和更多更好的服務時，會造成的產業組織間的競爭壓力，同業之間彼此相互抗衡。

供應商的議價能力
係指上游廠商對下游產業提高供給條件，造成產業組織的經營壓力。

現存競爭者的競爭程度
包括實力相當的主要競爭者、產業成長緩慢市場被瓜分、高的固定成本、缺少差異化、高比率的重疊商品、競爭者產能大增、高出口障礙形成內銷競爭等。

的品質和更多更好的服務時，會造成的產業組織間的競爭壓力，同業之間彼此相互抗衡。如果大多數顧客所尋求購買的商品是產業組織的主力商品時，此衝擊更會提高競爭力量。例如，當大多數的消費者都在尋求更新鮮價廉與便利的生鮮食品時，生鮮超級市場勢必掀起一陣「搶鮮優惠」大活動。

「**供應商的議價能力**」係指上游廠商對下游產業提高供給條件，造成產業組織的經營壓力。此條件可能是提高供應價格、提高付款標準、降低產品品質或延長配送流程等，都足以構成經營威脅。另外，在高人力依賴度的服務產業，若是工會組織提高談判籌碼，也將嚴重影響服務組織的正常營運。

「**現存競爭者的競爭程度**」之原因包括實力相當的主要競爭者、產業成長緩慢市場被瓜分、高的固定成本、缺少差異化、高比率的重疊商品、競爭者產能大增、高出口障礙形成內銷競爭等。這些原因可能衍生多種的競爭形式，包含價格競爭、強勢廣告與促銷活動、新商品導入、加強品質保證、擴大服務範圍或提高服務品質等，使競爭程度不斷提升。

除了以上五種主要競爭原因之外，尚應瞭解產業低進入障礙、小型經濟規模、不規則的銷售波動、顧客忠誠度、政府管制的障礙等造成服務業激烈競爭的多重要因，以為擬定有效的競爭策略作正確評估。

貳、一般性競爭策略

服務組織的策略發展應該清楚衡量內部的能力與資源，同時評估產業中的機會與威脅，並考慮內外在環境的相互關係與社會大眾的期望。綜合這些相關因素，始能確認並選擇可行的策略形式。Michael E. Porter 在其達成競爭優勢的研究中，即確認「成本領導者」、「差異化」與「集中化」等三種明顯不同的競爭策略，稱之為「**波特的競爭策略**」（**Porter's Competitive Strategies**）。

一、成本領導者策略

「**成本領導者策略**」（**Cost-leadership Strategy**）是產業中的成本領導者都會強化具有經濟規模且高效率的產出設施和創新技術，並嚴格的控管成本效益，使低成本優勢成為市場侵略與防禦競爭的利器。如果產業中的組織呈現高成本與低效率的產出狀態，將會在此競爭策略中遭受嚴重的打擊。實行低成本策略必須注入大量的資金，而且短期間無法回收，必須暫時的損失利潤以取得市場佔有率。同時要積極擬定有效的定價策略，配合配銷系統及相關推廣活動，以爭取市場契機，甚而引導業別革命。取得低成本領導者地位的方法有尋找低成本客戶、將服務具體標準化、降低服務提供的人力成本、降低服務傳遞（或通路）成本、力求服務營運非現場化、提高電子化服務供給、善用資訊科技縮短服務流程等幾種，服務組織視時機與評估加以運用實施，當可形成此策略優勢。

二、差異化策略

「**差異化策略**」（**Differentiation Strategy**）是將服務組織的企業形象、產出技術、商品特色、品牌形象、顧客服務、實體環境、傳遞流程等優於競爭者的獨特效能，呈現於供給市場，使顧客感受到此組織所提供的是競爭者無法比擬的獨一無二服務。採用差異化策略應建立在顧客的忠誠度與合理成本基礎上的獨特性，不可為求差異化而忽視成本控制。建立差異化策略的實行方法如降低顧客的風險感覺、將標準商品個性化、使無形服務具體化、著重員工教育訓練、實行全面品質管制等幾種，服務組織當採取多種措施來達到差異化目標，贏得顧客最大忠誠度。

成本領導者策略
是產業中的成本領導者都會強化具有經濟規模且高效率的產出設施和創新技術，並嚴格的控管成本效益，使低成本優勢成為市場侵略與防禦競爭的利器。

差異化策略
是將服務組織的企業形象、產出技術、商品特色、品牌形象、顧客服務、實體環境、傳遞流程等優於競爭者的獨特效能，呈現於供給市場，使顧客感受到此組織所提供的是競爭者無法比擬的獨一無二服務。

三、集中化策略

集中化策略
是服務組織全力服務於
一個較集中的目標市場
，比分散致力於多方市
場來得有效能和效率。

「**集中化策略**」（**Focus Strategy**）是服務組織全力服務於一個較集中的目標市場，比分散致力於多方市場來得有效能和效率。在較集中的市場，服務組織可以提供品質穩定、優勢的價格與傳遞流程，滿足顧客需求，達到差異化的目的。集中化策略實際上是成本領導者策略和差異化策略，在某一個區隔市場中的具體定位表現，所表現的形式有成本集中和差異化集中兩種。成本集中和差異化集中與成本領導者策略和差異化策略的差別是，前兩者在產業市場範圍是相當有限，而後兩者則包括了整個產業或產業的大部分。因此，任何成功的集中策略，所定位的目標市場必須是競爭者所忽略或顧及不到的市場，針對這樣的市場採取成本集中或差異化集中策略，才能發揮攻擊效果，獲得競爭優勢。

參、有競爭力的服務策略

服務策略的目的
是為滿足顧客的需求，
或為顧客提供某種利益
、產生對顧客所認知的
價值。

「**服務策略的目的**」是為滿足顧客的需求，或為顧客提供某種利益、產生對顧客所認知的價值。當顧客對服務的認定價值越高，給付的價格也越高，相對的顧客滿意度就會提升，對服務組織的未來發展更具有競爭力。因此，形成有競爭力的服務策略，已是服務組織除了考量一般性競爭策略之外的必要謀略。

一、策略性服務願景的要素

策略性服務願景的要素包含目標市場區隔、服務概念、營運策略、服務傳送系統等四項基本要素，及定位、價值／成本的槓桿作用、策略／系統整合等三項整合要素。

㈠基本要素

基本要素的開始是「**目標市場區隔**」（**Target-market Segmentation**），其根據地理位置、人口統計、心理統計等相關可供區隔條件，識別區分具有相同特性、需求、消費行為和購買模式的顧客群，針對這些非常異於其他區隔的顧客，試想該提供什麼服務、用什麼方式、由什麼人去執行，以滿足這顧客群體。

接著以服務組織明確認知「**服務概念**」（**Service Conception**），其必須依照對顧客所提供的利益、對員工所執行的成果、對組織所經營的行業來定義服務的觀念。定義時應該適度著眼於未來技術流程提升、消費模式改變、資訊科技進步及其他相關機會所衍生的市場擴展。要注意的是，不可太過於廣泛定義，以免超出服務組織的能力與財力範圍，導致反效果。同樣地，也不可太過狹隘的定義，以免暴露組織型態，遭受競爭者或相關產業突如其來的攻擊。

「**營運策略**」（**Operational Strategy**）是服務組織一系列的計畫和政策。策略範圍包括人力資源、財務管理、行銷管理、產出及研發等營運功能，其掌握著人事組織政策、品質與成本的控制、投入與產出的平衡作用。

「**服務傳送系統**」（**Service Delivery System**）是服務組織在服務產出與銷售過程如何計畫經營，其設計必須達到顧客滿意的最大值，且不易被複製，足以構成潛在競爭者的障礙。因此，系統的設計必須考慮到服務提供者的工作描述和顧客參與期間所扮演的角色，同時還要藉由相關硬體設備、技術及實體環境的輔助搭配，始能設計出良好的服務傳送系統。

㈡整合要素

整合要素的開始為定位問題。服務組織如何將其營運功能有異於競爭者，稱之為「**定位**」（**Fixed Position**）。組織定位時要先對顧客需求及組織能力有明確的認知，更應深刻瞭解競爭者的營運能力及服務供給策略，以求知己知彼。從認知與理解的要素當中，尋

目標市場區隔
識別區分具有相同特性、需求、消費行為和購買模式的顧客群，針對這些非常異於其他區隔的顧客，試想該提供什麼服務、用什麼方式、由什麼人去執行，以滿足這顧客群體。

服務概念
必須依照對顧客所提供的利益、對員工所執行的成果、對組織所經營的行業來定義服務的觀念。

營運策略
是服務組織一系列的計畫和政策，其掌握著人事組織政策、品質與成本的控制、投入與產出的平衡作用。

服務傳送系統
是服務組織在服務產出與銷售過程如何計畫經營，其設計必須達到顧客滿意的最大值，且不易被複製，足以構成潛在競爭者的障礙。

定位
服務組織如何將其營運功能有異於競爭者，稱之為定位。

求發展符合目標市場的服務概念，擬定具競爭力的服務商品、傳遞系統、成本控制、推廣活動、配銷通路等策略，以達到獨特性的競爭優勢。

「**價值／成本的槓桿作用**」（**Value and Cost Lverage**）是當需求者對服務商品的認知附加價值遠超過提供者的產出成本。如此，服務組織可獲得高於競爭者的利潤。然而，要創造比競爭者還高的附加價值，勢必要定位及設計良好的服務概念與技術，以提供顧客更獨特的利益。此概念與技術有如嚴格控管服務過程的品質、增加個性化商品的特色，並加以標準化、掌握需求與供給的平衡，及肯定並提高顧客的參與度，都是可創造高附加價值的戰略。

「**策略／系統整合**」（**Strategy and System Integration**）是將營運策略和傳遞系統結合成有系統性的整體。服務組織經由人力資源管理，設計出高價值服務和效率化的過程，並藉由可行的戰略與設備輔助，使營運策略和傳遞系統達到最好的協調性。在整合的過程當中除了滿足顧客之外，也同時提供合理報酬及升遷制度獎勵員工，達到相輔相成的整合效果。

二、留住顧客策略

服務組織要留住顧客，應先在組織內實行服務品質缺失管理，營造全面的零缺點文化，確實改善服務缺失。然後與顧客建立起夥伴關係，強化顧客對組織的忠誠度。運用服務保證方式，讓顧客對所提供的服務商品有足夠的認同感，提升對組織的高度信任。

㈠缺失管理

「**缺失管理**」是致力於尋找顧客有可能流失的原因，以持續改進服務提供系統，將未來的服務缺失降到最低。如同製造業實施品質零缺點管理一樣，服務業在此方面也力求完善。然而不同的是，製造業有明確的產品規格與標準，有可能盡力的達到零缺點目標。但是，由於服務業產品的無形性與異質性，每個顧客對品質有不同

的期望與要求，造成服務產品的品質無法完全標準化，要達到零缺點管理的目標就顯的更困難。因此，為了克服這一困難，則需要分析顧客流失的原因，再針對這些原因施予有效的管理方法，力求零缺點服務目標。

　　通常導致顧客離開的原因可歸類價格、品質、服務、市場等幾方面。當顧客沒有高度的忠誠度時，很容易轉向低價格的提供者。若是服務組織所提供的品質低落或不如顧客的預期，也是造成顧客流失的原因。另外，當新的服務組織能夠提供更好、更有附加價值的服務時，也會導致顧客流失。最後的顧客流失原因是市場因素，如顧客遷址、顧客對提供者的認知及消費行為改變、商圈結構變動、提供者對市場的重新定位、市場策略或業務失敗等。

　　分析得知顧客流失原因以後，可進行以下的方式管理，加以持續改善，達到零缺點目標。首先必須與組織內部員工充分溝通，要對服務零缺點有完全的認知，並言行一致的執行改善工作。接著營造服務零缺點文化，加強缺失管理的教育訓練，培訓員工有能力蒐集市場資訊和掌握顧客動態，並鼓勵對資訊擬出因應對策。然後訂定獎勵制度，獎勵員工為留住顧客所做的努力，降低服務缺失比率。另外，設定顧客離開的轉換成本，可提高顧客變換提供者的障礙，降低顧客流失率。

　　總而言之，「**缺失管理的原則**」在於顧客流失之前留住顧客，且從已流失的資訊獲得有效的改善方法。其關鍵是使顧客流失的因素可事先測量並預防管理，營造零缺點文化，力求留住顧客為主要目標。

㈡建立顧客忠誠度

　　賣場藉由服務行銷的推廣策略，試圖與顧客發展正式而持續的關係，以建立顧客忠誠度。忠誠度一旦建立，可確保賣場較長期的營運收益，並且避免潛在利益的損失。而維持這種關係最有效的方法就是實施會員制度，會員制度可讓主要支持者和服務組織在相互信任與尊重的基礎上，形成更好的夥伴關係。

缺失管理的原則
在於顧客流失之前留住顧客，且從已流失的資訊獲得有效的改善方法。

賣場藉由服務行銷的推廣策略，試圖與顧客發展正式而持續的關係，以建立顧客忠誠度。

大多數賣場都是屬於零售經營型態，與顧客的交易是屬於分散型態，無法像產業行銷與顧客建立經銷或簽約制度的固定型態。所以，管理者更應努力與顧客建立關係，力求交易的穩定性，像是在開幕時就藉由促銷活動建立會員制度，將主要顧客的需求與喜好記錄備檔，以盡力做到顧客化服務，及推測顧客未來的需求。

當賣場擁有一定的顧客會員基礎時，可實行會員回饋計畫，將交易行為轉換成長期且契約式的定型化關係，形成更高的忠誠度。高忠誠度的顧客群就如同穩固的目標市場，不僅提高競爭者的進入障礙，對於賣場執行各種行銷策略都有事半功倍的效果。

㈢服務保證

「保證」原是製造廠商對所提供的有形產品品質給予顧客的一種有效信任與承諾的策略，產品有了明訂範圍的保證之後，會提高顧客對產品的信任度與購買意願，也提升廠商正面的經營形象。當此策略被運用在服務產業，便是服務組織對顧客所承諾的服務商品品質保證，我們稱之為「**服務保證策略**」（**Service Guarantee Strategy**）。服務組織透過服務保證策略，可以達到留住顧客、穩固市場佔有率及迫使企業改善服務品質的目的。

有效成功的服務保證並不是毫無限制的承諾，也不是只承諾不履行的口號，而是在滿足必要及顧客需求條款的要求下，能夠合理適時的提出兌現。因此，提出保證時應該考慮如下問題：(1)保證事項很瑣碎；(2)保證事項很含糊；(3)保證事項是可預期的；(4)無限制的索賠保證；(5)保證事項趨於口號，不可能發生。

常用的服務保證方式有「口頭保證」、「特定保證」、「無條件保證」等三種。「**口頭保證**」是一種非書面化的承諾，當服務組織具有良好的信譽及口碑，且保證策略有需要靈活調整時，可實施此種保證方式。「**特定保證**」是服務組織在特定範圍的條件下，承擔保證和賠償的責任，這些條件非常明確，只使用於特定的階段和具體的結果。「**無條件保證**」是服務組織不計成本損失，對問題產生所做的完全賠償之保證。此方式是最有力的保證策略，也最容易

服務保證策略
是服務組織對顧客所承諾的服務商品品質保證之策略。

常用的服務保證方式有「口頭保證」、「特定保證」、「無條件保證」等三種。

得到顧客對商品的認同感。

三、回復策略

顧客抱怨對任何企業組織來講是不可避免的，尤其與顧客面對面的服務業賣場，顧客抱怨的機率更高。顧客一有抱怨產生，如果得不到適時合理的回復處理，不僅不再回流消費，更會將抱怨傳播給親朋好友，影響其他消費者的購買意願，甚至會採取更嚴重的報復行為，造成賣場更大的損失。由此可知，顧客抱怨的回復策略是何等的重要。

(一)回復方法

賣場每天面對許多的顧客，不僅要重視顧客抱怨，更要鼓勵顧客將他們的不滿提出來。如此，服務組織才可以發現經營上及管理上所存在的缺失，並且有機會重新與顧客建立良好的關係。如果顧客有不滿意的消費問題而不抱怨或得不到合理的解決，對賣場而言將會是顧客永遠流失與批評散播的雙重損失。

賣場既然避免不了顧客抱怨，就更應該去面對處理，實施合理的回復策略以挽回顧客即將失去的忠誠度。因此，實施回復策略時必須要做到鼓勵抱怨行為、營造回復策略文化、有能力向抱怨者學習。首先，提供簡便快速的顧客抱怨系統，並經常向顧客徵求意見，以蒐集處理實質的缺失問題，確保顧客滿意。接著，在企業內部實施回復教育訓練，培養員工體驗顧客的心情與感覺，並學會及時處理的因應措施，將損失降到最低。

處理顧客抱怨的具體「**回復方法**」有立即改正、折扣優惠、替換保證、發送優惠券或贈品等幾種。抱怨問題發生時，依照不同狀況需求採取適當的方法，才能達到有效的回復作用。

回復方法
有立即改正、折扣優惠、替換保證、發送優惠券或贈品等幾種。

(二)抱怨處理方式

「**賣場常發生的抱怨**」不外乎久候結帳、買不到所需要的商

賣場常發生的抱怨不外乎久候結帳、買不到所需要的商品、品質問題、服務欠佳、結帳金額有誤差或誤解、收銀員或現場人員對商品資訊不瞭解、賣場安全顧慮等問題。

品、品質問題、服務欠佳、結帳金額有誤差或誤解、收銀員或現場人員對商品資訊不瞭解、賣場安全顧慮等問題。當顧客在賣場發生抱怨時，通常都由顧客服務部門來處理。但是，很多中小型賣場都未設置此部門，且都由首當面對顧客抱怨的賣場服務人員來處理。因此，賣場服務人員及管理人員就必須具備以下抱怨處理的基本能力：

- 先安撫顧客情緒。
- 傾聽並仔細瞭解顧客抱怨的原因。
- 承認錯誤或解說誤會，不與顧客爭辯。
- 抱怨原因如屬於抱怨接收者之處理責任內，當立即按照正常手續處理補償，並向顧客道歉。
- 抱怨原因如非抱怨接收者能處理者，當立即呈報主管處之。
- 抱怨原因如非賣場責任，純屬於顧客單方問題，當立即向顧客解釋清楚，切勿置之不理。
- 讓顧客對抱怨處理的過程保持清楚的狀態。
- 表白公司重新獲得顧客的善意。

學習評量及分組討論

1. 服務提供者應瞭解服務本身所具有的哪些特質？

2. 請簡述「服務不可切割性」的兩種類型？

3. 服務組織在提供服務之前，應先探討哪些服務的需求層面？

4. 在哪幾種的營運情況下，適合應用需求收益管理？

5. 服務產能的主要構成要素包括哪些？

6. 請說明「實體環境」與「顧客參與」為何是服務業產能的構成要素？

7. 服務供給策略有哪幾項？

8. 請舉例說明「提高顧客參與度」對服務供給有何優缺點？

9. 收銀人員應該遵守哪些收銀作業規定？

10. Porter 在定義競爭環境時所提出的有哪五種競爭力量？

11.「波特的競爭策略」是指哪些策略？

12. 建立差異化策略的實行方法有哪幾種？

13. 提出服務保證時應該考慮哪些問題？

14. 請簡述三種常用的服務保證方式？

15. 以小組為單位，舉任一服務產業或服務商品，來討論說明服務所具有的各種特質？

16. 以小組為單位，討論所有可能產生的等候心理認知問題？

17. 以小組為單位，討論該組所熟悉的賣場之營業前、營業中、營業後的收銀作業流程規範？

18. 2 人一組，模擬演練交班前、接班前及交接班等作業事項？

19. 2 人一組，模擬演練收銀人員的服裝儀容應該注意的事項？

20. 2 人一組，模擬演練收銀人員在服務態度和禮貌性用語表現時應注意的事項？

第十七章

賣場安全管理

各節重點

第一節　生財設備之安全管理
第二節　公共設施之安全管理
第三節　行政與作業之安全管理
第四節　安全管理之應變作業
學習評量及分組討論

學習目標

1. 瞭解生財器具設備安全事故之發生原因與預防方法。
2. 熟悉設備安全管理之要點及保養事項。
3. 瞭解賣場公共設施及消防安全設備之管理要點。
4. 學習門市安全及員工作業安全管理。
5. 知道如何防範賣場意外災害及防偷搶詐騙之事件。

第一節　生財設備之安全管理

壹、前場陳列設備安全管理

　　前場是一家賣場提供實體商品與服務的最主要區域，在這區域活動的主要對象是賣場的顧客及員工。為了提供完善的消費服務給顧客，前場就必須藉由多種不同功能的生財設備以達到此目的，如商品陳列架、置物掛勾、冷凍冷藏設備、餐飲設備、裝潢等。然而也因為這些設備上的使用，多少引起一些意外事故，常見的事故大致可歸類為動線安全、商品陳列安全、設備按裝安全、設備使用安全、裝潢佈置安全及地板安全等（如表 17-1 所示）。

一、動線安全

　　會有動線安全顧慮的賣場，通常都因事前沒有做好動線規劃，導致營業後產生動線不順暢及通道寬幅不足，而造成意外事件。**動線不順暢**容易混淆顧客的走向，形成擁擠或對撞的情況，尤其在有使用購物車的賣場，此情況會造成較嚴重的對撞傷害。**通道寬幅不足**最容易形成購物車追撞或擦撞，造成顧客受傷。通道寬幅不足的原因除了事前設計不良之外，另一種是營運期間管理不良所造成，例如，補貨人員未依規定將商品上架定位，直接置放在通道兩旁使通道寬幅變小；或者當進行促銷活動時，將通道變成特販區使用，導致顧客推擠，無法行進。

動線不順暢容易混淆顧客的走向，形成擁擠或對撞的情況。

通道寬幅不足最容易形成購物車追撞或擦撞，造成顧客受傷。

📖 表 17-1　前場安全事故之發生原因與預防方法

前場安全事項	發生事故原因	預防方法
動線安全	1. 動線不順暢 2. 通道寬幅不足	1. 開幕前整體規劃 2. 事前適當設計，營運時妥善管理。
商品陳列安全	1. 商品陳列不整齊 2. 擺放位置太高	1. 做好商品分類計畫 2. 實施商品上架教育訓練
設備按裝安全	1. 按裝位置不正確、不穩固 2. 電線走火或漏電	1. 確實施工、試車驗收 2. 加裝金屬線槽、定期檢修
設備使用安全	1. 餐飲機器之蒸氣傷及臉部 2. 冷藏展示櫃之自動回歸門夾傷手臂	1. 先選好食品再開啟櫥櫃門 2. 先將自動回歸門定位再取物 3. 明示簡單易懂的使用說明
裝潢佈置安全	1. 不適當的設計 2. 施工不嚴謹 3. 不合格的材質	1. 規劃完整的設計 2. 要求施工品質 3. 選用合乎標準的材質
地板安全	1. 清洗後未擦乾地板 2. 補貨時沾濕地面 3. 生財設備的排給水管外漏	1. 要求清潔人員確實擦乾地板 2. 補貨時應將濕冷食品置放於盛水盤架上 3. 重新裝配水管、經常清理設備內之雜物、定期檢修管路

二、商品陳列安全

商品陳列不整齊或者擺放位置太高，容易因外力碰撞掉落或因重心不穩而倒塌，砸傷消費者或賣場員工。形成商品陳列不安全的原因，主要是企劃人員沒有做好商品分類計畫，或者陳列人員未依照商品分類原則而陳列，此情況常發生於新進員工或工讀生身上，賣場可定期實施商品教育訓練及現場機會教育。另外一種原因是**陳列架設計不良**，選用太高或太淺的陳列設備，極易造成貨架重心不穩。例如，超商的商品架深度大都設計 45cm，若選用高度 180cm 以上的商品架置於賣場中間，即會形成重心不穩而倒塌的情況。又如麵包店的麵包陳列架大都是木工訂製，設計時若能考慮在麵包架四周倒圓角或斜角，就可避免鉤傷消費者。

商品陳列不整齊或者擺放位置太高，容易因外力碰撞掉落或因重心不穩而倒塌，砸傷消費者或賣場員工。

陳列架設計不良，選用太高或太淺的陳列設備，極易造成貨架重心不穩。

三、設備按裝安全

「**前場的設備按裝**」首重位置正確、按裝穩固，尤其像冷凍冷藏展示櫃和餐飲設備，若按裝不正確，將會使陳列的瓶罐商品掉落，易發生意外；還有如陳列架的層板未完全固定，其三角支撐架會脫落，導致商品及層板滑落，傷及消費者。這些設備依按裝方式分成配電與非配電兩種，需要配電的設備必須遵照用電安全規定，加裝漏電安全開關，避免危及消費者。同時配線設計時，應該以硬塑膠管套住電線或將所有電線集中在金屬線槽內，以防老鼠咬破線材引起電線走火。若需配排給水管，應事先配合水泥工程設計為暗管，如需配明管應儘量沿著牆角配管，以免影響通道的順暢及其他陳列設備的配置。另外，非配電設備除了位置正確、穩固之外，尚須考慮避免有突角的設計，及配合軟體按裝的需求，如收銀台應考慮電腦收銀系統的按裝設計。

四、設備使用安全

每一種設備或多或少都有不同的使用方式，尤其讓顧客自助消費的機電生財設備，若使用不當，極易造成較嚴重的傷害。例如，超商自助冷熱飲區的蒸包櫥，應選好食品再開門取物，避免先開後選時蒸氣傷及臉部。又如使用茶葉蛋鍋和關東煮時，都應特別小心避免熱水燙傷。另外，冷凍冷藏櫃的展示開啟門，因設計有自動回歸裝置，顧客若不小心很容易被夾傷，開啟時應先將展示門固定在門檔位置再取物，才不會發生意外。為預防以上的事故發生，最好的辦法是設計簡單易懂的使用圖文明示消費者，同時隨時注意並教導消費者正確的使用方法。

前場的設備按裝
首重位置正確、按裝穩固。若按裝不正確，將會使陳列的瓶罐商品掉落，易發生意外。

每一種設備或多或少都有不同的使用方式，若使用不當，極易造成較嚴重的傷害。

五、裝潢佈置安全

「**前場的裝潢和佈置**」常是一家賣場販賣氣氛的主要訴求，然而不適當的設計或施工不嚴謹的裝潢和佈置，卻也隱藏著賣場意外事故的危險。例如，太多的突角設計、太低的板樑設計、設計過高過重致使支撐力無法負荷、壓條或邊材未修飾去毛邊、鐵釘及螺絲未完整固定、佈置的裝飾物鬆垮懸掛、沒有妥善做好玻璃材質的裝修工作、使用易燃沒有隔熱耐火的材質等等。諸如此類的設計和施工問題，都極易暴露危險，造成消費者受傷。唯有施工前做好完整設計和選用適當材質，並嚴謹要求施工品質，方能避免意外發生。

六、地板安全

「**地板安全**」除了與地板材質有關之外，尚有因地板濕滑或置放雜物而發生意外。地板材質的選用宜考慮容易清理且快乾，不宜選用太過平滑或易髒不易洗的地板。造成地板濕滑有幾種原因：清洗後未擦乾、補貨時沾濕地面（如增補冷藏冷凍食品時容易產生水滴）、生財設備的排給水管外漏等。預防以上問題，首先應要求清潔人員於清洗後務必擦乾地板；增補濕冷食品時，運補過程應將食品置放在可盛水之盤架上；排給水管外漏大都起因於原設計不良、水管阻塞、水管接頭脫落等，處理方式可重新裝配合乎標準的水管、經常清理設備內之雜物、定期檢修管路，以確保地面行走安全。

貳、後場加工作業安全管理

各種賣場的後場設施及規劃雖都不盡相同，然其配置機能不外乎員工生活功能、管理辦公機能、進貨倉儲機能、加工作業機能，這些機能是每天都在運作的，所以其安全管理和前場一樣重要，稍有不慎就會產生意外，尤其在進貨倉儲區和加工作業區的後場更不

可掉以輕心。進貨倉儲區的安全問題諸如貨品進出的搬動、運補台車及堆高機的使用、倉儲架或冷凍冷藏倉儲的裝置固定、貨品上架安全、清潔防蟲鼠等。加工作業區的安全管理是後場最重要的地方，因為此區的作業功能最複雜，極易造成冷、熱、油、煙、濕、髒、滑、電等問題。例如，餐飲業（如餐廳和麵包店）的後場功能包括乾濕貨品進貨、洗滌處理、廚房調理、食品機器處理、成品配送，過程中所使用的設備器具和原材料繁多，加工處理程序也複雜，相對的易產生較有安全顧慮的操作流程。然而像一般只販售乾貨的零售賣場（如服飾店及精品店），其後場功能僅著重在適量庫存管理和拆裝作業，與餐飲業相比較，其後場安全問題自然降低許多。

參、電器設備安全管理

賣場的電器安全管理範圍除了照明、招牌、音響、通訊等基本電器之外，尚包括冷氣空調、冷凍設備、餐飲及食品機器、發電機、電力系統等機電設備。這些設備若是操作不當或保養不良，不僅會損壞設備，影響賣場營運，更容易造成災害，危及顧客和員工安全。所以，正確的使用方法和定期的維修保養，是提高賣場安全管理的主要條件。

各種設備的功能及用途都不一樣，要能發揮其最大使用效能及確保使用安全，首要之務就是認識其性能條件並列冊管理，使用時才不至於損壞設備，造成安全虞慮，最後並定期實施保養和檢修工作。茲將各項設備安全管理要點和保養事項歸納如表 17-2 所示。

表 17-2　設備安全管理要點和保養事項

設備安全管理要點	保養事項
1. 熟悉電器及設備的機型規格和各部位名稱。 2. 瞭解使用電壓及開關位置。 3. 瞭解運作性能和操作方法。 4. 熟記安全說明及使用需知。 5. 熟練簡易故障排除。 6. 熟記維修廠商電話資料。 7. 備妥簡易零件及耗材。 8. 做好噪音防護和散熱通風條件。 9. 裝置穩壓器及接地線，防止電壓不穩及漏電。 10. 定時檢視設備使用的溫度變化。 11. 定期檢視排給水的順暢。 12. 設備安置儘量遠離熱源，以免降低功能效率。 13. 停電時，先拔電源插頭或切斷電源開關。	● 每日清理： 擦淨設備外表及內面，且務必清除設備內的殘渣和油脂，以防發出異味。另外，每日應檢視冷凍冷藏設備溫度並記錄在溫度管理表。 ● 每月保養： 檢查外部結構與內部結構的零配件是否運作正常；檢查管線是否有破皮折損，排給水管是否順暢不漏水，如有異狀或需更換零配件，應立即通知協力廠商前來處理。 ● 每季檢修： 定期安排時間和人員，實施重點清理和檢修工作，如冷凍櫃需每季配合專業廠商，清理蒸發器（冷排）的結霜和冷凝器（散熱器）的灰塵，以維持良好的冷凍效率，同時檢修冷凍迴路和電路系統。餐飲設備每季應嚴格檢修瓦斯管線和烹調功能，確保使用安全和保證飲食品質。

第二節　公共設施之安全管理

壹、消防安全設施管理

　　依據行政院頒佈的「各類場所消防安全設備設置標準」規定，營業場所都應設置符合國家審核認可的消防安全設施及設備。而且各賣場更應擬定有效的消防作業之應變措施，以利火警意外時，能確保人員及財物之安全。火警應變處理要點將於下一節敘述，下列係為消防設施及設備之安全管理要點：

　　1. 定期檢查保養各項消防設施及設備（如表 17-3 所示），如發

表 17-3　消防設施檢查項目

消防設施檢查項目
1.檢查逃生門及緊急出口是否開啟正常與暢通？
2.檢查警報器是否運作正常？
3.檢查避難方向燈是否明亮或被遮住看不清楚？
4.緊急照明燈是否性能正常及蓄電狀態？
5.檢查滅火器之性能、日期、數量、標示是否正常？
6.檢查消防栓之水量及操作是否正常？
7.檢查電器設備之性能及操作是否正常？
8.檢查電梯及鐵捲門是否正常運作？
9.檢查樓梯是否被阻塞？
10.檢查急救箱之救護藥品及用品是否齊全？

現性能不佳或功能失效之設備，應立即向相關主管反應，以利修護或更新。

2. 定期實施消防器材操作演練，消防設施及設備之功能及使用講解。

3. 隨時檢查逃生門是否正常開啟、逃生標示是否清楚、疏散通道是否被阻塞。

4. 建立「防災重於救災」的正確消防觀念，養成下班務必關閉瓦斯及其他非常態使用的機電設備。

貳、公共設施安全管理

　　賣場公共設施包括停車場、騎樓特販區、出入門、化妝室、樓梯間等。其中以停車場、騎樓特販區及出入門最容易發生意外，停車場以車輛進出時最易產生事故，後者以人員進出時易生狀況，其安全管理要點如表 17-4 所示。另外，賣場所有公共設施皆應規劃殘障人士使用需要之設計。

📖 表 17-4　停車場、騎樓特販區及出入門之安全管理要點

公共設施安全管理要點		
停車場	騎樓特販區	出入門
● 著重完善的停車設施規劃與設計。 ● 車輛進出車道不可過度斜坡和轉彎。 ● 規劃合乎標準的車位規格。 ● 人車分道、標示明顯、光線充足。 ● 派有專人管理，並將顧客散置的購物車歸定位。 ● 隨時清理髒亂、排除障礙及危險物品。	● 注意台階的安全性。 ● 特販商品擺放整齊並穩固，避免商品掉落傷及顧客。 ● 若設有休息區，應與商品區隔開。 ● 以騎樓當特販區，首重不可違規妨礙消費者行走。	● 設計適當的出入門形式及規格，確保開門與關門的安全性。 ● 若屬玻璃門，必須貼自黏式裝飾色帶，避免顧客誤撞玻璃。 ● 大型賣場需設有專人管理，避免人潮擠在門口徒增意外。 ● 若是設計為旋轉門，應嚴格禁止兒童獨自進出，避免發生夾傷事件。

第三節　行政與作業之安全管理

壹、門市安全管理

　　門市安全分為開店作業、門市營業中、打烊作業等三個管理階段，這些作業應由業主本身或指派賣場主管於規定時間內負責執行或監督。

　　「**開店作業前**」應先檢視賣場周圍環境是否有異樣，例如堆積易燃物、設施遭受污損等，如有異樣，應迅速通報相關單位處理。若一切正常，則可進行開啟店門動作，首先解除保全設定再行開啟，並記錄開啟時間與其他狀況事項。接著檢查所有出入口、門窗及金庫門有無被破壞，然後檢視電器控制箱及生財設備，確定電源安全再進行一天的營業事項。

　　「**門市營業中**」，主管人員應當隨時巡視賣場，適時處理不正

開店作業前
應先檢視賣場周圍環境是否有異樣，如有異樣，應迅速通報相關單位處理。

確的作業方式及狀況，例如，補貨員佔據通道、生財設備運轉不正常、購物車散置、電器設備器材有問題等，都應及時處理，以確保賣場安全及營運正常。

「**打烊作業前**」應先清點收入現金，同時檢查收銀機、金庫、管理辦公室，記錄並上鎖。接著檢查賣場每一商品區、後場倉庫及加工作業區、員工休息室和化妝室，確認完成下班的作業模式。然後，檢視持續運轉的生財設備，如檢查冷凍冷藏設備並記錄其溫度，同時關好設備門；檢視非持續運轉的生財設備及電器設施並關閉其電源，如冷氣空調、音響、照明等。最後，要關門時應注意賣場周圍環境，提高警覺巡察有無可疑狀況。

貳、員工作業安全

員工作業安全包括進貨、補貨、拆裝、加工、機電設備使用、周邊設備器材使用、清潔作業等，茲詳述如下。

「**進貨作業**」首重卸貨與入庫安全，應正確使用起卸貨的機具，如升降貨梯、堆高機、輸送帶、輸送梯、人工貨梯等，以提高作業安全。進貨作業時應儘量避免人工起卸貨，如無法避免時，也應教導員工正確的操作動作與流程，首先關掉進貨車輛引擎，貨車與卸貨平台保持近距離，卸貨完再依序分批入庫。

「**補貨**」是由倉庫提貨補充到賣場的作業，通常除了大賣場使用較大型堆高補貨機之外，一般中小型賣場大都使用補貨棚台車，其分為生鮮用車與乾貨用車兩種（如圖 17-1、圖 17-2 所示）。操作時應依照規定補貨動線行走，避免碰撞顧客及其他商品。補貨上架時，確實做好商品不落地，以免阻塞通道，妨礙顧客選購，同時搬貨時應保持身體正確的直線姿勢，勿過度彎腰以免傷及腰椎骨。

「**拆裝作業**」主要應預防拆卸時的割傷、刮傷及砸傷，所以使用拆卸刀具或工具時，應由內而外、由上而下操作，同時分層拆卸以防商品瞬間散落，造成傷害。

「**加工作業**」因為必須經常使用各種各樣的刀具和工具器材，

門市營業中
主管人員應當隨時巡視賣場，適時處理不正確的作業方式及狀況。

打烊作業前
應先清點收入現金，同時檢查收銀機、金庫、管理辦公室，記錄並上鎖。

進貨作業
首重卸貨與入庫安全，應正確使用起卸貨的機具，以提高作業安全。

補貨
是由倉庫提貨補充到賣場的作業，通常除了大賣場使用較大型堆高補貨機之外，一般中小型賣場大都使用補貨棚台車。

拆裝作業
主要應預防拆卸時的割傷、刮傷及砸傷。

🏷 圖 17-1　生鮮用的補貨棚車

🏷 圖 17-2　乾貨用的補貨台車

加工作業

因為必須經常使用各種各樣的刀具和工具器材，甚至加工機器，是最容易發生員工意外的管理範圍。

甚至加工機器，是最容易發生員工意外的管理範圍。例如，生鮮食品加工使用多種不同的刀具，不同的生鮮也有不同的操作手法，作業人員應熟練操作技巧並遵守作業規範，才是安全管理之上策。又如烘焙食品加工，所使用的食品機器都是不同的功能用途，機器運轉及操作模式都有差異，作業人員除應熟練操作技巧之外，更應嚴格遵照使用安全規範（如不可穿寬鬆衣服避免被機器纏繞），始能

避免意外發生。

所有的「**機電設備**」應有專門負責人，將操作流程及使用規範書面化或圖表化，明示於設備旁，並教導作業人員熟練操作技巧後，始可任其獨立作業。然而，所有設備之電力問題及功能維修或調整，除了電源切換開關動作和簡易的一級保養之外，必須經由合格技術員工或廠商專業處理，作業人員不可任意處理以免發生意外。

「**周邊設備**」係指一些弱電功能、沒有電源運轉或比較沒有複雜機電功能的賣場販促輔助器材，如販促用品或道具、商品展示器材、標價機、防盜鏡或監視設備等。這些設備器材雖然比較沒有危險性，但是在懸掛或安置時都應確定其固定性，使用時避免碰撞及妨礙到其他設備陳列。

「**清潔作業**」主要安全考量為滑倒及碰撞，清潔時難免會使用水，應特別注意排水順暢及快速抹乾清潔面，否則極易發生滑倒意外和再次沾污清潔面。無論清潔台面或地板面之前，都應謹慎小心、有秩序的收納或移位物品，作業後再還原現場，以免因亂置物品而產生碰撞或拌倒意外。

參、保全管理

賣場保全管理除了設置保全系統之外，尚可向當地派出所申請巡邏服務，轄區警員將會定時巡邏此區並記錄於賣場的巡邏箱。另外，應向產險公司投保相關保險，如火險、水險、地震險、竊盜險等。多層的保安系統是在預防與減少意外發生及降低賣場損失，然而一旦發生不可避免的意外，應在瞭解狀況發生原因後，迅速向上級主管及相關保全單位報告，以便進一步的有效處理。所以，賣場主管平常就應熟記相關單位的聯絡電話，如上級主管行動電話、當地台電公司電話、當地派出所值勤電話、119火災和110竊盜電話，並將這些相關電話明示特定位置，方便急用。

鑰匙管理也是保全的管理重點，賣場出入門、管理辦公室、保險箱、機房等重要鑰匙，應有備份並編號交由相關正副主管妥善保

機電設備
應有專門負責人，將操作流程及使用規範書面化或圖表化，明示於設備旁，並教導作業人員熟練操作技巧後，始可任其獨立作業。

周邊設備器材
在懸掛或安置時都應確定其固定性，使用時避免碰撞及妨礙到其他設備陳列。

清潔作業
主要安全考量為滑倒及碰撞，清潔時難免會使用水，應特別注意排水順暢及快速抹乾清潔面。

管，未經公司許可不得複製。保險箱之密碼只有業主和必要相關人員知悉，且應定期或相關人員調離職時重新設定密碼。放置保險箱之處（如金庫或店長室），應隨時關閉並上鎖，非相關人員不得進入，賣場主管於上下班時間必須審慎檢視有無異狀，如有異樣需立即通報上級單位並迅速妥善處理。

肆、災害及危機處理

一、防颱風及水災處理

在台灣將近有半年（五月至十月）是屬於雨季及颱風期，其所帶來的強風豪雨是相當大的天然災害。對賣場經營而言，該如何事先做好完善的預備措施，避免人員遭受災害，使賣場財物損失降到最低程度，已是賣場安全管理的重要課題。針對颱風及水災的處理措施，可分成災害發生前、災害發生時、災害發生後等三個階段。

(一)災害發生前的處理措施

1. 檢修固定賣場四周的硬體設施。
2. 檢修廣告招牌的牢固安全度，並拆掉其他臨時或非牢固性之懸掛物（如帆布廣告看板）。
3. 確實疏通賣場所有排水溝及鄰近賣場的主要排水溝，以防阻塞倒灌。
4. 檢修電器設施及切換開關的運作正常。
5. 檢修賣場的自動照明設備，確保功能使用正常，並準備手電筒置於易拿處。
6. 將外場的商品全部搬往內場，同時將內場地面物品和貴重商品移至較高或安全之處。
7. 隨時注意颱風及豪雨的最新動態。

颱風及水災的處理措施，可分成災害發生前、災害發生時、災害發生後等三個階段。

㈡災害發生時的處理措施

1. 保持冷靜、堅守崗位，遵照上級主管指示，隨時應變處理突發狀況。
2. 安撫顧客及其他較沒經驗的員工，勿造成驚慌現象。
3. 暫停所有進貨、補貨及調撥之作業，分配其他相關防災之作業。
4. 若風力太大足以影響顧客進出或損及店面，立即請示上級暫停營業。
5. 賣場遇有淹水情況，立即拔除近地面的插頭，如有需要應關閉總電源，並迅速回報主管人員，請示暫停營業。

㈢災害發生後的處理措施

1. 清理外場周圍環境，並檢修外場設施。
2. 檢修電力設施及所有機電設備，確保電源安全後始可開機運轉。
3. 檢視陳列設備及貨品，將鬆動或掉落之物品重新歸定位。
4. 集中清理受損商品，列表彙報會計單位。
5. 詳填生財器具損壞表，彙報相關單位以利儘速修護。
6. 重新清理內外賣場，並整理商品陳列，儘速恢復營業。

二、地震意外處理

　　我國位處歐亞地層板塊與菲律賓地層板塊之相接觸，每年頻傳的地震災害，常造成很大的損失。就如防颱管理一樣，地震意外處理在賣場也是不可輕忽的管理事件，尤其地震常是不可預知的天災，其意外發生常讓人措手不及。管理人員應當注意以下事項，將賣場損失降到最低：

1. 平時所有員工都應接受地震意外處理教育訓練。
2. 當地震發生時，迅速關閉電源總開關，同時打開賣場大門及

逃生門。

3.安撫並疏導顧客儘速離開賣場至室外空曠處。

4.人員疏散時應小心墜落物品，且不可搭乘電梯，應沿樓梯牆邊下樓。

5.如來不及疏散，應儘速就近尋找躲避處，如桌下或緊靠柱邊。

三、停電應變處理

可預期性停電
包括電力公司的預期停電通知及賣場定期機電檢修而必須停電。

賣場停電有可預期性和不可預期性兩種狀況。「**可預期性停電**」包括電力公司的預期停電通知及賣場定期機電檢修而必須停電。針對可預期的停電狀況，賣場比較有足夠的時間加以因應，其措施如下：

1.將停電日期和時間公告於賣場出入口，讓顧客都能事先知道此訊息。

2.提早準備發電機，以利賣場供電正常。

3.如無法藉由發電機正常供電，應暫停機電性的生財設備之使用，並將保溫、保冷的商品事先妥善處理。

4.當無法正常供電的情況之下，如小型賣場仍須營業，可加裝蓄電式照明並以人工結帳，完成買賣行為。

不可預期性停電
包括有地區電力系統突然故障，及賣場電力設施突發狀況或生財設備故障所引起的斷電問題。

「**不可預期性停電**」包括有地區電力系統突然故障，及賣場電力設施突發狀況或生財設備故障所引起的斷電問題。另外，颱風、地震等天災也會引起不可預期的停電情況。當面臨以上這些突發性停電原因時，可按照下列事項依序處理：

1.首先確認停電原因，如屬地區性停電，應即刻電詢電力公司，確認停電時間，以利因應。

2.如非地區性原因，僅是賣場本身停電，應先行關閉電器總開關，且儘速通知電工人員查明原因並檢修。

3.突然停電時，藉由緊急照明的光線，安撫顧客注意安全，並疏導他們將未結帳之商品置妥後先行離開賣場。

4.夜間停電時，應關閉出入門暫停營業，且迅速妥善處理冷凍

冷藏等易損壞之食品。

5. 日間停電時，可依停電時間長短決定是否繼續營業。如仍須
營業，應將停電事件明示告知顧客，並將冷凍冷藏食品妥善
處理後暫停販售。

6. 即時停止所有進貨、補貨、理貨之作業。

7. 恢復供電時，每隔 10 秒鐘逐一將電器及設備開關打開，並
調回定時裝置的正確時間。

8. 檢視供電後設備的運轉情形，同時清理損壞的商品，呈報會
計單位。

四、賣場火警處理

賣場發生火警時，所有賣場人員務必保持冷靜，可按照下列事
項依序處理：

1. 依照平常之火警教育訓練規定，迅速任務編組。

2. 第一組人員隨即進行疏導工作，將顧客疏散到安全的地方。

3. 第二組人員立即判斷火勢大小，如火勢尚未蔓延開來，迅速
利用滅火器撲滅。如要以水灌滅，務必確認為非電器火源，
以免造成導電意外。滅火時應確保退路，即時逃生。

4. 當火勢已蔓延開來，判定無法先行控制時，所有人員應立即
逃生避難，同時撥打 119 火警，詳告火災正確地址及現況。

5. 提供適當的火災情報及現場概況給消防人員，以協助儘速滅
火。

6. 火勢熄滅後，儘速回報上級主管，以處理後續問題。

五、偷竊及詐騙管理

賣場常發生的偷竊行為有：結帳後順手帶走未付款的商品、夾
帶未結帳之商品離開賣場、偷拿置於收銀櫃台的款項、佯稱忘記付
款而離開賣場、擅自在賣場食用未付款的食品等幾種。為防止發生

以上這些偷竊行為，可採取下列的預防措施和處理方式：

1. 於賣場內各賣點區之適當位置，裝設防盜鏡和監視器，以嚇阻和有效監控偷竊行為。

2. 收銀人員親手接遞收妥顧客的付帳款項，且切勿將找錢之款項置於桌面，應親手傳遞給顧客，避免製造犯罪機會。

3. 補貨人員作業時，一警覺有異樣，應就近觀察嫌疑者的動態。

4. 管理人員巡視賣場時，當警覺顧客有異樣行為時，可技巧性查證讓竊者知難而退。但在沒有具體證據時，切勿輕率懷疑顧客。

5. 當確認顧客在賣場有偷竊行為時，應等其要離開賣場時才予以揭發。

6. 當發現顧客在賣場內食用未付帳之食品時，可立即告知賣場規定，請其先行結帳並瞭解其意圖。

由於賣場的商品項很多、現金流量又大，加上賣場服務人員大都是年輕人，其社會經驗較不足，所以常成為不法份子詐騙的目標。常見的賣場被詐騙方式有：假鈔購物、信用卡盜刷、兌換零錢、大批購物、假優待券、假送貨、假藉寄物聲稱遺失貴重物品、貨品魚目混珠等不法手段。為防止發生以上這些詐騙行為，可採取下列的預防措施和處理方式：

1. 收銀員可使用驗鈔筆或按照驗假鈔要點，詳細檢查大鈔。

2. 收銀員詳細核對信用卡簽名，金額較大時先與信用卡公司確認。

3. 告知賣場規定，無法提供兌換零錢服務。

4. 通常到零售賣場大批購物，已有違常規。

5. 確認優待券的內容明細，如無法確認真偽，應立即請示主管。

6. 假送貨真詐騙常發生在小賣場，歹徒佯稱業主訂貨，將假貨卸下並立即向收銀員收款。收銀員若負有收貨職責時，應按照正確流程進貨，並取得業主的確認，不可擅自應付帳款。

7. 寄物服務台應明示告知所有消費者，貴重物品應自行保管，賣場不負賠償責任。

六、夜間行竊及搶劫處理

賣場遭受行竊最容易發生在夜間打烊後，最好的預防方法，是與信譽佳的保全公司合作，裝設夜間保全系統。另外，向當地轄區派出所申請巡邏服務，增加一層有效的保全作用。

賣場的現金流量較大，加上大部分的收銀櫃台都靠近出入口，極易引起歹徒覬覦。除此之外，歹徒也會利用在賣場假購物時，進而向其他顧客搶劫。因此，為預防賣場被行搶，以下注意事項可供參考：

1. 隨時保持賣場內外的明亮度，以降低歹徒行搶的動機。
2. 賣場應最少保持兩人以上服務人員，切勿單留一人，讓歹徒有機可乘。
3. 收銀台內只保持小額現金，方便找錢即可。
4. 賣場人員應隨時保持警覺性，尤其當夜班、來客數少的時段，更應注意店面閒逛者的舉動。
5. 若真發生搶劫意外，應先顧及人身安全並迅速按警鈴，通報保全公司和派出所。

七、恐嚇事件處理

由於賣場的位置目標比較明顯，不法份子常藉由電話或信件恐嚇業者。所恐嚇之事項大都為在食品裡下毒、在賣場裡放置危險品、縱火等。這些恐嚇事件對企業、消費大眾及整個社會已構成嚴重的傷害，賣場平常即應擬定一套有效的預防措施及應對流程。果真不幸發生，因立即報案，全力配合警方破案，確保社會大眾及企業免受傷害。

八、顧客擾亂行為之處理

進出賣場的人潮流量較大，相對的各階層的消費者都有，難免碰上小部分的消費者蓄意擾亂，其行為如糾纏員工、故意砸壞商品、破壞生財器具、裝瘋賣傻、無故謾罵等。當有人在賣場發生這些行為時，相關主管應馬上出面瞭解情形並加以制止。處理時，應有服務人員同時安撫其他顧客免於驚嚇，其他人員速將擾亂者請至非賣場區，詳細瞭解情況並告知賣場規定，如不聽勸者，將通報轄區派出所處理並請求賠償。

第四節 安全管理之應變作業

壹、應變小組之任務編組

賣場的安全管理項目中，以突發狀況事件最多。縱使平常已有擬定防範措施，然而當意外發生仍會有控制不了的因素存在，如人員慌亂、重大災變等。為了避免人員傷亡和降低財物損失，平日即應將賣場現有人員編制成「災害應變小組」，明訂各自職責並定期實施教育訓練和模擬演練，以利意外發生時能及時應變處理。「災害應變小組」之編制包含組長、副組長、人員疏散組、救災組、情報聯絡組、財物搶救組及醫護組等（如圖17-3所示）。小組之職責詳述如下：

災害應變小組
包含組長、副組長、人員疏散組、救災組、情報聯絡組、財物搶救組及醫護組等。

- 「**組長**」之職責負責指揮、調派及協調災害現場的所有救災作業，掌控賣場人員動態及災變狀況，並將現場情報向上陳報和相關救援單位協調配合，全力救災。
- 「**副組長**」之職責為協助組長執行各項任務，隨時與各組協

圖 17-3　災害應變小組組織編制

調相關救災作業。當災變發生時，立即切斷賣場的所有電源
與撤離易爆物。

- 「**人員疏散組**」之職責為立即將狀況透過廣播，告知所有在
  賣場的人員，並迅速打開所有可以逃生的通道，同時協助疏
  導人員逃生及避難方式。

- 「**救災組**」之職責為平日定期檢修及演練各種消防設施和救
  災器材，且應將設施器材編號放置定位，隨時清除救災通路
  的障礙物。災害發生時，立即判斷災害種類，使用適當之救
  災設施和器材全力搶救。另外需派員維持現場秩序，以免現
  場慌亂，影響救災行動。

- 「**情報聯絡組**」之職責為負責對外通報相關支援單位。通報
  時務必保持冷靜，告知詳細地址及相關重要資料與資訊，切
  勿含糊以免影響救災時效。

- 「**財物搶救組**」之職責為立即將現金、貴重物品和重要文件
  資料，迅速帶離現場另行妥善保管。如來不及帶離，也應將
  其送往金庫或保險箱內上鎖。如時間允許再搶救其他商品，
  搶救當中應以人員安全為第一，切勿為搶救財物而疏忽安全。

- 「**醫護組**」之職責為由有醫護經驗或常識之資深員工擔任緊

急救護及搶救傷患並送醫之任務。

貳、應變原則與檢討改善

賣場一發生意外事故，不管是哪一種原因所引起的，終將對企業和社會大眾造成無法彌補的傷害。如果是屬於天災，吾人不可避免；然而有很多賣場的意外災害卻是人為因素所造成的，這些原因應歸罪於企業未盡到社會責任。為了降低自然災害所引起的損傷，及避免人為疏忽而產生的意外事故，經營者和所有賣場人員都有責任做好應變措施及針對事後嚴加檢討與改善。

完善的災害應變措施，包括從事前規範、事中應變、事後追查原因等三項應變原則（如表 17-5 所示）。賣場人員應確實做好這些原則，才能有效防範各種安全管理上的缺失。

表 17-5　災害應變原則

事故發生前	事故發生中	事故發生後
● 事前針對各種安全管理項目規劃詳細的作業流程和步驟。 ● 將詳細作業書面化及圖表化，如預防作業說明書、處理流程圖或安全項目檢查表等，使賣場人員有明確的作業依據。 ● 編制「災害應變小組」組織與職責。 ● 定期實施賣場安全管理教育講習及演練，以培養警覺心和加強應變能力。 ● 定期檢修賣場各項安全設施及生財設備。	● 保持冷靜的態度，首重人身安全，財物搶救為次要。 ● 按照平日的任務編組及處理流程，確實執行任務。 ● 遵照上級指示應變調動。 ● 配合並協助他人處理其他應變措施。	● 追查事故發生的真正原因。 ● 追究失職人員之責任，並慰勉盡責之人員。 ● 檢討整個事故之過程缺失，並建立補救措施，改善避免類似情形再發生。

學習評量及分組討論

1. 常見的前場陳列設備所發生的安全事故大致可歸類為哪幾種？

2. 請舉例說明何謂「動線安全」？

3. 如何加強「商品陳列安全」？

4. 如何做好「賣場地板安全」？

5. 「設備安全管理」的要點有哪些？

6. 消防設施檢查的項目有哪些？

7. 停車場之安全管理要點有哪些？

8. 賣場出入門之安全管理要點有哪些？

9. 賣場應防範的災害及危機處理有哪八大項？

10. 針對所選擇的賣場，以 2 人一組，討論如何做好門市安全管理？

11. 針對所選擇的賣場，以 2 人一組，討論如何做好員工作業安全管理？

12. 以 7 人為一小組，進行「災害應變」任務分配及狀況模擬演練？

參考文獻

中文文獻

丁昌言，2000，店頭行銷媒體對消費者購買行為的影響——以感官式貨架招貼為例，台灣科技大學，碩士論文。

王文義，1997，購物中心規劃指南，遠流出版事業股份有限公司，台北。

王健民，1991，音樂、情緒、購買涉入與購買行為之研究——實地實驗研究，中原大學，碩士論文。

石曉蔚，1997，室內照明設計原理，淑馨出版社，台北。

石曉蔚，1998，室內照明設計應用，淑馨出版社，台北。

朱鳳傳，1993，實用製圖與識圖，雄獅圖書股份有限公司，台北。

何和明，1993，商業空間動線研究，中國文化大學出版部，台北。

吳師豪主編，2000，便利商店經營管理實務，經濟部商業司，台北。

吳師豪主編，2000，超級市場經營管理實務，經濟部商業司，台北。

吳嘉勳、陳進雄合著，2003，會計學第五版，華泰文化事業股份有限公司，台北。

李傳明，2001，百貨公司賣場環境與氣氛塑造之探索性研究——以中興百貨為例，台灣科技大學，碩士論文。

沈妙姿，1995，百貨公司賣場管理之研究——以台北市百貨公司為例，政治大學，碩士論文。

周泰華、杜富燕，1997，零售管理，華泰書局，台北。

林文昌，1994，色彩計畫，藝術圖書公司，台北。

林正全，1993，形象時代的塑造者，財團法人連德工商發展基金會，台北。

林正修、徐村和，2002，商店經營管理與成功個案典範，世界商業文庫，台北。

林磐聳，1998，企業識別系統／CIS，藝風堂出版社，台北。

邱培榮，2000，展示設計之研究——以商品展場設計為例說明，私立中原大學室內設計研究所，碩士論文。

金惠卿，2000，商店設計表現方式之空間印象研究——以 *Esprit, Levi's* 服飾旗鑑店為例，
　　私立中原大學室內設計研究所，碩士論文。

孫惠敏編譯，1989，調和配色手冊，信宏出版社，台北。

張彥輝、林正修，2003，門市營運管理，滄海書局，台中。

張輝明，1988，手繪 POP 廣告，東皇文化出版社事業有限公司，台北。

張輝明，1998，展示設計實務，三采文化出版事業有限公司，台北。

許勝雄、彭游、吳水丕編譯，2000，人因工程，滄海書局，台中。

許逸雲，2001，創意店面行銷，書泉出版社，台北。

許錦江，2000，本國大型百貨公司設施規劃設計管理之研究，國立台灣大學，碩士論文。

郭敏俊，1989，商店設計，新形象出版事業有限公司，台北。

陳宏政譯，1999，店鋪的管理與診斷，書泉出版社，台北。

陳明杰編譯，1997，零售學，前程企業管理有限公司，台北。

陳淑娟，1995，零售賣場設計與現場消費行為關係之探索研究——以百貨公司為例，元
　　智大學，碩士論文。

陳德貴，1991，室內設計基本製圖，新形象出版事業有限公司，台北。

陳鋒仁，1981，超級市場食品百貨採購年鑑，超奇出版社，台北。

黃文宏、莊勝雄、伍家德編譯，2003，行銷管理：*Essentials of Marketing A Global-Mana-
　　gerial Approach* 8/e，滄海書局，台中。

黃南斗編譯，1992，存貨管理實務，臺華工商圖書出版公司，台北。

黃銘章，1998，商業自動化，前程企業管理有限公司，台北。

黃憲章、阿部幸男，1997，便利商店入門，中國生產力中心，台北。

楊鴻儒，2001，賣場設計新魅力，書泉出版社，台北。

經濟部，1982，中國國家標準 CNS 工程製圖，經濟部中央標準局訂定，台北。

經濟部商業司，1994，商品條碼應用手冊，經濟部商業司，台北。

鄒慶士、賴逢輝譯，2003，服務業作業管理，雙葉書廊有限公司，台北。

漢寶德，2000，展示規劃理論與實務，田園城市文化，台北。

劉麗文、楊軍，2002，服務業營運管理，五南圖書出版股份有限公司，台北。

歐秀明、賴來洋，1993，實用色彩學，雄獅圖書股份有限公司，台北。

蘇宗雄，國立故宮博物院新標示系統設計，設計雜誌，91 期、92 期。

鐘文訓編譯，1988，成功的店鋪設計，大展出版社有限公司，台北。

日文文獻

中日販賣株式會社，1988，"*Chunichi: Foods & Variety System*"，中日販賣株式會社，Nagoya Japan。

太田昭雄、河原英介，1988，色彩與配色（彩色普級版），新形象出版事業有限公司，台北。

日本店鋪設計家協會監修，1985，商業建築企劃設計資料集成：設計資料篇，商店建築社出版，Tokyo。

西川好夫，1972，新·色彩の心裡，法政大學出版，Tokyo。

志田慣平，1999，店面設計入門，新形象出版事業有限公司，台北。

扶桑產業株式會社，1990，*Store Tools Collection*，扶桑產業株式會社，Tokyo。

通商株式會社，1990，*Naturally for Better in Collection*，通商株式會社，Tokyo。

會田玲二著、陳星偉譯，1996，瞄準商圈：開店調查實務大公開，金錢文化企業股份有限公司，台北。

廣川啟智，1999，日本建築及空間設計精粹第二集：文化、公共設施及標示設計篇，日本聯合設計株式會社，Tokyo。

網路資料

中華民國商品條碼策進會，2004，http://www.eantaiwan.org.tw

台灣日立股份有限公司，2004，http://www.taiwan-hitachi.com.tw/pdct/product.asp

台灣日光燈股份有限公司，2004，http://www.tfc.com.tw/newproduct.html

台灣飛利浦公司，2004，http://ww2.philips.com.tw/pdnews900823_3.htm

西文文獻

Abramson, S. & Stuchin, M. 1999, "*Shops & Boutiques: 2000 desiger stroe and brand imagery*", PBC International Incorporated, Hong Kong.

Alpert, Judy I. & Alpert, Mark I. 1990 Summer, "*Music Influences on Mood and Purchase Inten-*

tions.", Psychology & Marketing 7, no. 2, pp. 109-133.

Anderson, Carol H. 1993, *"Retailing - Concepts, Strategy and Information"*, Minneapolis / Saint Paul, MN: West Publishing Company.

Baker, *"The Role of Environment in Marketing Services"*, American Marketing Association, pp. 79-84, 1987.

Baker, J. Grewal, D. & Parasuraman, A., " *The influence of store enviroment on quality inferences and store image"*, J. Acad Mark Sci. 22, 4, pp. 328-339, 1994.

Barich & Koter, *"A Framework for Marketing Image Management"*, Sloan Management Review, pp. 94-104, Winter 1991.

Bellizzi et. al., *"The Effects of Color in Store Design"*, Journal of Retailing, Vol. 59, pp. 21-24, 1983.

Brown, S., *"Retail Location at the Micro-Scale: Inventory & Prospect"*, The Service Industries Journal, Vol. 14, No. 4, Oct. 1994, pp. 542-576.

David H. Maister, *"The Psychology of Waiting Lines,"* in J. A. Czepiel, M. R. Solomon, and C. F. Surprenant (eds.), The service Encounter: Managing Employee / Customer Interaction in Service Businesses (Lexington, MA: Lexington Books, 1985), pp. 113-123.

DeChiara, J., Panero, J. & Zelnik, M. 1992, *"Time-saver Standards for Interior Design and Space Planning"*, McGraw-Hill, New York.

DiLouie, C. 1994, *"The Lighting Management Handbook"*, The Fairmont Press, Lilburn U.S.A.

Donovan, *"Store Atmosphere, An Environment Psychology Approach"* 5.8, pp. 34-57, 1982.

Gardner, C. & Hannaaford, B. 1993, *"Lighting Design-An Introductory Guide for Professionals"*, The Design Council, London.

Ghosh, A. & Craig, C. S., *"FRANSYS : A Franchise Distribution System Location Model"*, Journal of Retailing, Vol. 67, No. 4, Winter 1991, pp. 466-495.

Gill, P. 1990, *"What's a Department Store?"*, NRMA Enterprises, New York.

Green, W. R. 1991, *"The Retail Store: Design and Construction"*, Van Nostrand Reinhold, New York.

Hansen & Deutscher, *"An Empirical Investigation of Attribute Importance in Retail Store Selection"*, Journal of Retailing, Vol. 54, pp. 59-73, 1977.

Huff, D. L., *"Defining & Estimating a Trading Area"*, Journal of Marketing, Vol. 28, July 1964, pp. 34-38.

IESNA 1993, *"Lighting Handbook-Reference and Application"*, Illuminating Engineering Society of North America, New York.

Israel, L. J. 1994, *"Store Planning/Design: history, theory, process"*, John Wiley & Sons, Inc., New York.

Kasuga, Y., Tao, I. M. & Komachi, H. 2000, *"World Up-Scale Supermarkets"*, Shotenkenchiku-Sha, Tokyo.

Kotler, Philip & Armstrong, Gary 1994, *"Principles of Marketing"*, 6th ed., Englewood Cliffs, New Jersey: Prentice-Hall.

Lovelock, C. H. & Wirtz J. 2004, *"Services Marketing: People, Technology, Strategy"*, 5th ed., Prentice Hall, Singapore.

Lovelock, C. H., Patterson, P. G. & Walker, R. H. 2001, *"Services Marketing: An Asia-Pacific Perspective"*, 2nd ed., Prentice Hall, NSW.

Maitland, B. 1985, *"Shopping Malls: Planning and Design"*, Construction Press, London.

Ming-Hsien Yang & Wen-Cher Chen, *"A study on shelf space allocation and management"*, International Journnal of Production Economics 60-61, 1999, pp. 309-317.

Munn, D. 1986, *"Shops - A Manual of Planning and Design"*, Architectural Press, New York.

Olins, W. 1989, *"Corporate Identity"*, Thames and Hudson.

Philips Lighting 1993, *"Lighting Manual"*, 5th ed., Eindhoven, the Netherlands: Philips Lighting B. V.

Porter, M. E. 1980, *"Competitive Strategy: Techniques for Analyzing Industries and Competitors"*, The Free Press, New York, pp. 7-14.

Rush, M. L. 1994, The retail- Each application requires an individual prescription, *Lighting Design + Application*, September, pp. 27-31.

Sheryl E. Kimes, *"Yield Management: A Tool for Capacity-Constrained Service Firms,"* Journal of Operations Management , vol. 8, no. 4 (October 1989), pp. 348-363.

Hyman, J. & L. Pol 1995, *"Retail Site Selection and Geographic Information Systems"*, Journal of Applied Business Research, Vol. 11, No. 2, pp. 46-54.

Tompkins, J. A. & John A. W. 1984, *"Facilities Planning"*, U.S.A., John Wiley & Sons, Inc., pp. 1-3.

Wingate, J. W. & Helfant, S. 1977, *"Small Store Planning for Growth"*, Small Business Administration, Washington.

國家圖書館出版品預行編目資料

賣場規劃與管理／謝致慧著.
－初版.－臺北市：五南, 2005 [民 94]
　面；　公分.
參考書目：面
I S B N: 978-957-11-3995-1（平裝）
1.購物中心－設計　2.購物中心－管理
498.75　　　　　　　　　　　　94008921

1FI5

賣場規劃與管理

作　　者 － 謝致慧（398.4）

發 行 人 － 楊榮川

總 經 理 － 楊士清

總 編 輯 － 楊秀麗

主　　編 － 侯家嵐

責任編輯 － 侯家嵐

文字編輯 － 吳靜芳

封面設計 － 盧盈良

3D插畫設計 － 梁耀仁

出 版 者 － 五南圖書出版股份有限公司

地　　址：106 台北市大安區和平東路二段 339 號 4 樓

電　　話：(02)2705-5066　傳　真：(02)2706-610

網　　址：http://www.wunan.com.tw

電子郵件：wunan@wunan.com.tw

劃撥帳號：01068953

戶　　名：五南圖書出版股份有限公司

法律顧問　林勝安律師事務所　林勝安律師

出版日期　2005 年 6 月初版一刷
　　　　　2020 年 10 月初版五刷

定　　價　新臺幣 700 元